工 程 制 图 习 题 集
（3D 版）

马惠仙　刘　晶　郭　慧　赵菊娣　主编

華東理工大學出版社
EAST CHINA UNIVERSITY OF SCIENCE AND TECHNOLOGY PRESS
·上海·

图书在版编目（CIP）数据

工程制图习题集 : 3D版 / 马惠仙等主编. — 上海 : 华东理工大学出版社, 2023.9
ISBN 978-7-5628-7280-1

Ⅰ.①工… Ⅱ.①马… Ⅲ.①工程制图－高等学校－习题集 Ⅳ.①TB23-44

中国国家版本馆CIP数据核字(2023)第167858号

内容提要

本习题集根据教育部高等学校工程图学课程教学指导分委员会制定的教学基本要求编写而成，书中全面采用现行国家标准和行业标准，突出图样的标准化。习题安排从易到难，引导启发性与创造性思维，综合培养仪器作图、徒手绘图及计算机绘图三方面的能力。本习题集配套3D扫描识别软件资源，读者可通过扫描书内二维码下载并安装使用，方便课后学习与自检。本习题集适宜作为普通高等学校机械类、近机械类各专业的工程制图课程配套习题集，也可作为相关专业工程技术人员的参考和自学用书。

项目统筹 / 马夫娇　宋佳茗
责任编辑 / 陈婉毓
责任校对 / 石　曼
装帧设计 / 徐　蓉
出版发行 / 华东理工大学出版社有限公司
地址：上海市梅陇路 130 号，200237
电话：021－64250306
网址：www.ecustpress.cn
邮箱：zongbianban@ecustpress.cn
印　刷 / 常熟市大宏印刷有限公司
开　本 / 787 mm × 1092 mm　1/8
印　张 / 15
字　数 / 205 千字
版　次 / 2023 年 9 月第 1 版
印　次 / 2023 年 9 月第 1 次
定　价 / 32.00 元

前　　言

《工程制图习题集（3D版）》是以教育部高等学校工程图学课程教学指导分委员会制定的“普通高等院校工程图学课程教学基本要求”为依据，结合华东理工大学工程制图教研组多年的教学经验编写而成的。本习题集的编排顺序与郭慧、钱自强、林大钧编写的《大学工程制图》（第三版）教材基本一致，内容包括制图的基本知识与技能、基本几何元素的投影、立体、组合体的视图、轴测投影图、机件常用的表达方法、标准件与常用件、零件图、装配图、计算机绘图。

本习题集全部采用最新颁布的国家制图标准，并配套自主开发的先进图形技术——3D扫描识别软件资源，读者可通过扫描下方左侧二维码，手机下载并安装使用，或者关注下方右侧华理能源与环境出版中心公众号，回复7280获取，方便课后学习与自检。

本习题集以培养学生绘制和阅读工程图样的能力为目标，突出对学生投影和构形能力的训练，强化学生的计算机绘图能力，可供普通高等学校机械类、近机械类各专业的工程制图课程教学选用。不同专业在选用本习题集时可根据本专业的特点以及教学时长和教学方法的不同，对内容及顺序做适当的筛选和调整。

本习题集由马惠仙、刘晶、郭慧、赵菊娣组织编写。在此特别感谢华东理工大学工程制图前辈钱自强、林大钧、傅琴等教师，他们的前期成果为本习题集的撰写奠定了重要的基础，对于前辈们所做的贡献，我们表示深深的谢意。限于编者水平有限，且编写时间仓促，本习题集中若存在疏漏，敬请广大读者批评指正。

编　者

2023年8月

3D扫描识别软件
（安卓版）

华理能源与
环境出版中心

目　　录

1-1 字体练习1

机械制图国家标准字体工整笔画清

楚间隔均匀排列整齐审核技术要求

比例座架序号名称件数重量材料名

倒角凸台固定端圆角半径调质处理

1-2 字体练习2

滑块泵壳压板拉紧螺母操作斜盘说明装配油阀矩形

其余后视光六角头型号半圆沉头锥槽形键宽度重量

紧定螺钉调整弹簧止推垫圈开口销普通平键座序号

压紧杆滚动转子材料备注未注圆角名称件数高平齐

1-3 字体练习3

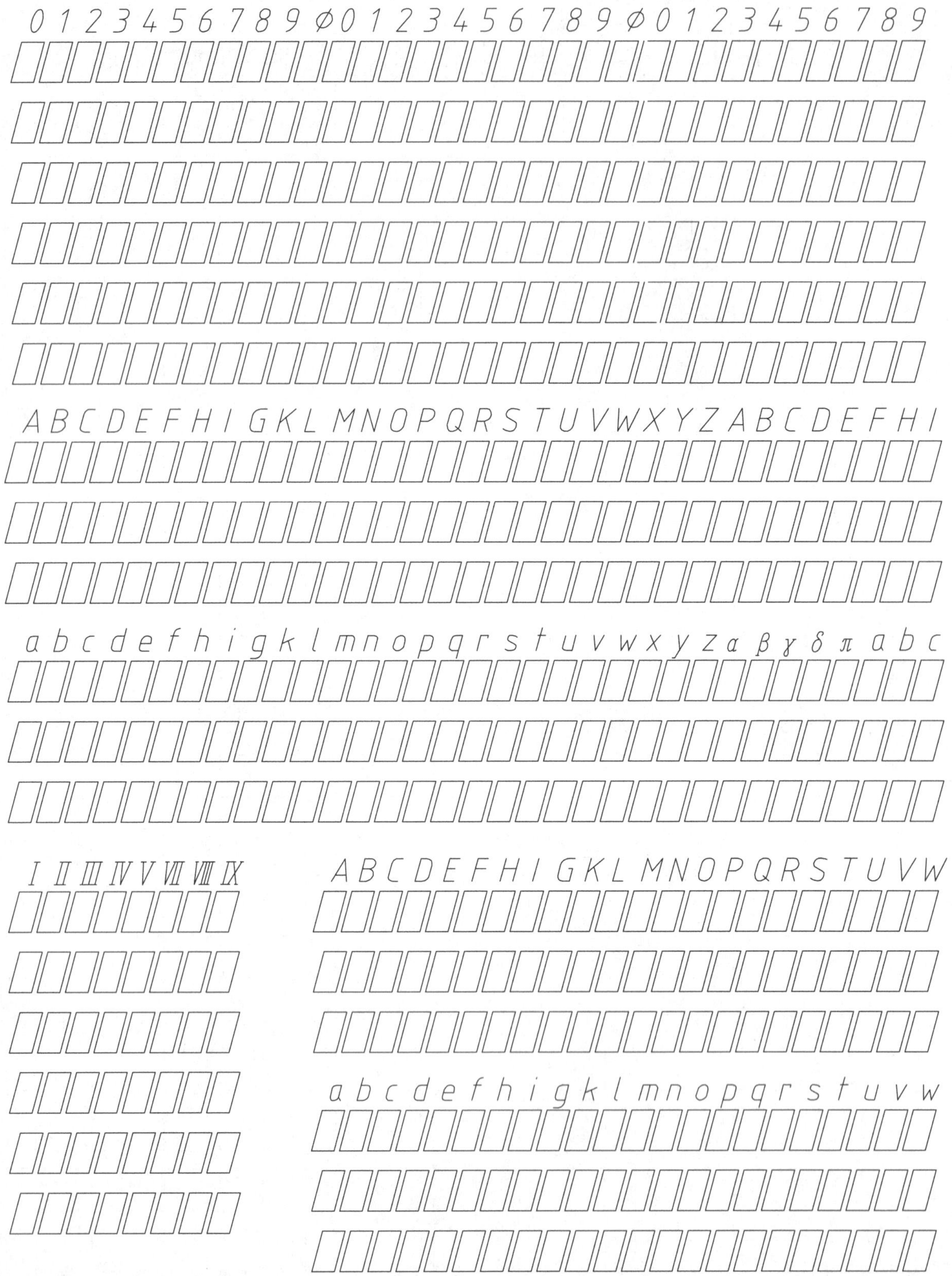

1-4 描画和摹画图线、圆及箭头。

同类图线粗细浓淡基本一致；虚线、点画线的线段长度和间隔基本一致，且首、末两段应为线段；图线和图线相交处一般无空隙。

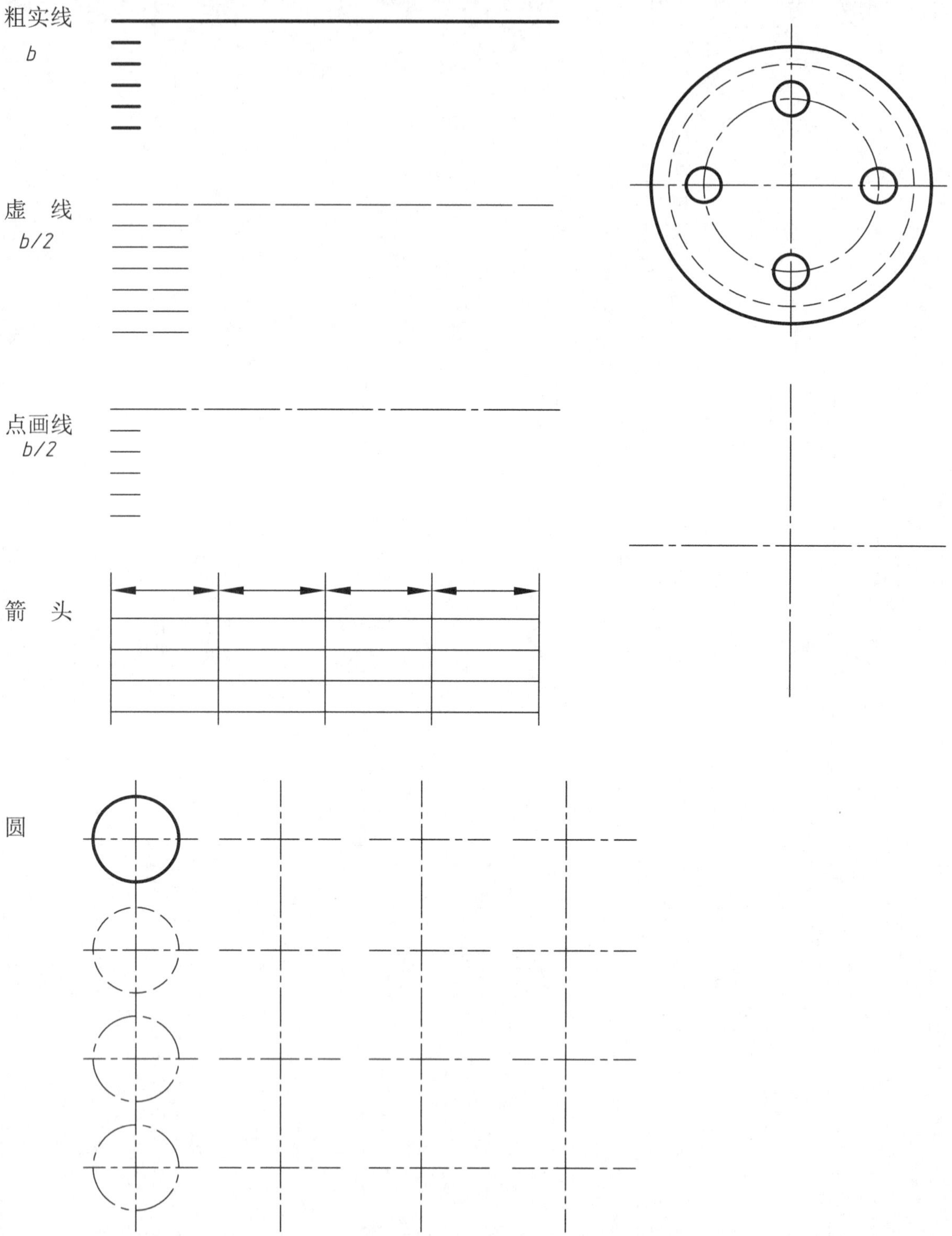

1−5 线形练习，在A3图纸上，用1∶1抄画平面图形及其尺寸。

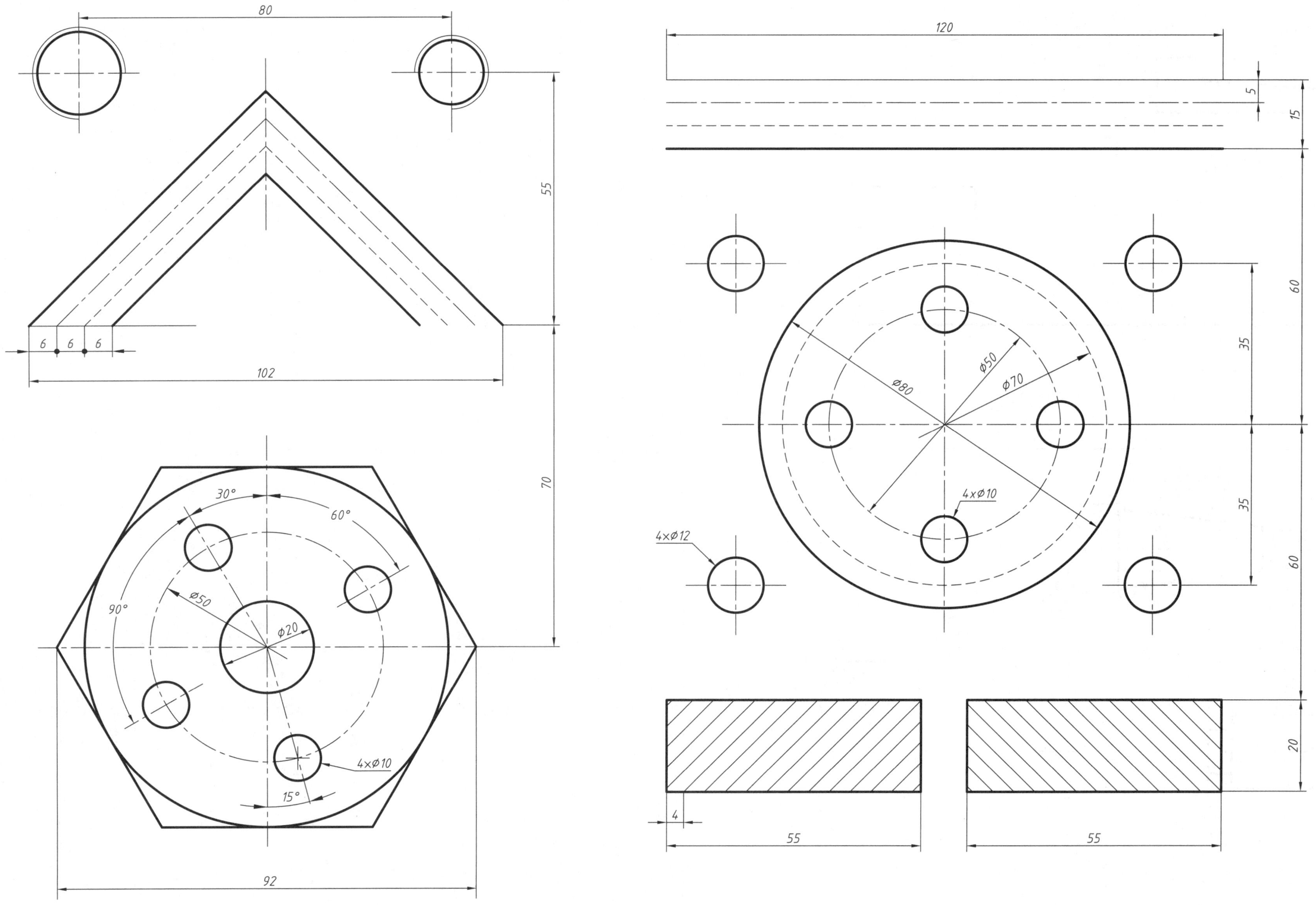

1-6 根据小样图完成斜度和锥度图形。

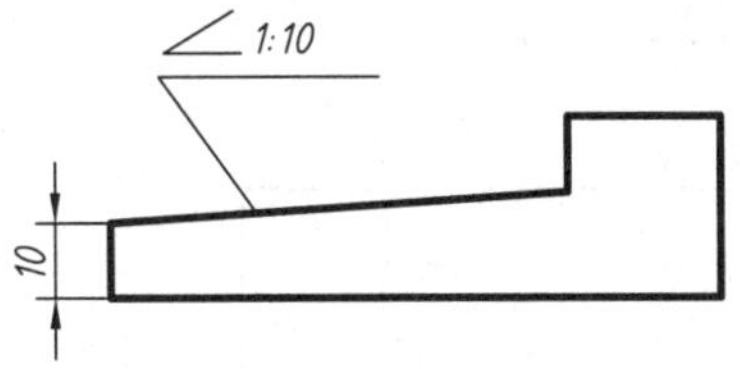

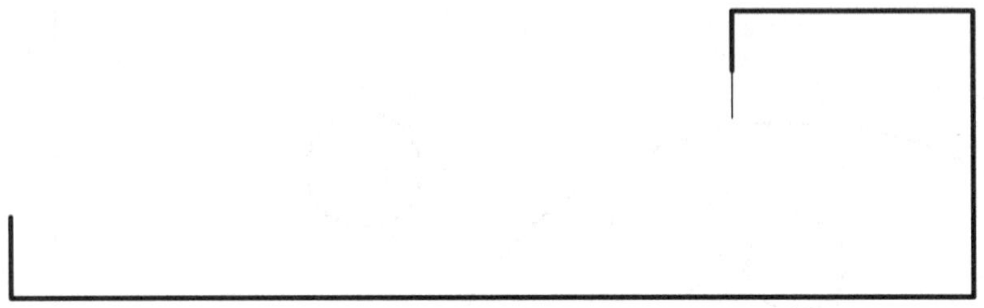

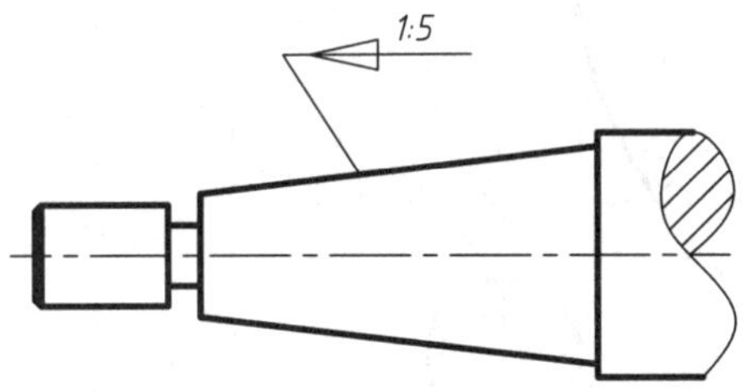

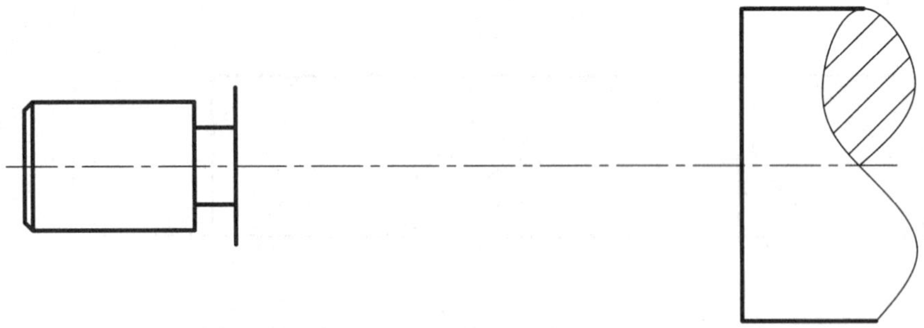

1-7 根据小样图完成椭圆图形。

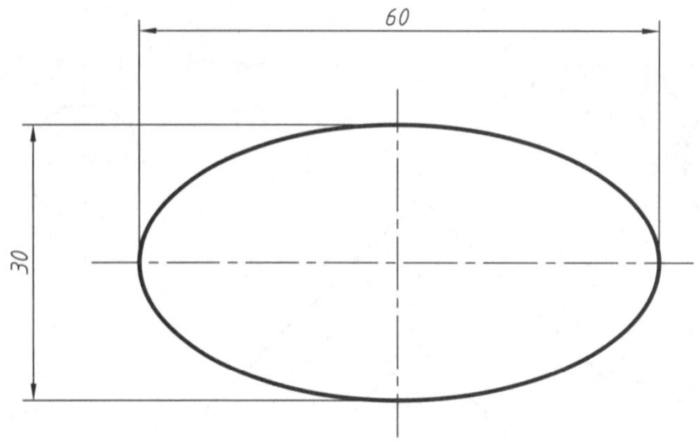

（同心圆法）

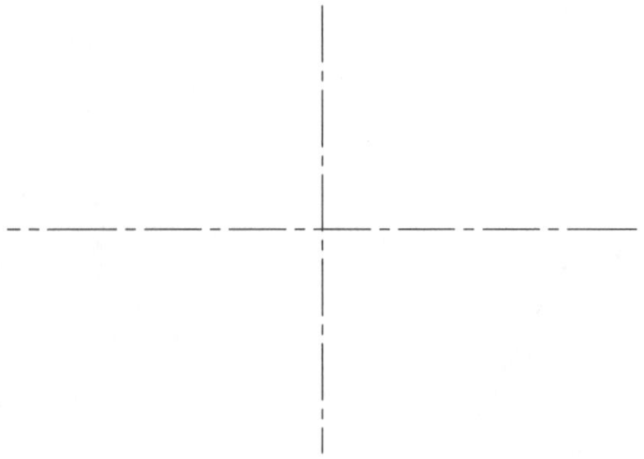

（四心圆法）

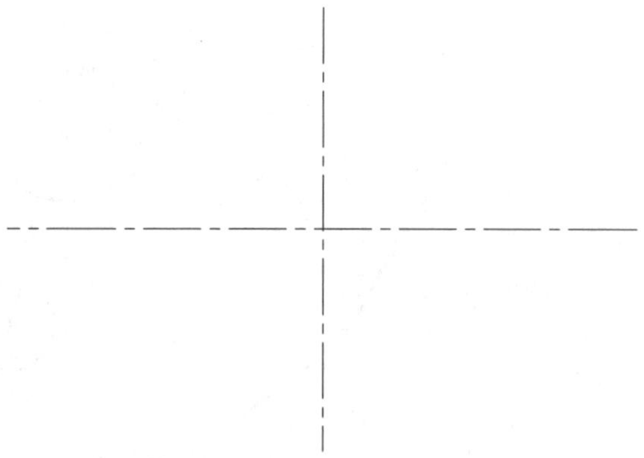

1-8 用指定半径作弧，并定出连接中心及切点的位置，最后加深，如各附图所示。

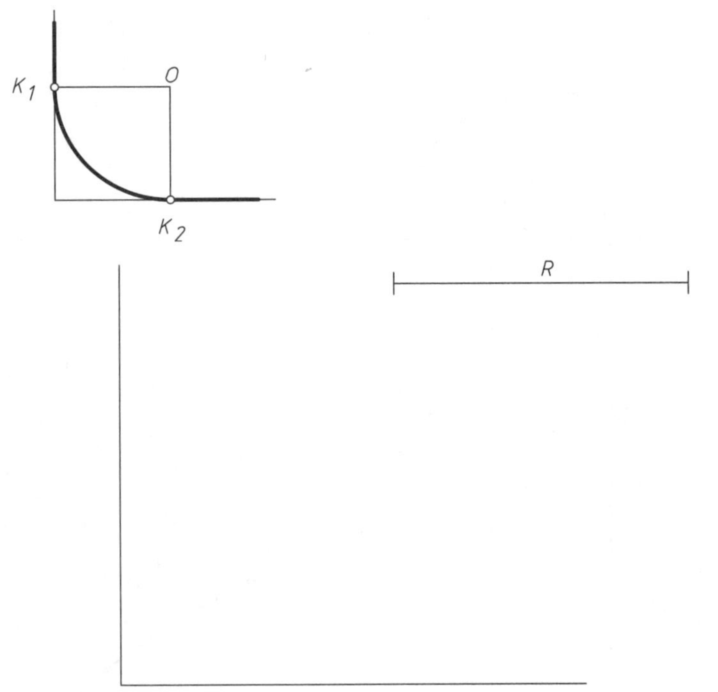

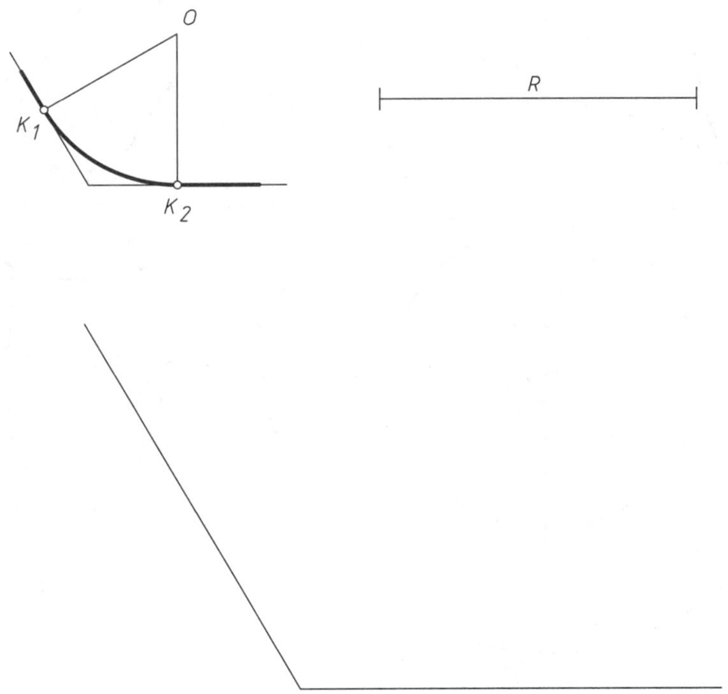

1-9 用指定半径作弧，并定出连接中心及切点的位置，最后加深，如各附图所示。

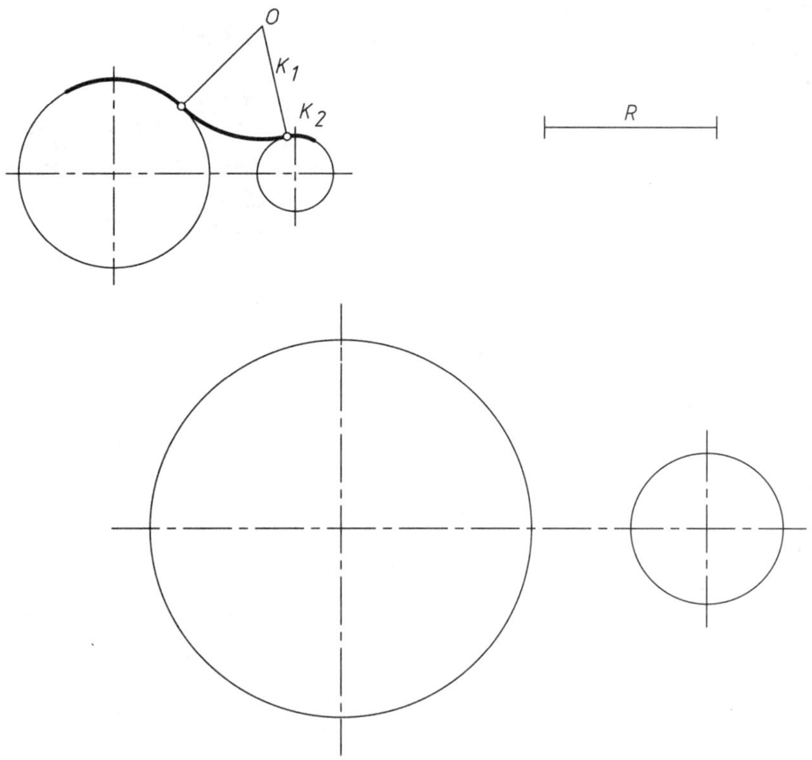

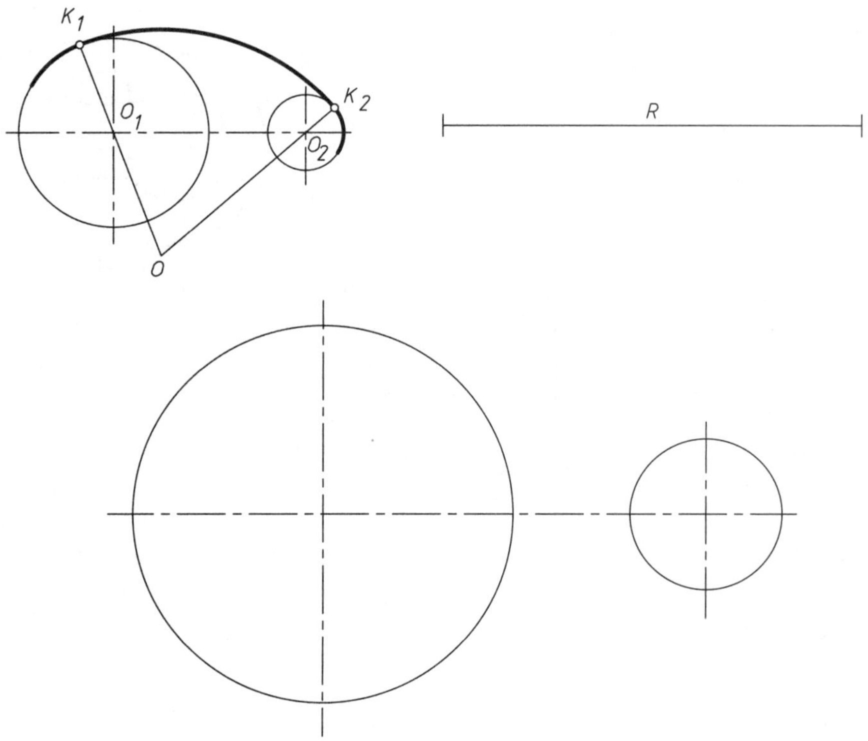

1-10 用指定半径作弧，并定出连接中心及切点的位置，最后加深，如各附图所示。

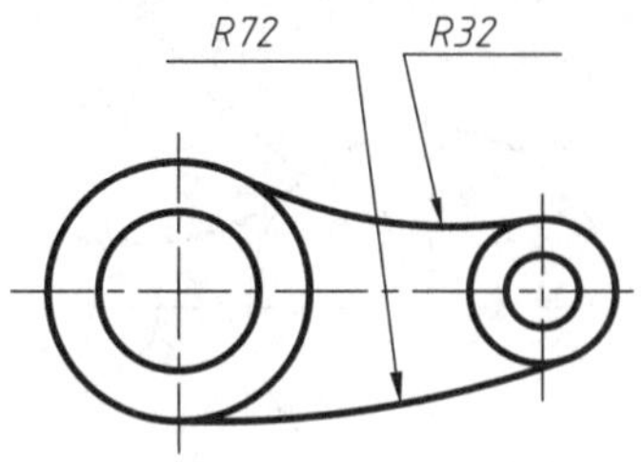

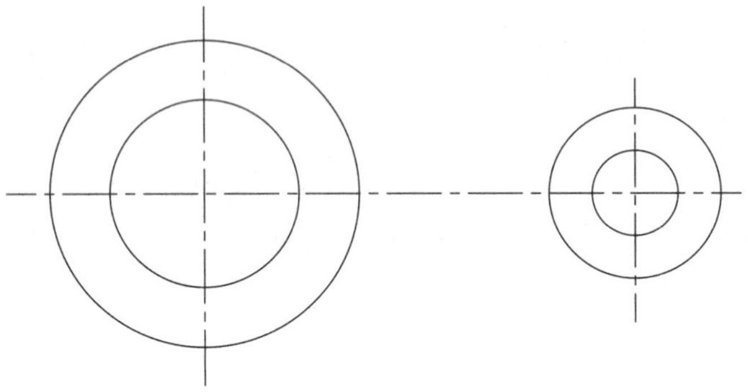

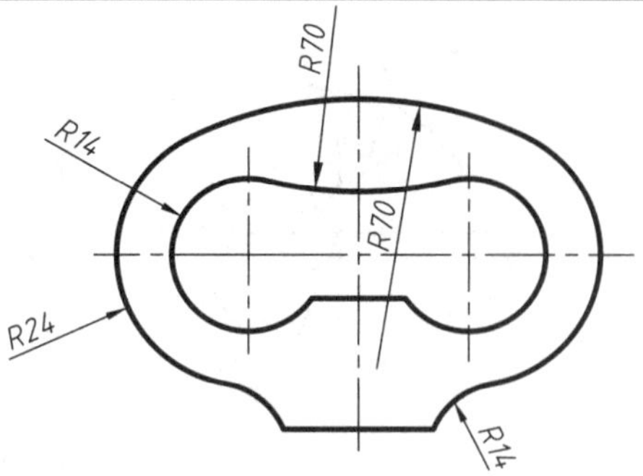

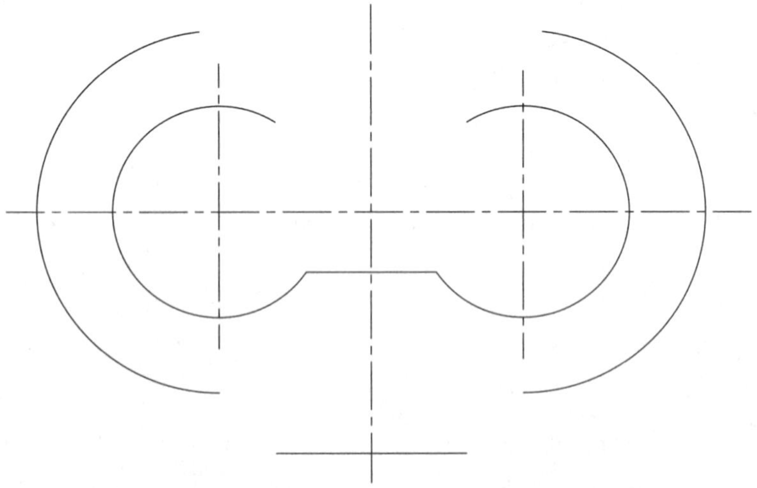

1-11 在A3图纸上，用1∶1抄画平面图形及其尺寸。

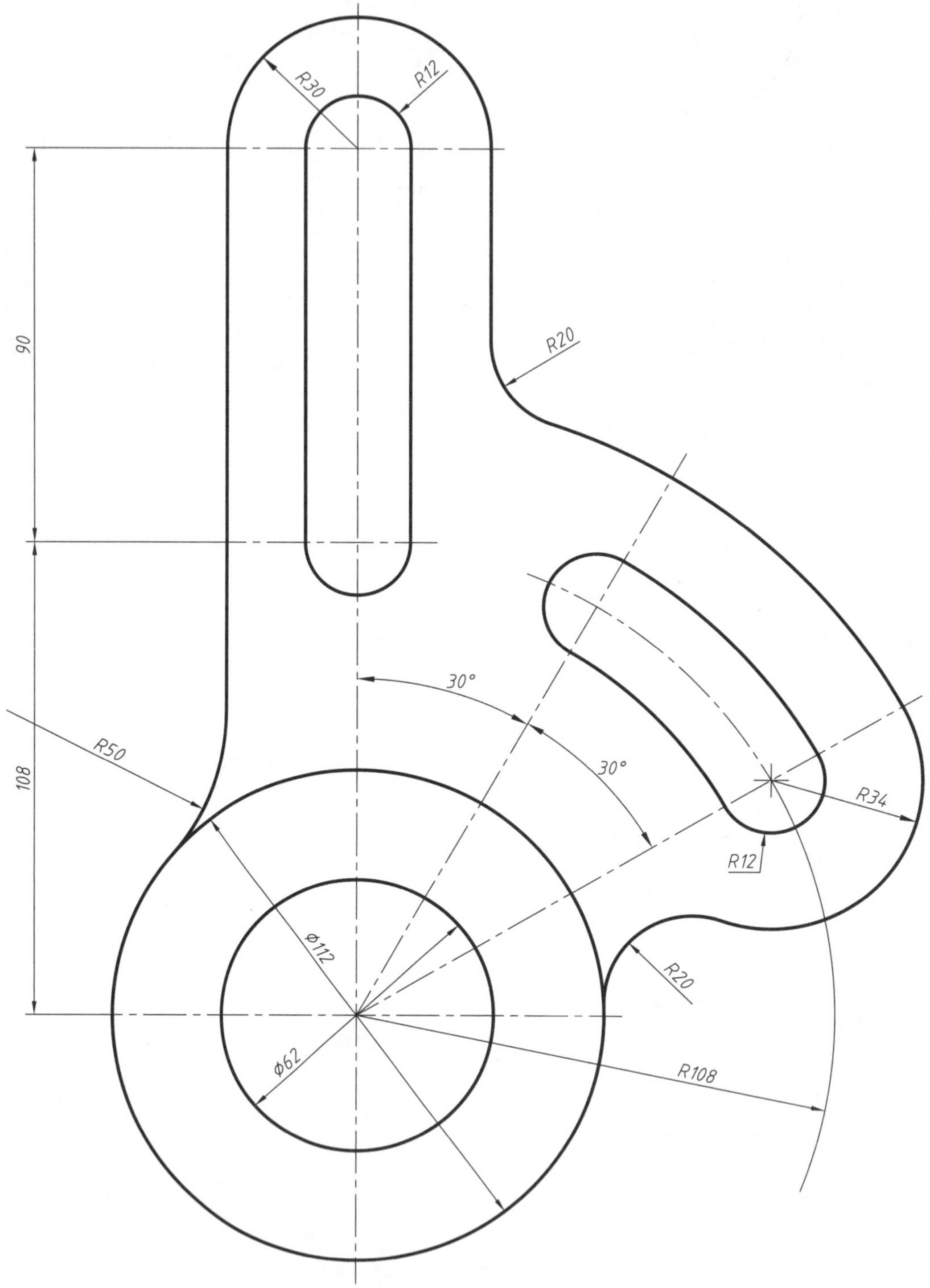

1—12 在A3图纸上，用1∶2抄画平面图形及其尺寸。

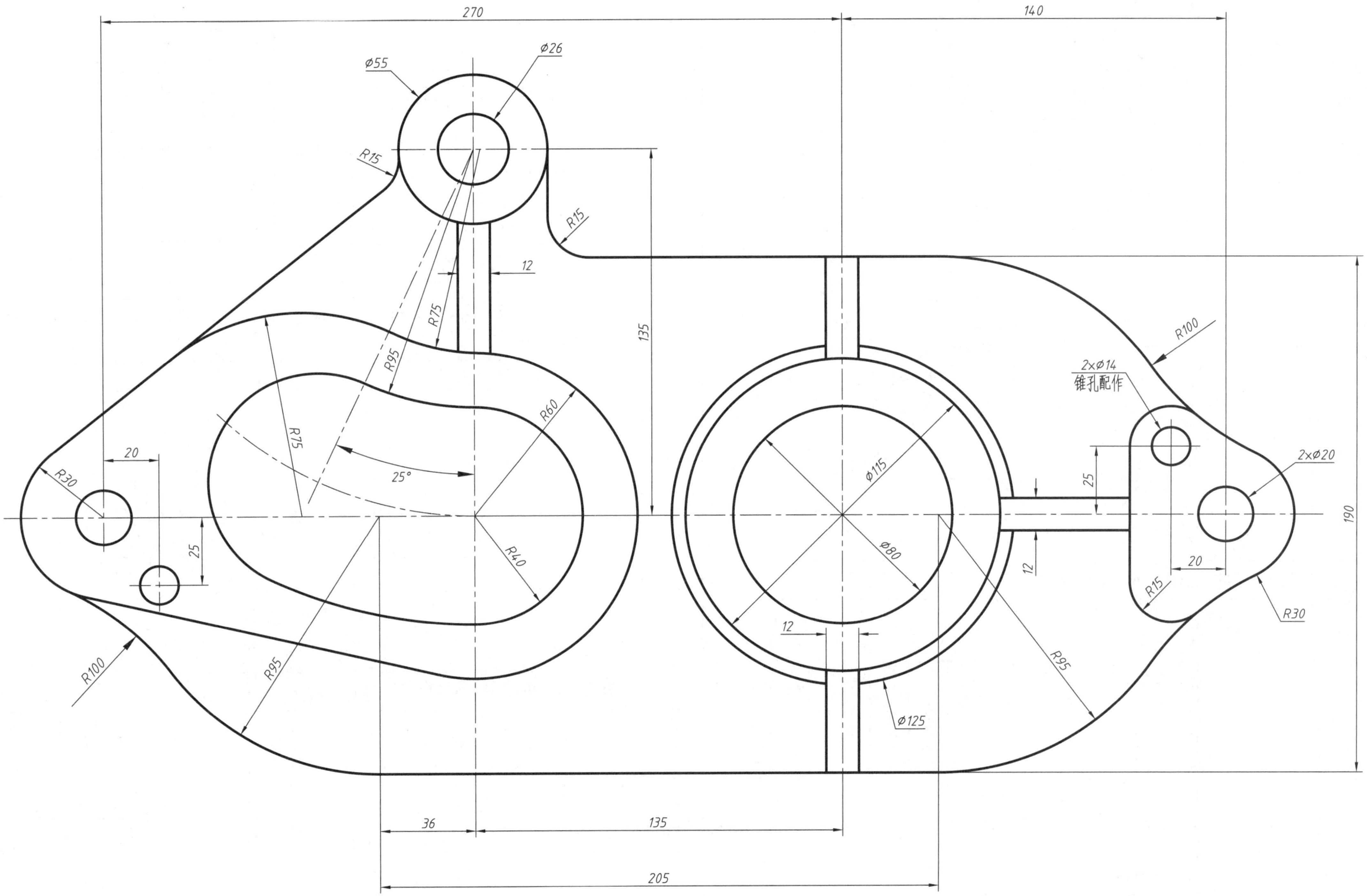

2-1 已知点的空间位置，试作投影图。（以mm为单位）

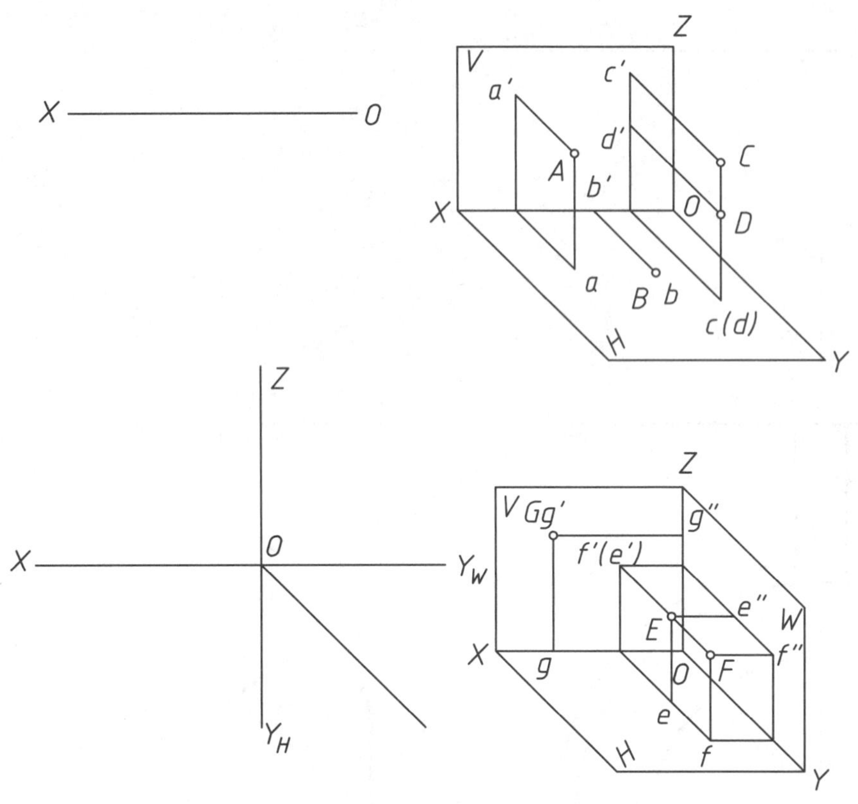

2-2 已知各点的投影图，这些点离投影面的距离各为多少？（以mm为单位）

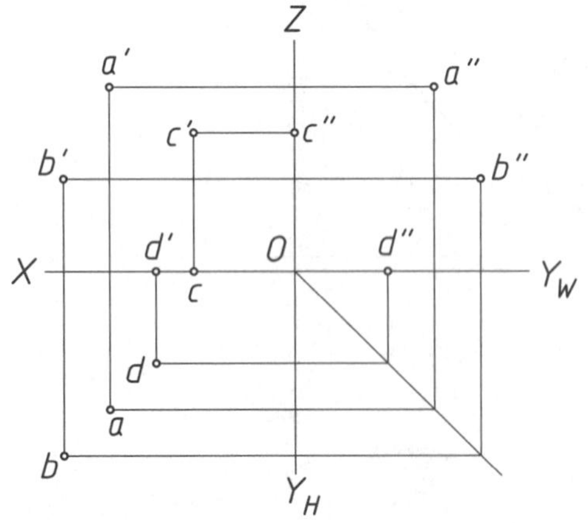

	离H面距离	离V面距离	离W面距离
A			
B			
C			
D			

2-3 已知三点的投影图，点B和C对点A的相对距离分别为多少？（以mm为单位。两点比较，在前、在上、在左为正值；反之为负值，应在数值前加“–”）

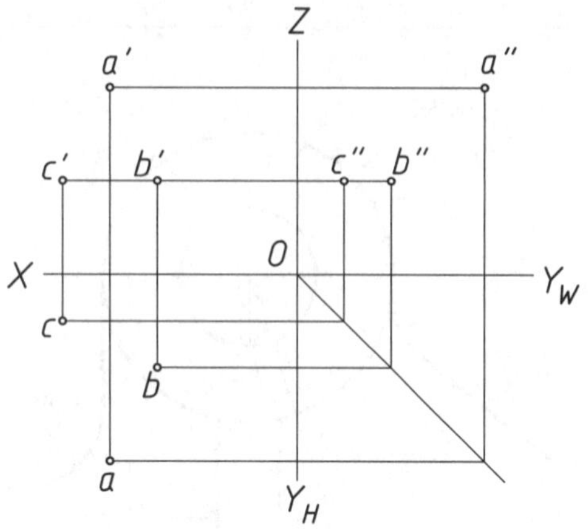

	与点A前后差	与点A上下差	与点A左右差
B			
C			

2-4 已知点B在点A左方5 mm、下方15 mm、前方10 mm，点C在点A正前方15 mm，试作B、C两点的三面投影。

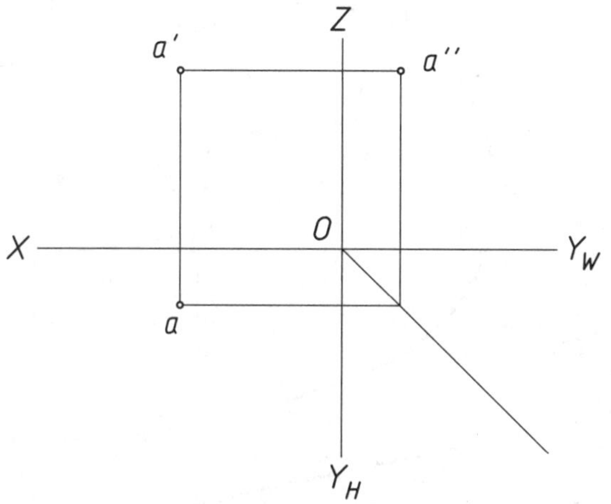

2-5 已知各点的两面投影，试画出第三面投影。

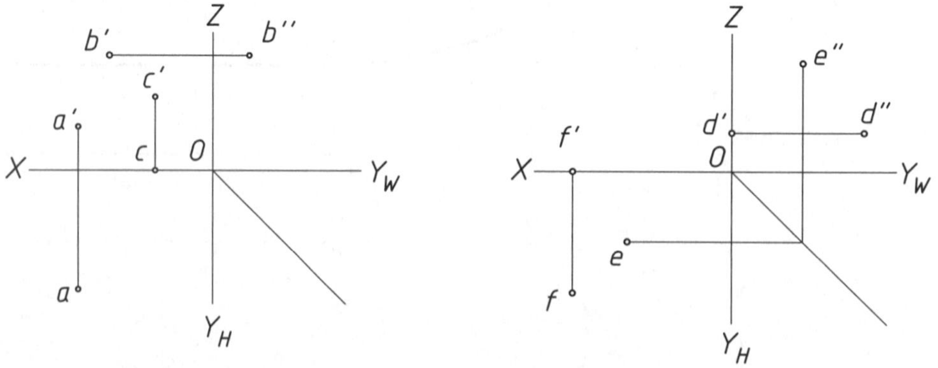

2-6 已知点A的坐标为（30，15，20），点B的坐标为（30，0，10），试作它们的投影图。（以mm为单位）

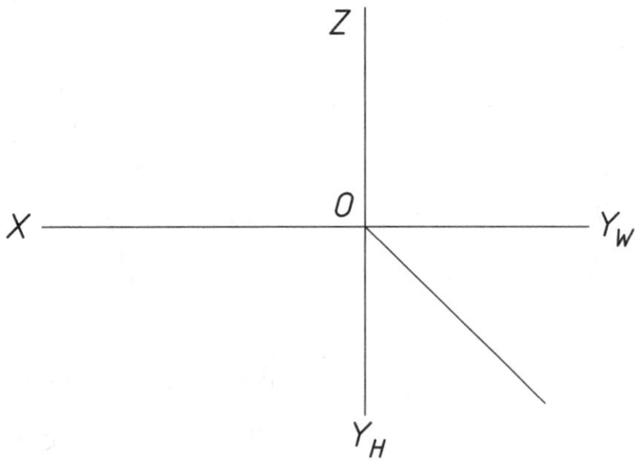

2-7 已知点L和M的投影，试定出它们的x、y、z坐标。（以mm为单位）

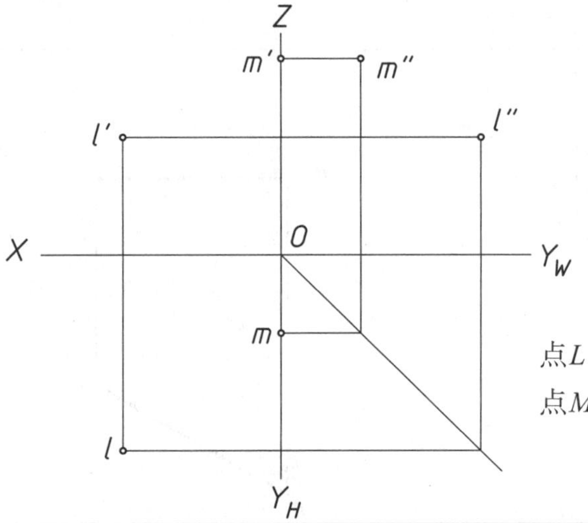

点L的坐标(   )

点M的坐标(   )

2-8 已知D、E、F三点的两面投影，求第三面投影，作出三点在轴测图中的位置，写出x、y、z坐标。（以mm为单位）

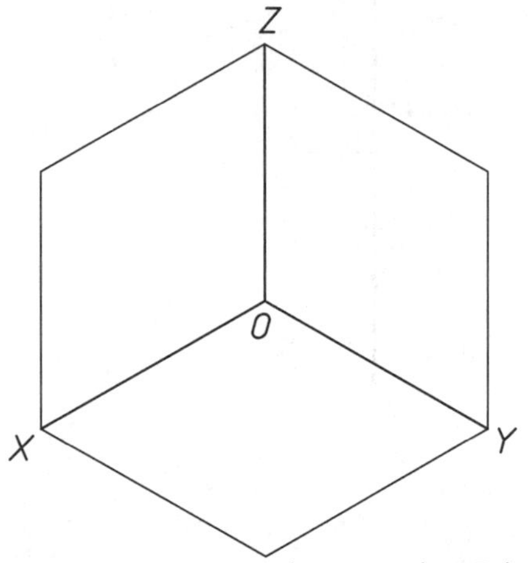

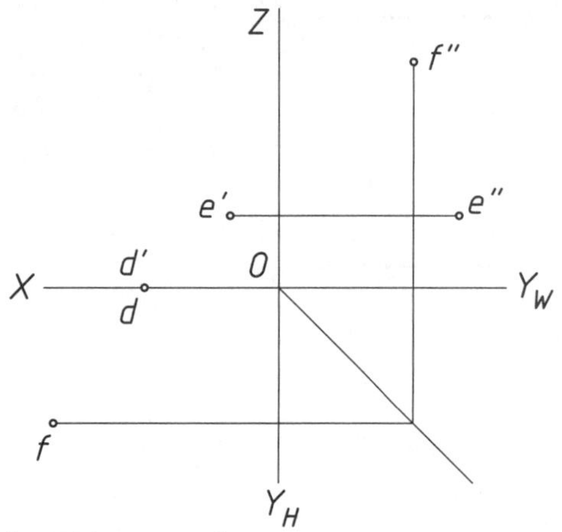

D(   ), E(   ), F(   )

2-9 已知K（10，15，20），M（25，15，8），N（10，15，8）三点的坐标，作出三点的三面投影和在轴测图中的位置，并判别可见性，将不可见点的投影加上括号。（以mm为单位）

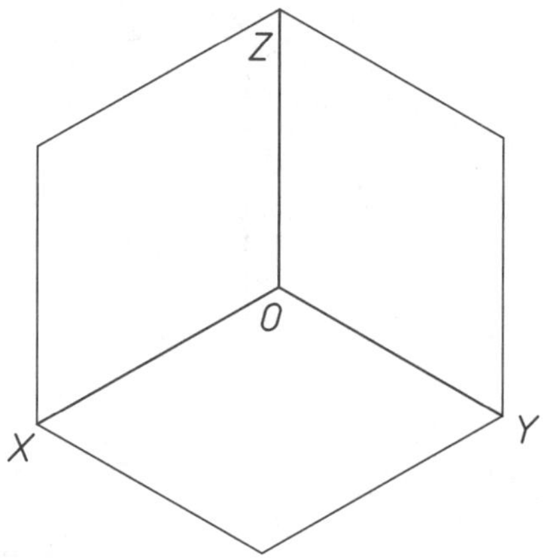

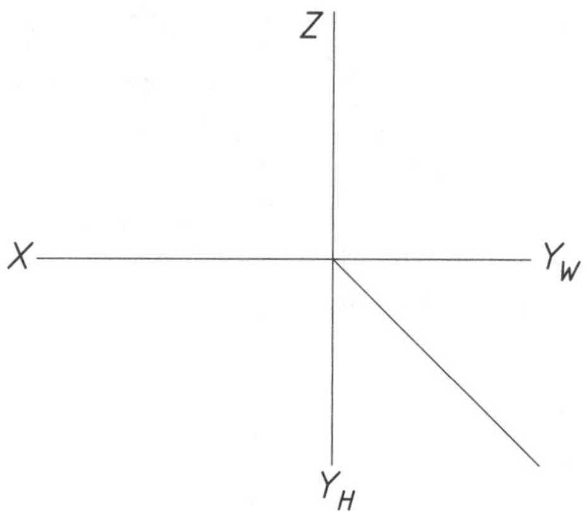

2-10 已知点A(15，10，25）的三面投影，点B的坐标为（40，25，25），点C在点B下方25、后方25、右方10，作出B、C两点的三面投影，并连接AB、BC、AC，判别其空间位置。（以mm为单位）

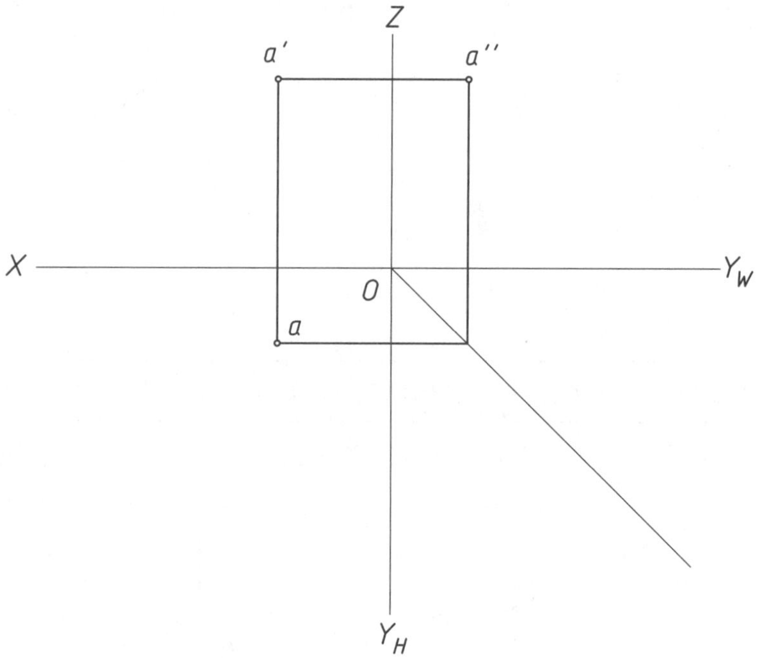

AB是__________线，BC是__________线，AC是__________线，

点C在空间中位于__________上。

2-11 判别下列直线对投影面的相对位置，并画出第三面投影。

(1) ________线

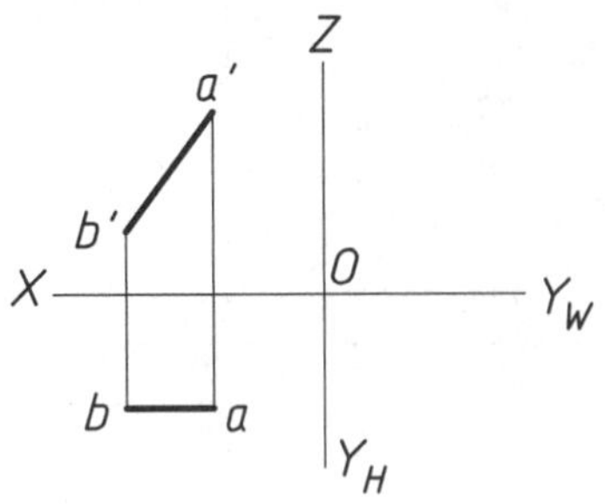

(2) ________线

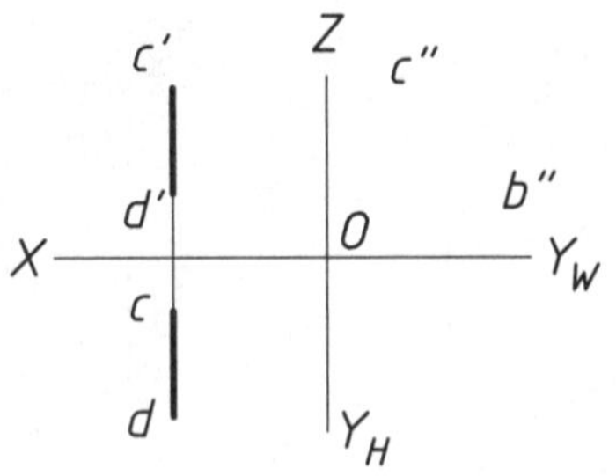

(3) ________线

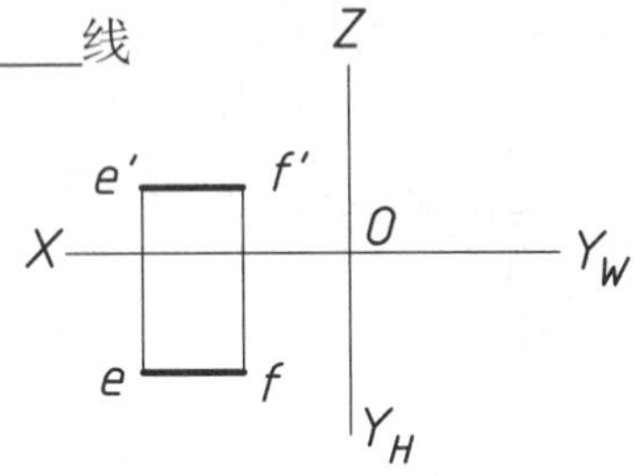

(4) ________线

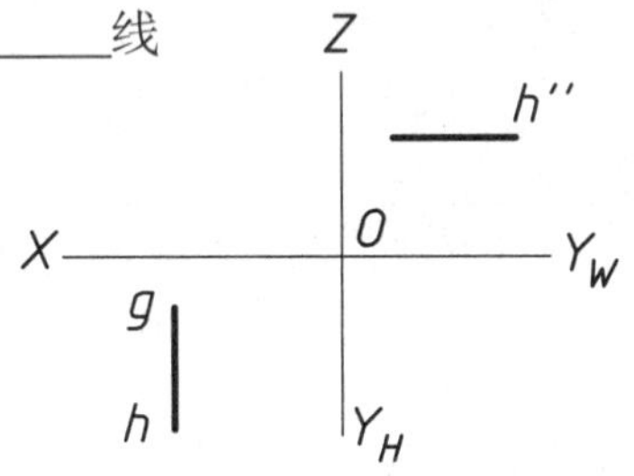

(5) ________线

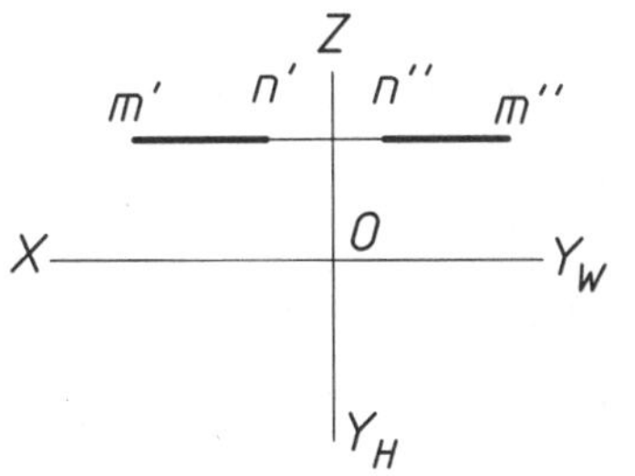

(6) ________线

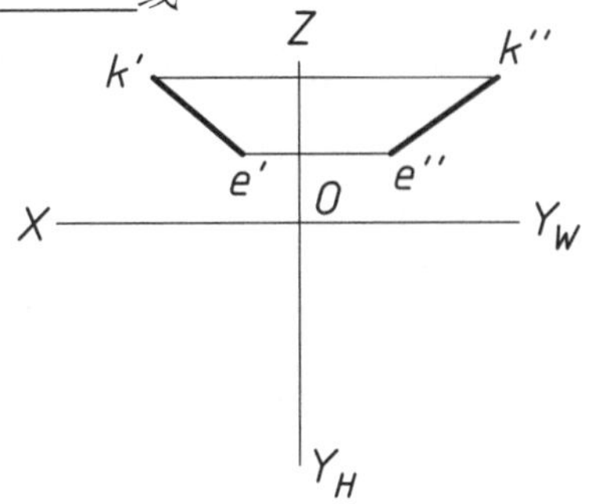

2-12 在已知线段AB上求一点C，使AC∶CB=1∶2，并作出点C的投影。

(1)

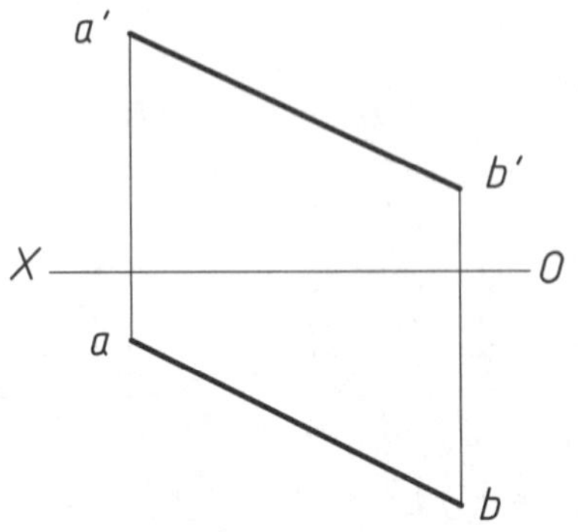

(2)

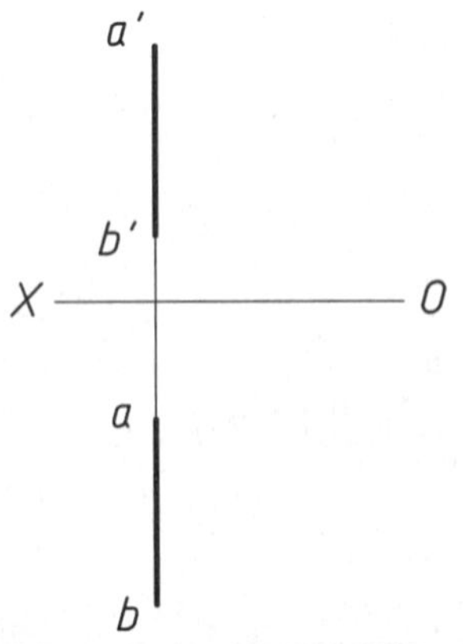

2-13 判别三棱锥各棱线对投影面的相对位置，并画出第三面投影。

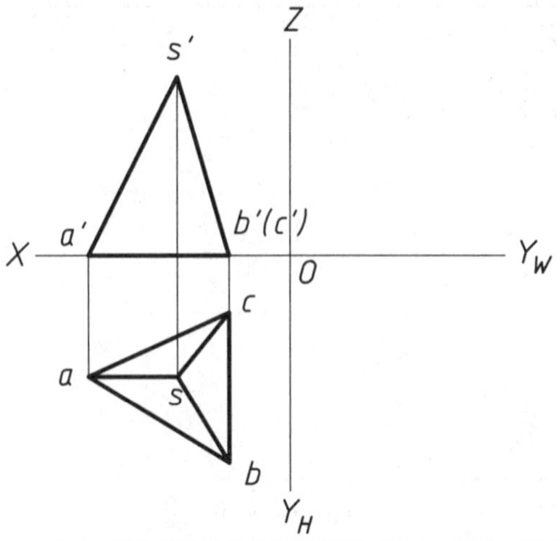

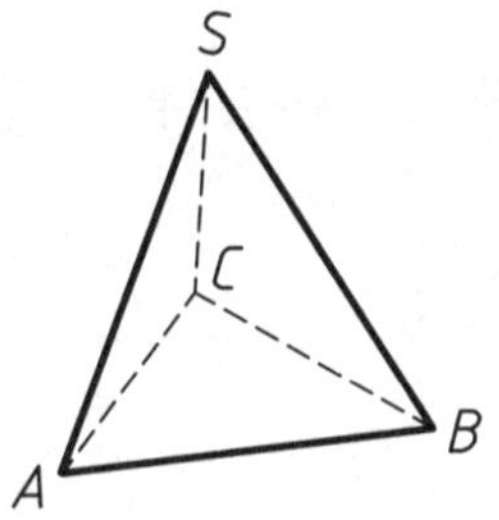

SA：________线　SB：________线

SC：________线　AB：________线

CA：________线　BC：________线

2-14 下列直线对投影面的角度各为多少？

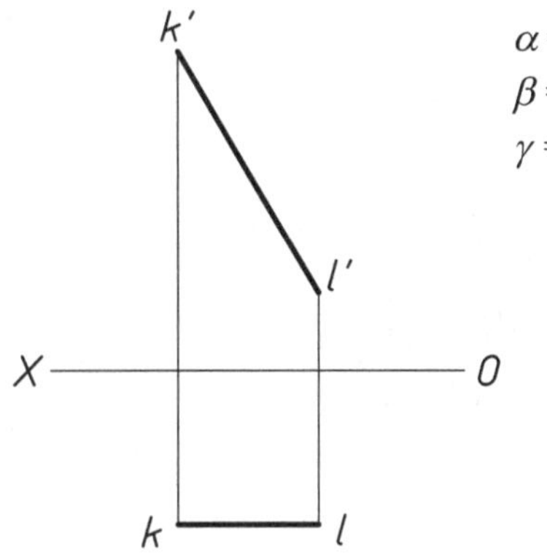

$\alpha=$
$\beta=$
$\gamma=$

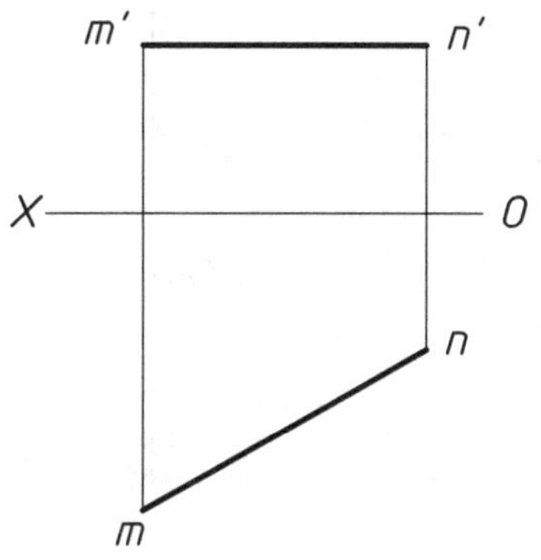

$\alpha=$
$\beta=$
$\gamma=$

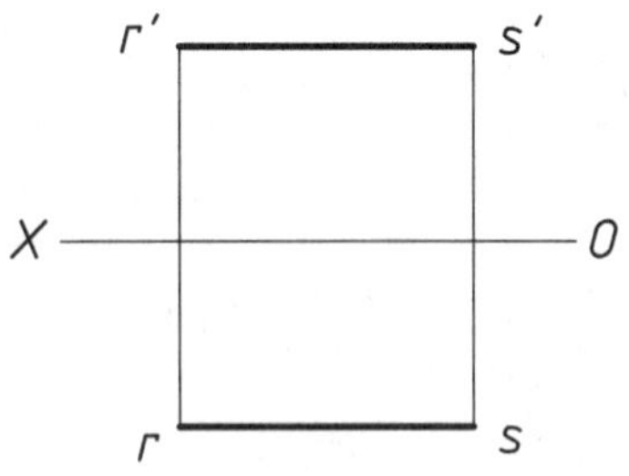

$\alpha=$
$\beta=$
$\gamma=$

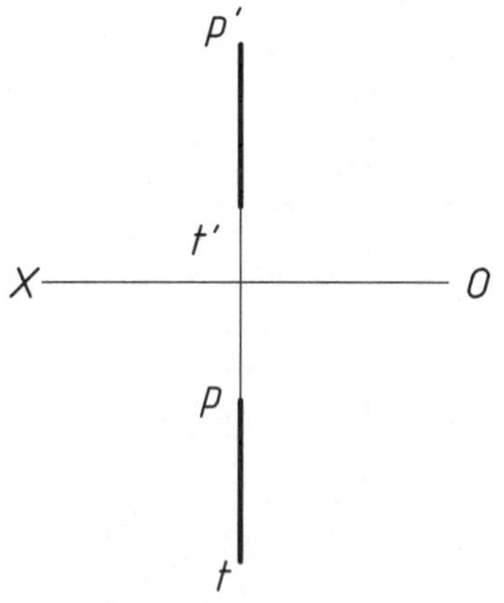

$\alpha=$
$\beta=$
$\gamma=$

2-15 过已知点E作水平线EF的三面投影，EF=20，β=30°。（以mm为单位）

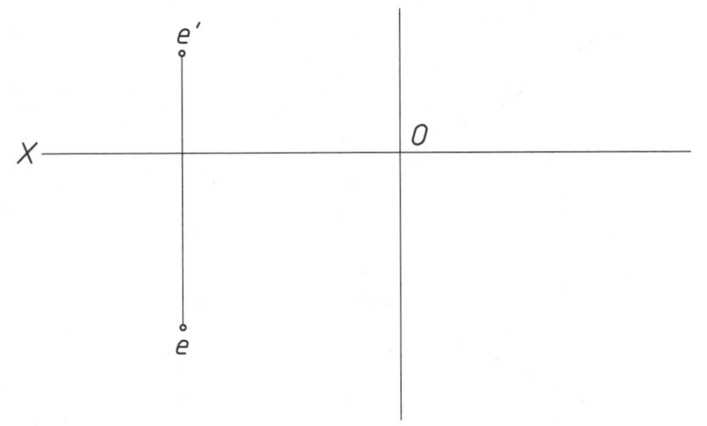

2-16（1）求属于直线AB的点K的其他两面投影；（2）判断点Q是否属于直线CD。

(1)

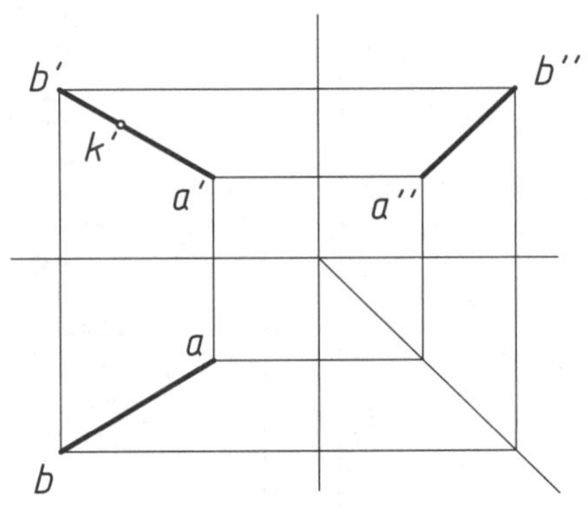

(2)

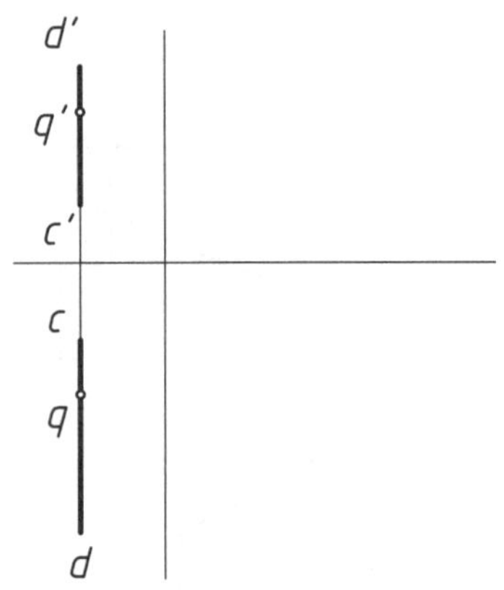

2-17 求线段GH的实长及对W面的倾角γ。

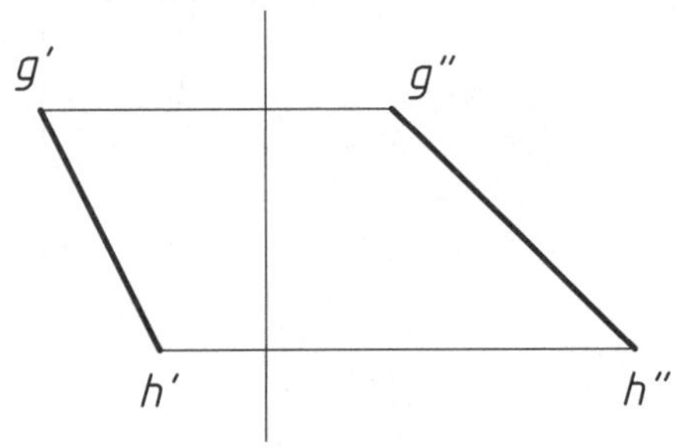

2-18 求各线段实长，并求出线段AB对H面的倾角α和线段CD对V面的倾角β。

(1)

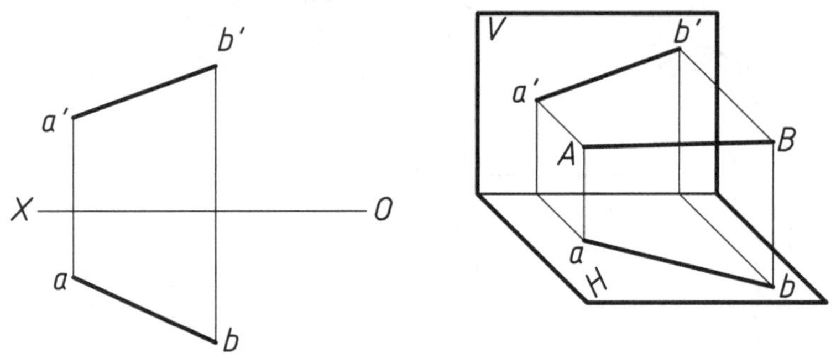

(2)

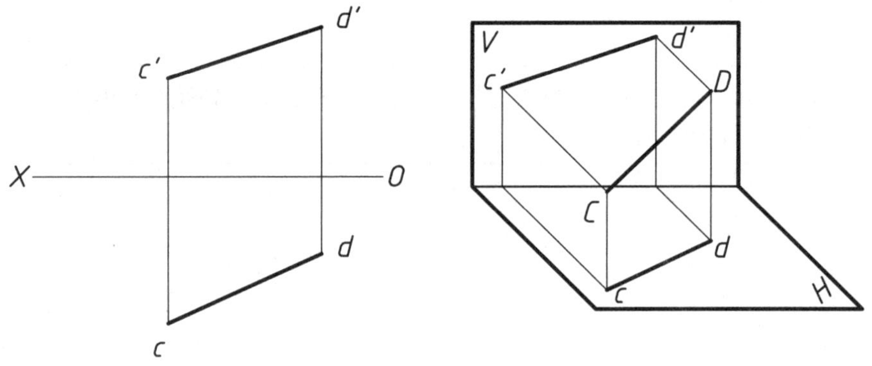

(3)

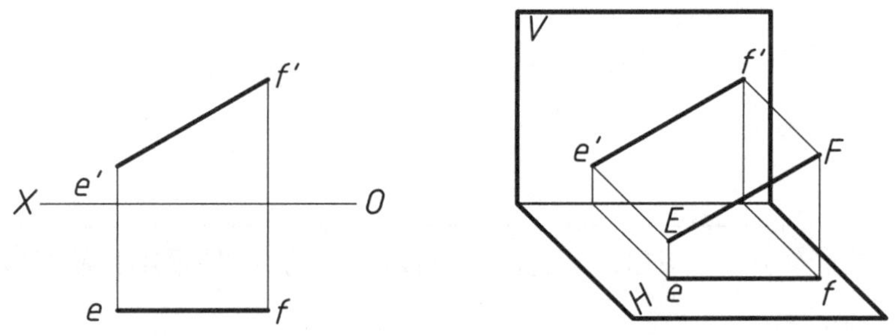

(4)

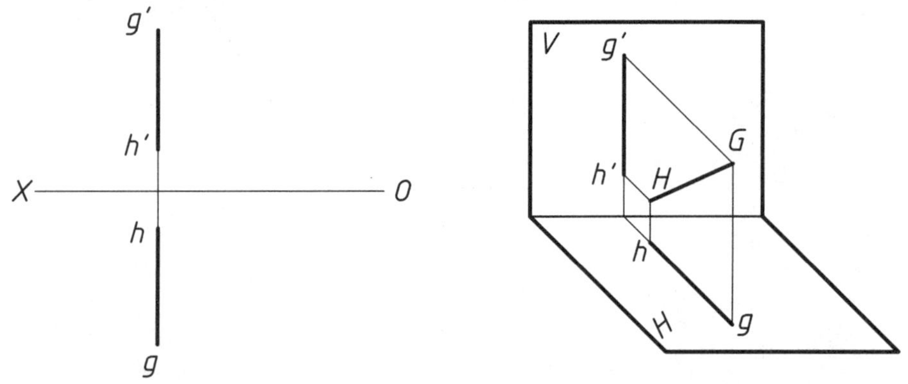

2-19 已知线段RS的长度L，求水平投影rs。

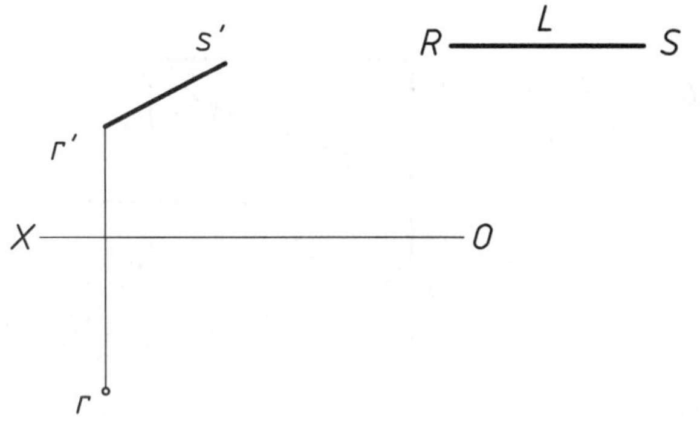

2-20 已知直线AB的水平投影和点A的正面投影，并知直线AB与V面的夹角为30°，点B在点A的上方，求直线AB的正面投影。

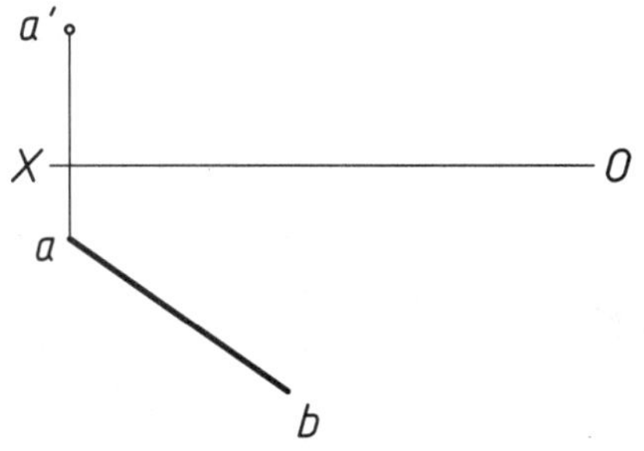

2-21 已知线段CD的投影($c'd'$，$c''d''$)，试定出属于线段CD的点E的投影，使线段CE的长度等于25 mm。

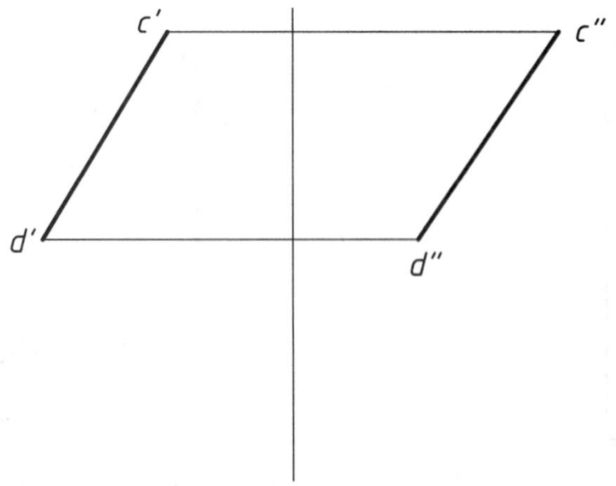

2-22 已知直线CD对水平投影面的倾角α=30°，且与直线AB相交于点K，完成其水平投影。

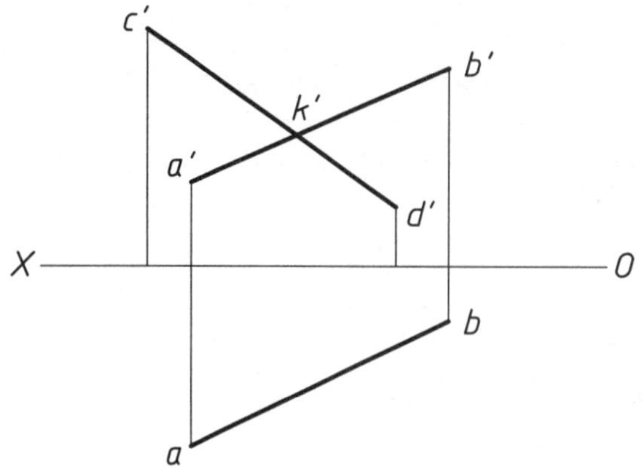

2-23 判别直线AB与CD在空间中的相对位置。

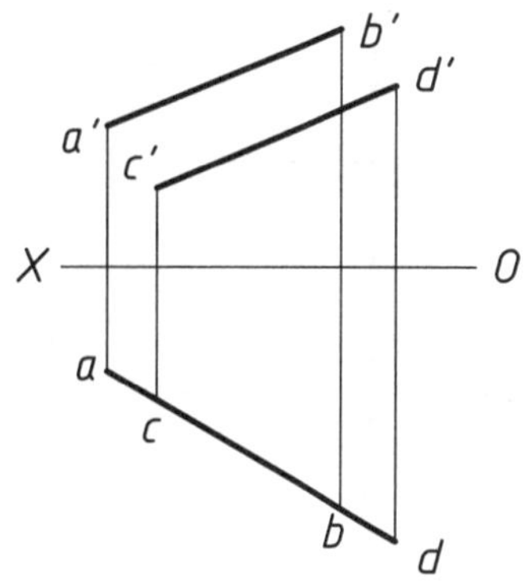

(1) ____________

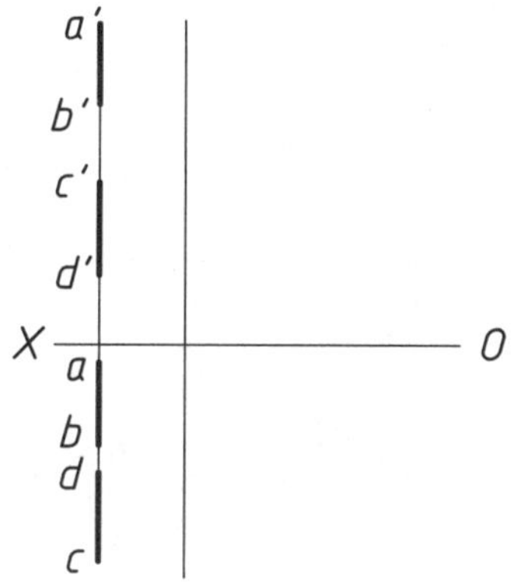

(2) ____________

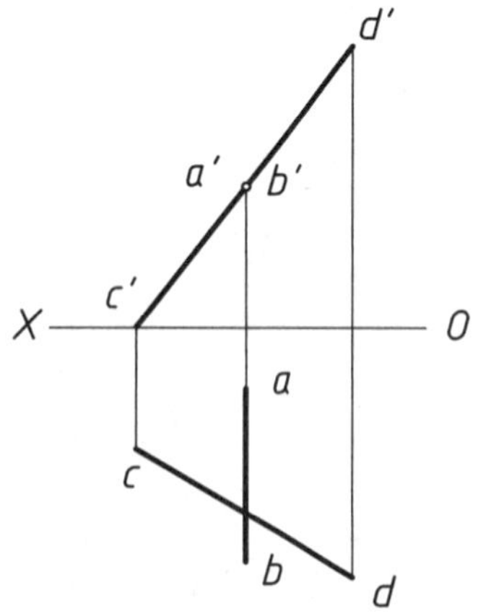

(3) ____________

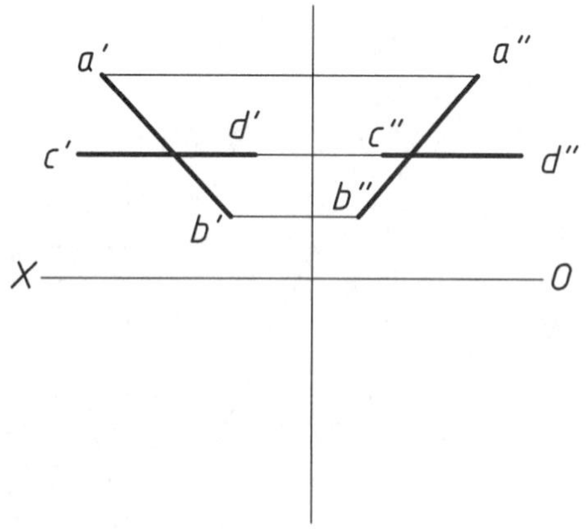

(4) ____________

2-24 判别直线AB与直线CD在空间中的相对位置。

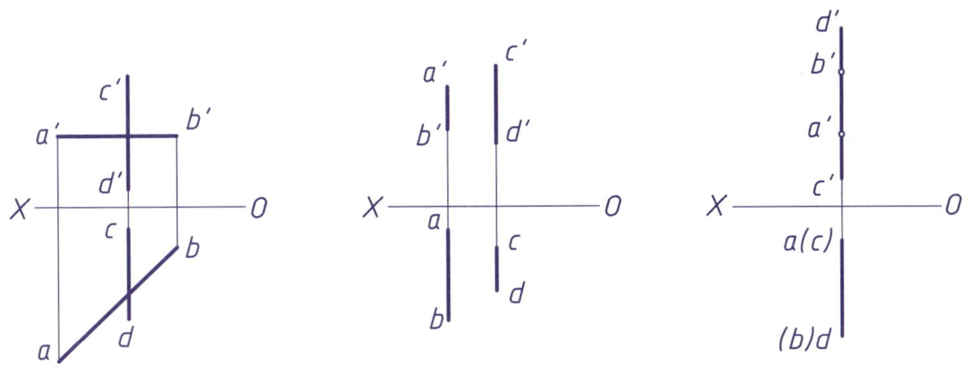

(1)________ (2)________ (3)________

2-25 过已知点K引一正平线KC，使其与已知直线AB相交。

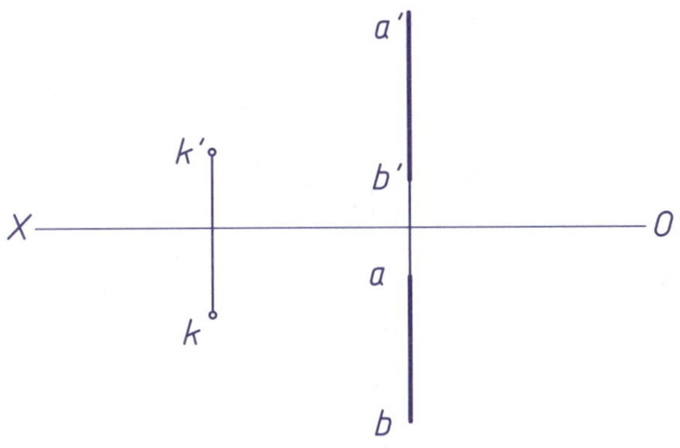

2-26 过点A作直线AB，平行于直线DE，并作直线AC与DE相交，其交点距H面为20 mm。

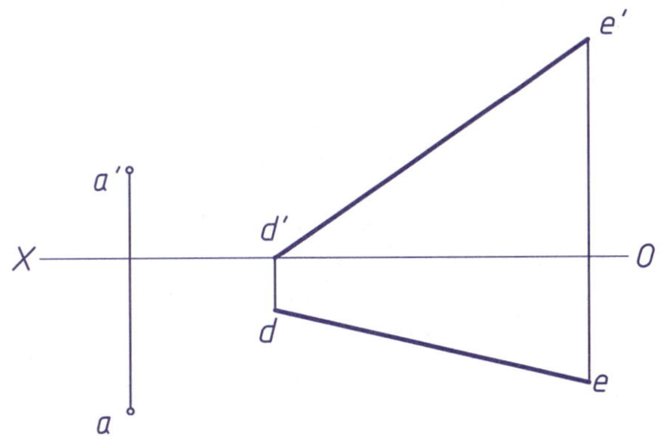

2-27 过点K作直线KF，使其与直线CD垂直相交。

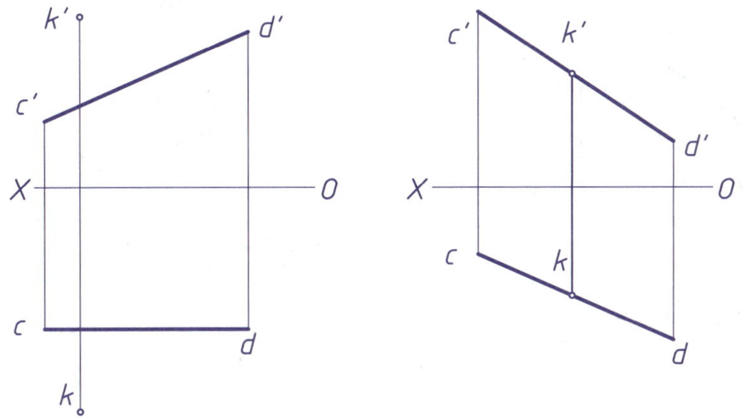

2-28 过点K作直线KF，使其与直线CD垂直相交。

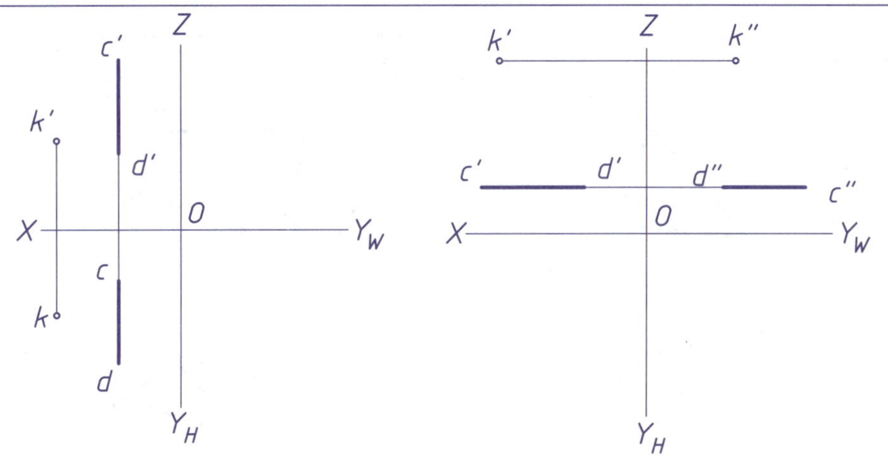

2-29 已知菱形ABCD的对角线BD的投影和另一对角线端点的水平投影a，试完成菱形的投影图。

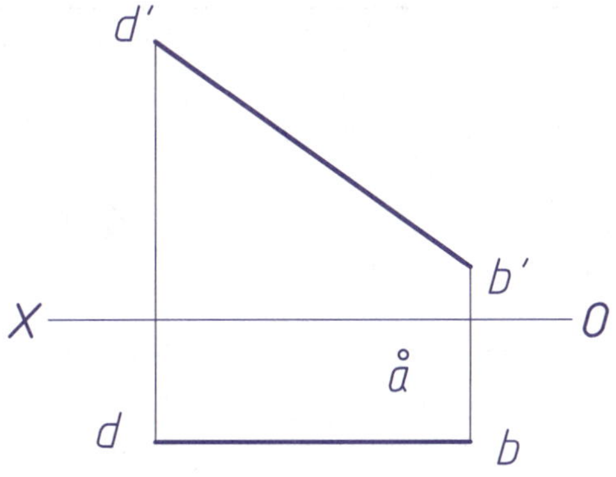

2-30 已知下列平面上的点、直线或平面的一个投影，试画出另一个投影。

(1)

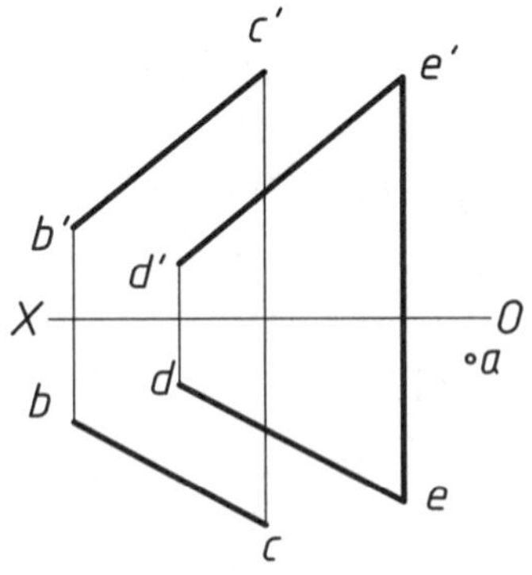

(2)

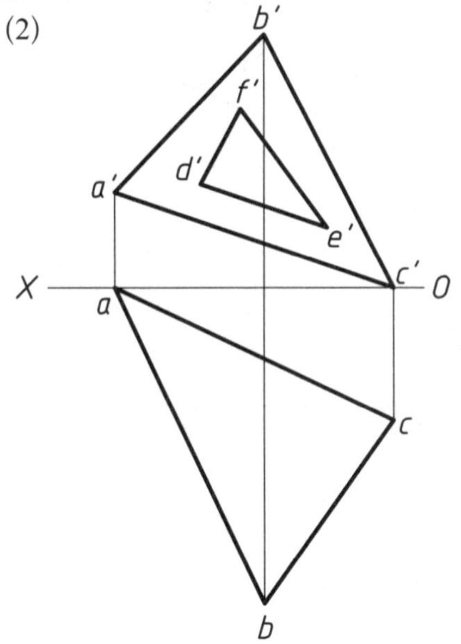

(3)

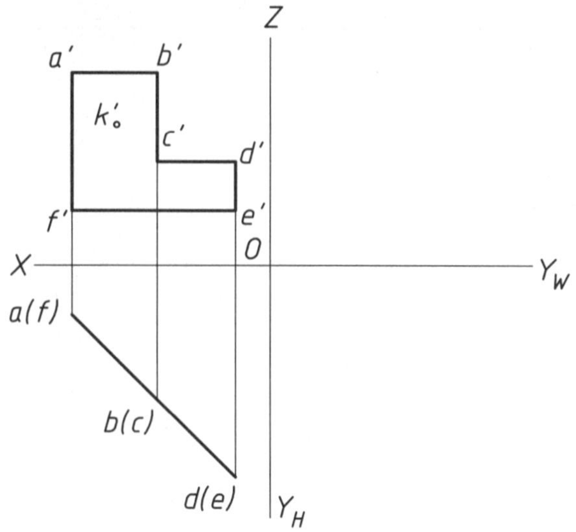

(4)

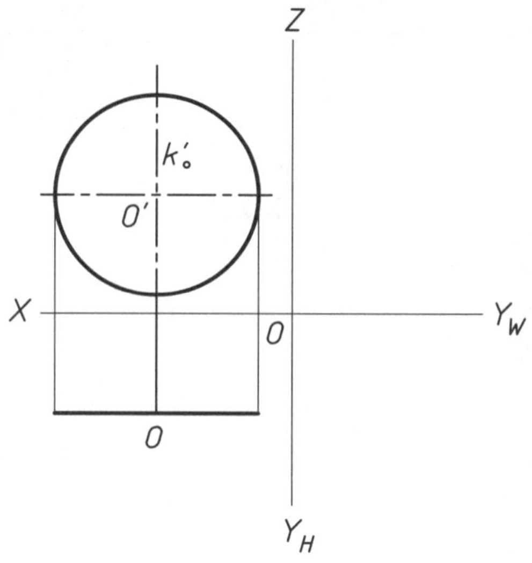

2-31 判别点*A*或直线*AB*是否属于给定的平面。

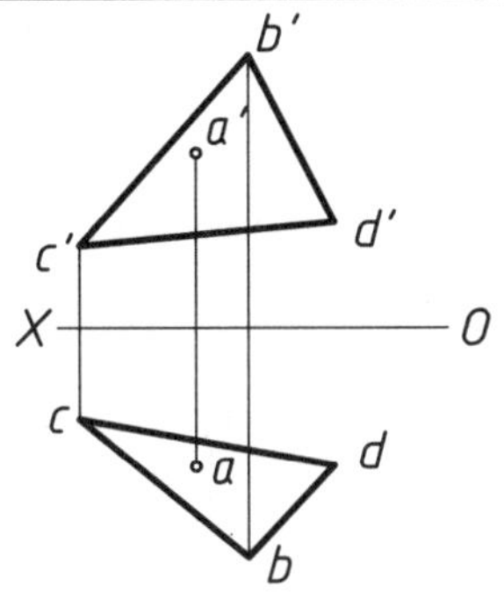

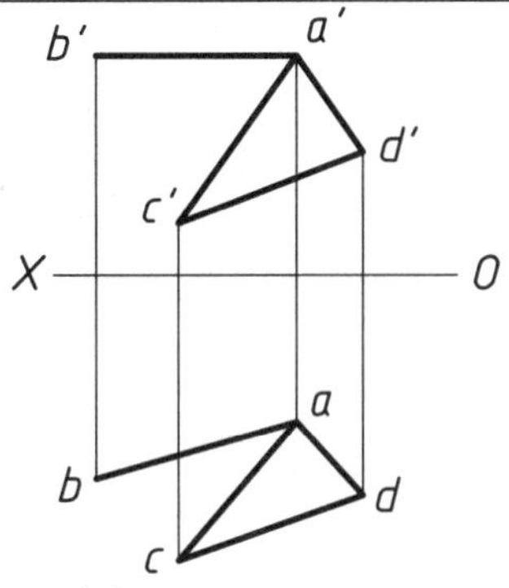

(1) ____________ (2) ____________

2-33 求平面五边形的水平投影。

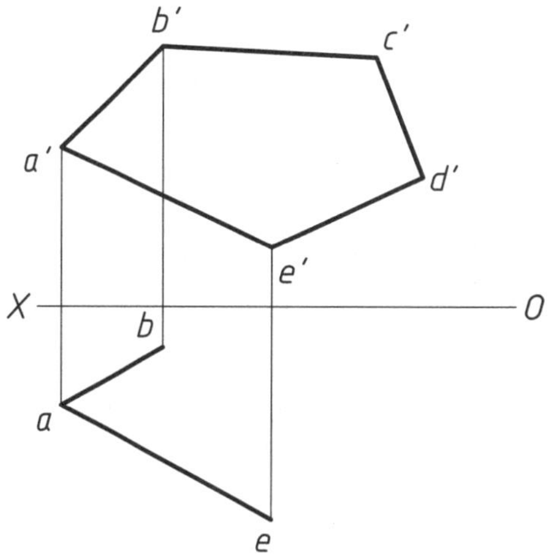

2-32 完成下列平面图形的第三面投影，并作出平面上点*K*的其他投影。

(1)

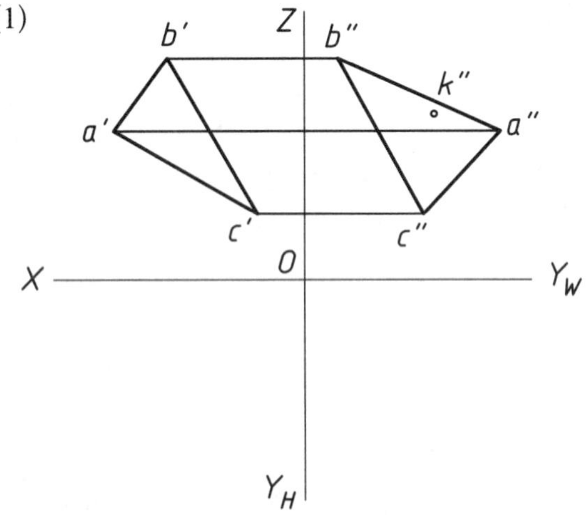

(2)

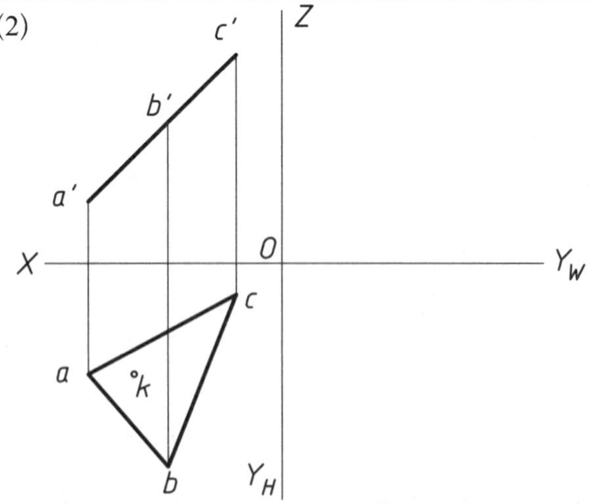

2-34 判别*A*、*B*、*C*、*D*四点是否属于同一平面。

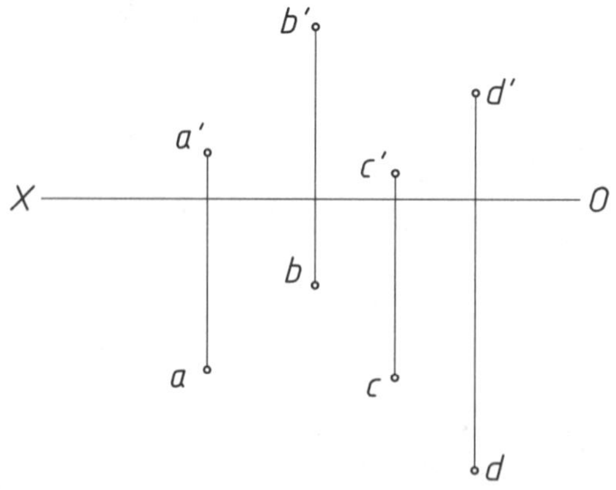

2–35　判别三条平行直线是否属于同一平面。

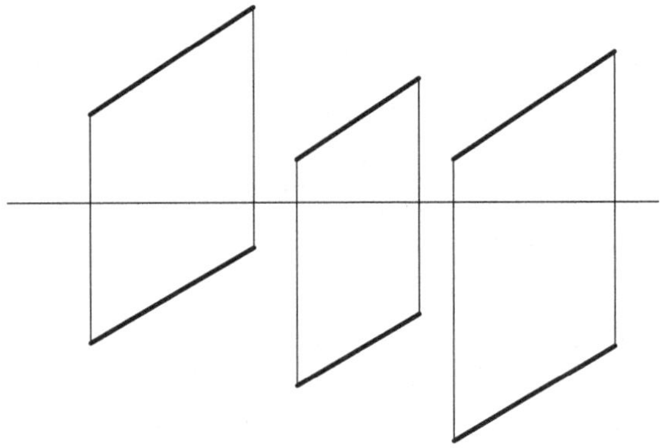

2–36　作属于平面ABC的水平线，该水平线在H面之上18 mm，并作属于平面ABC的正平线，该正平线在V面之前20 mm。

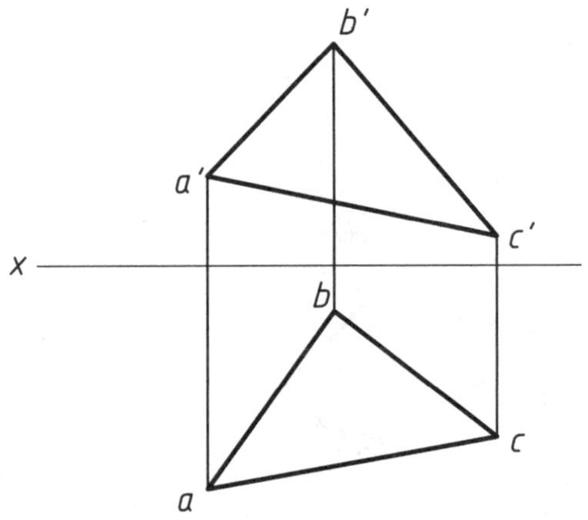

2–37　判别组成四棱柱的各平面对投影面的相对位置。

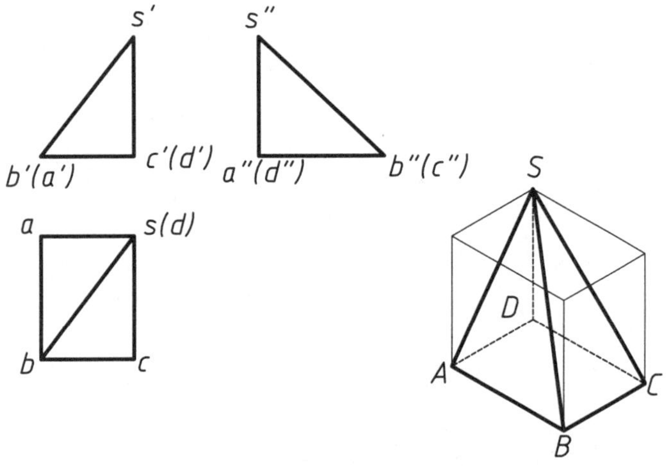

$ABCD$：_______面

SAB：_______面

SBC：_______面

SCD：_______面

SDA：_______面

2–38　在平面ABC上找一点K，使其距H面和距V面都为15 mm。

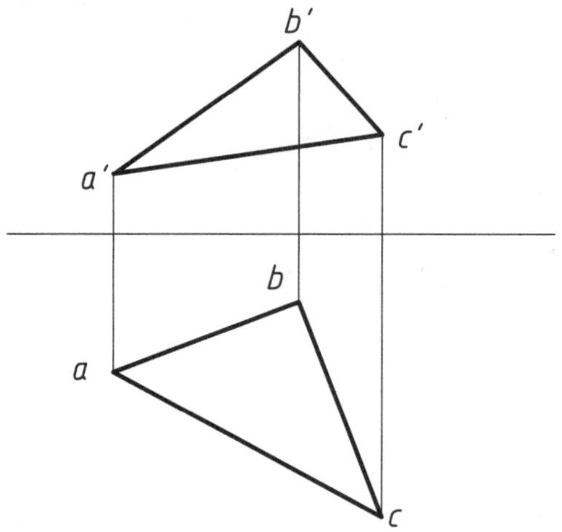

2–39　已知直线AM是三角形ABC对H面的最大斜度线，完成三角形ABC的水平投影。

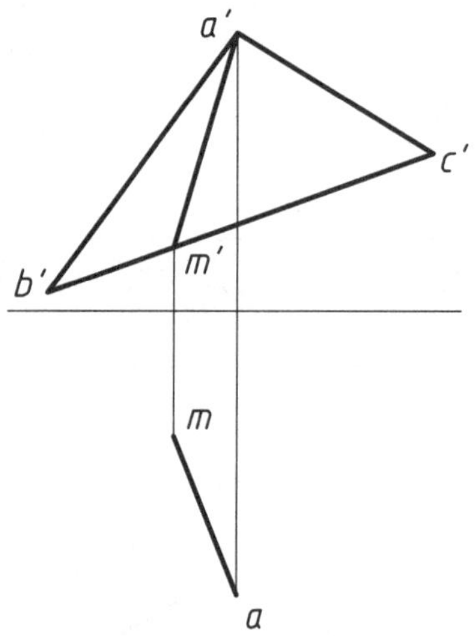

2–40　过点K作平面与平面$P(AB /\!/ CD)$平行。

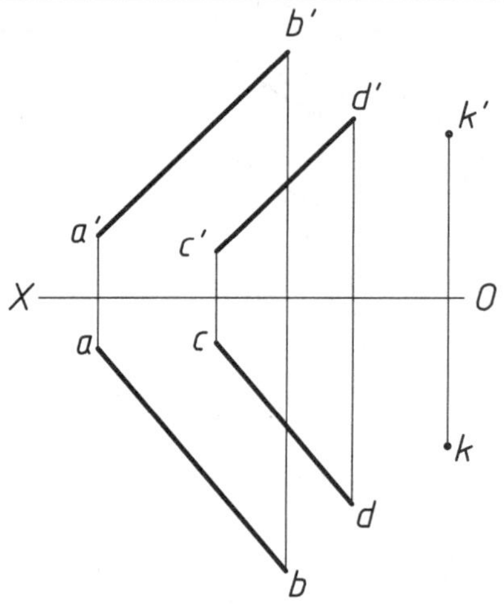

2-41 完成平面四边形的水平投影。

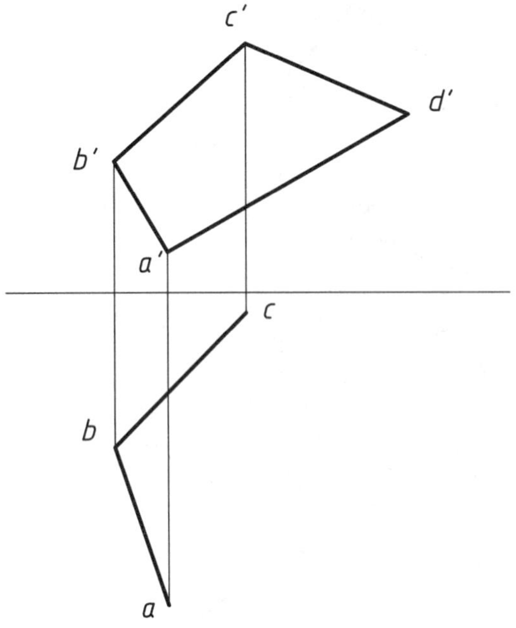

2-42 已知平行两直线AB和CD，给定一平面，直线MN和平面EFG均与它平行，试画全它们的另一个投影。

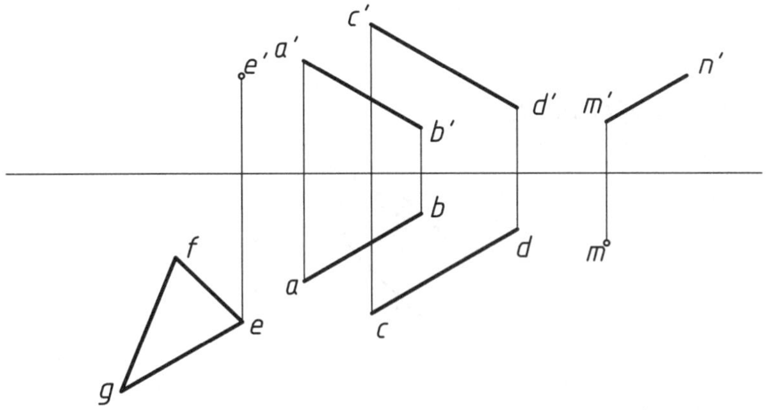

2-43 求直线与平面的交点K，并判别其可见性。

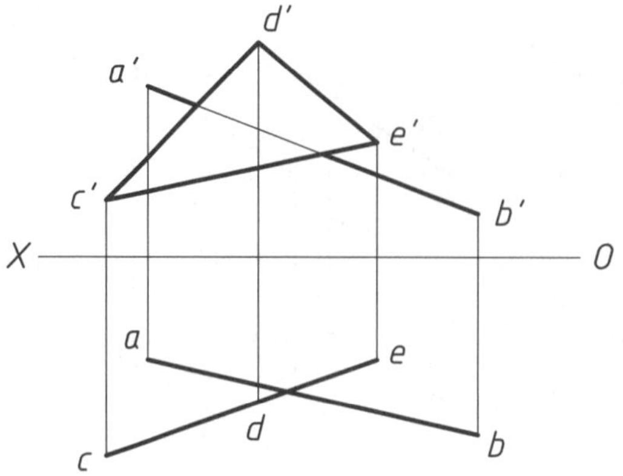

2-44 求直线与平面的交点K，并判别其可见性。

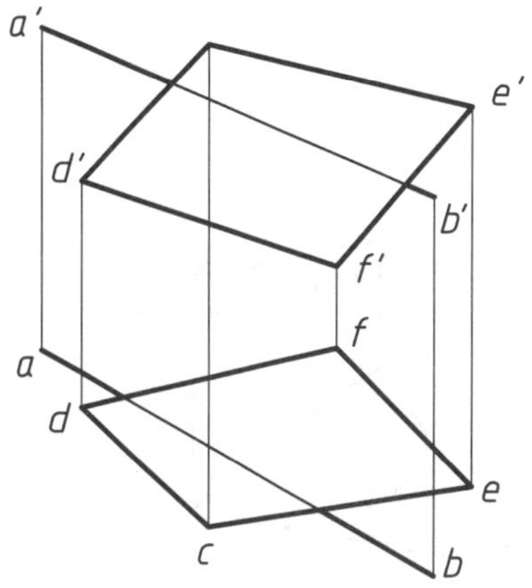

2-45 求到A、B两点距离相等的点的轨迹。

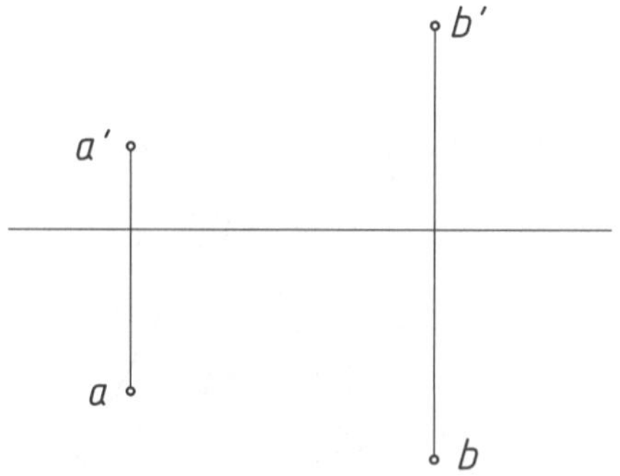

2−46 顶点*A*已知，并知顶点*B*和*C*属于直线*EF*，作等边三角形*ABC*。

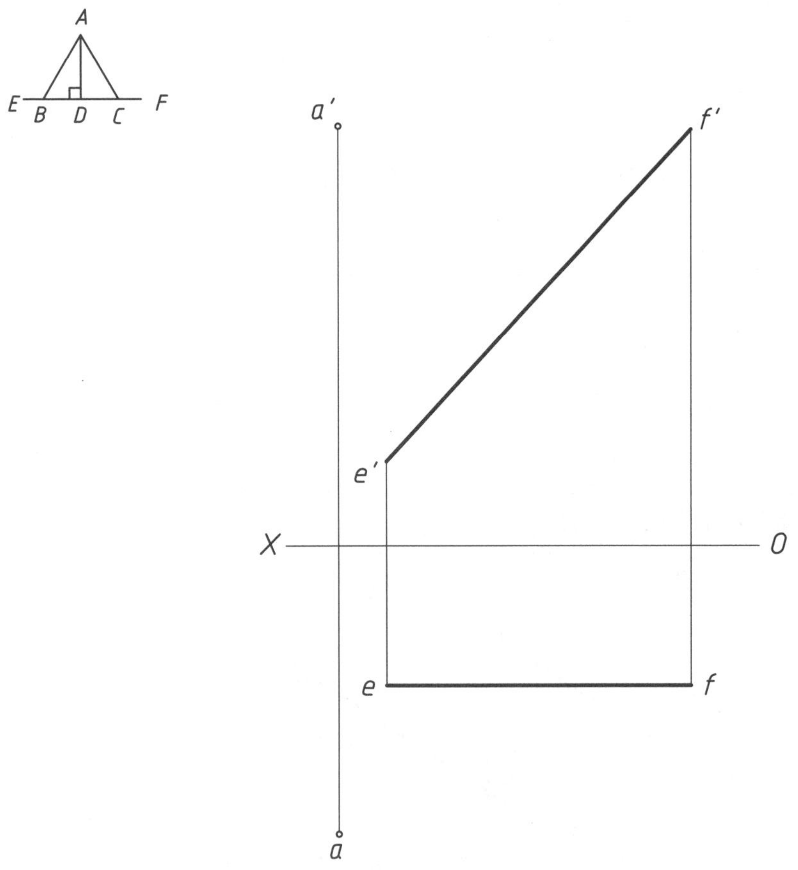

2−47 已知矩形*ABCD*一边的两个投影和其邻边的一个投影，试补全该矩形的投影图。

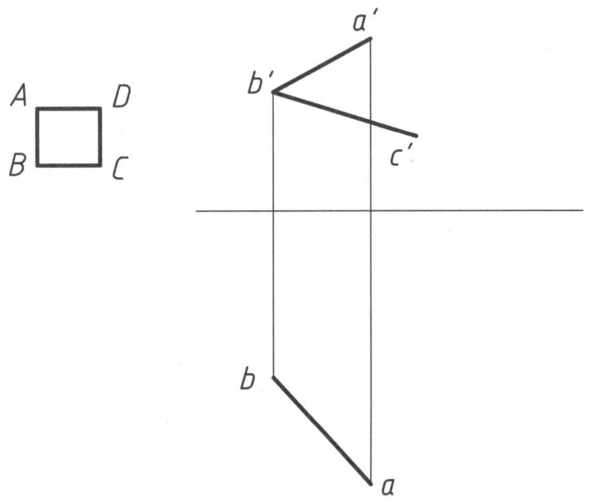

2−48 过点*K*作直线，使之与两交叉直线*AB*和*CD*相交。

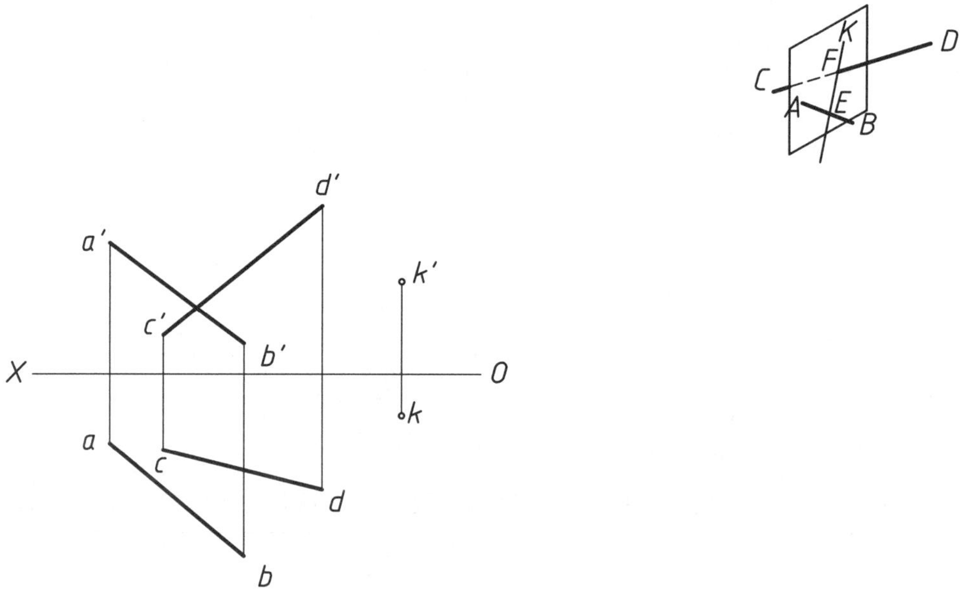

2−49 作直线*MN*，使之与直线*AB*和*CD*都相交且平行于直线*EF*。

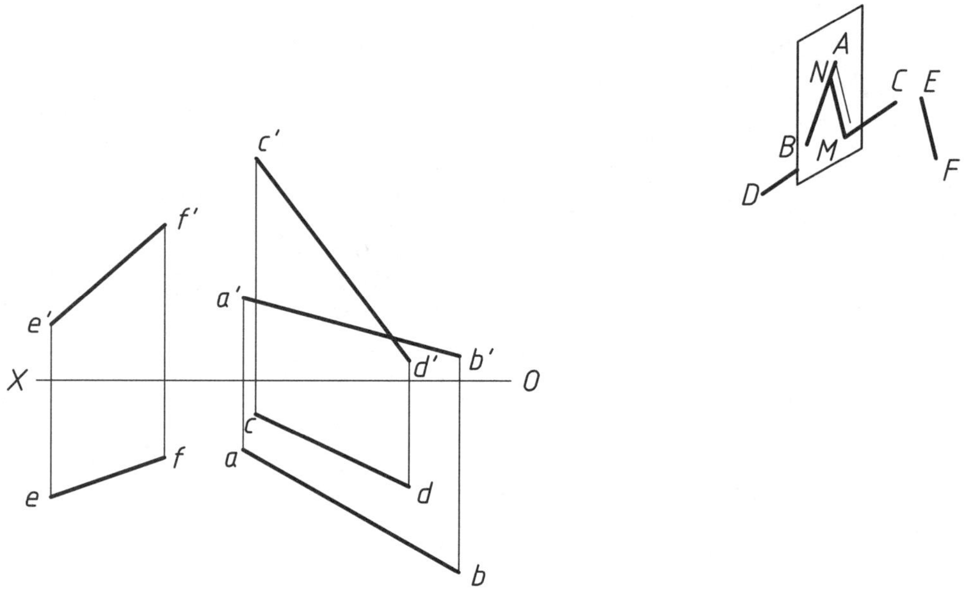

2−50 求出点*A*和*B*在新体系$\frac{H}{V_1}$中的投影。

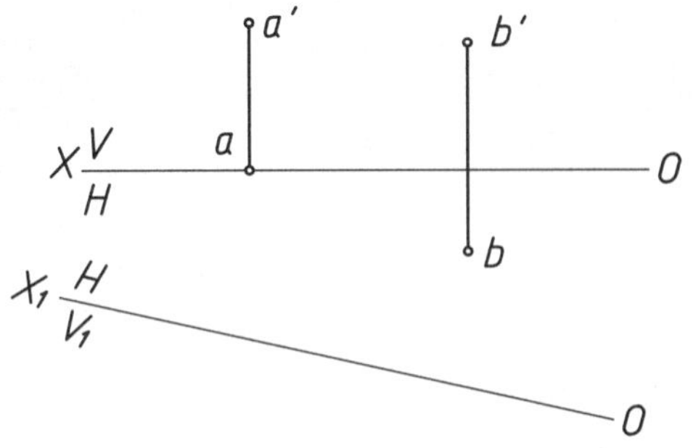

2−51 已知线段*AB*的实长，用换面法求其水平投影。本题有几个解答？请分别画出来。

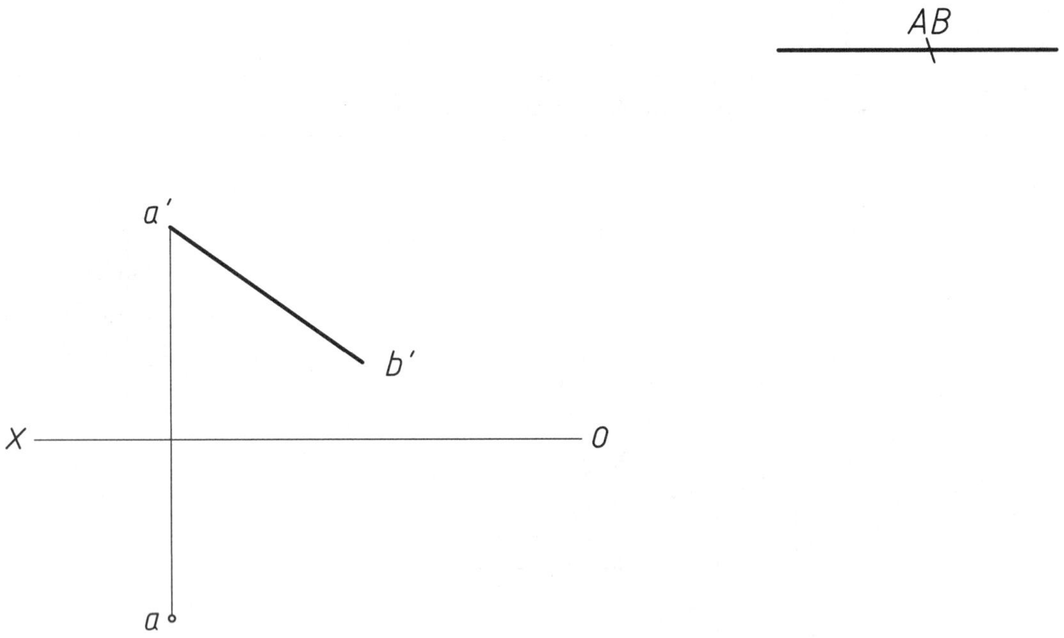

2−52 用换面法求线段*CD*的实长及对*V*面的倾角*β*。

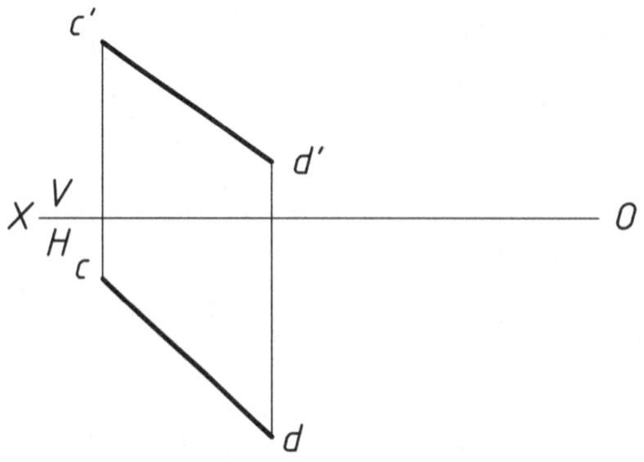

2−53 用换面法求两平行直线*AB*和*CD*之间的距离。

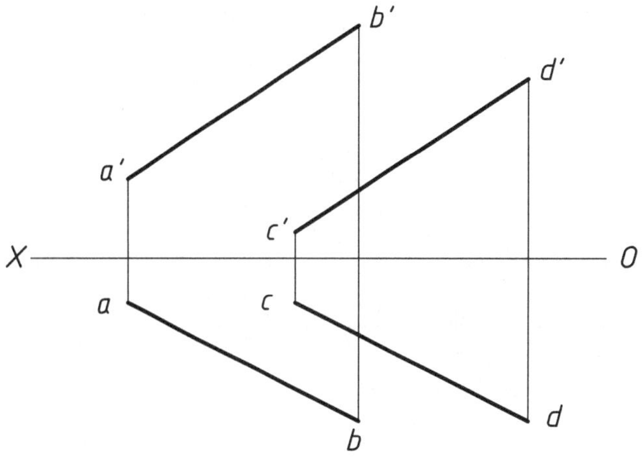

2−54 已知$AB/\!/CD$，且距离为L，用换面法求$c'd'$。本题有几个解答？请分别画出来。

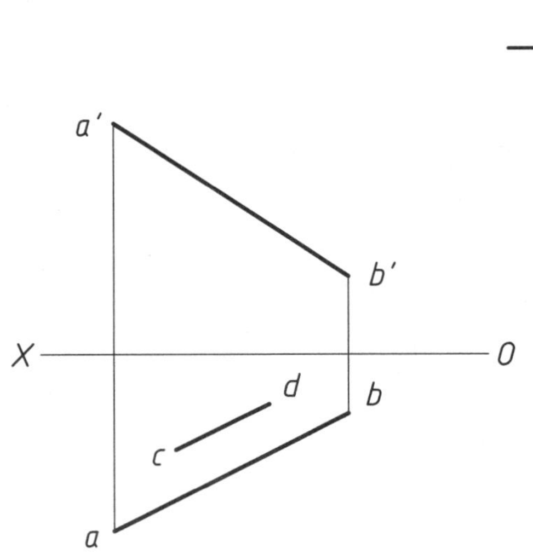

2−55 用换面法补全以AB为底边的等腰三角形ABC的水平投影。

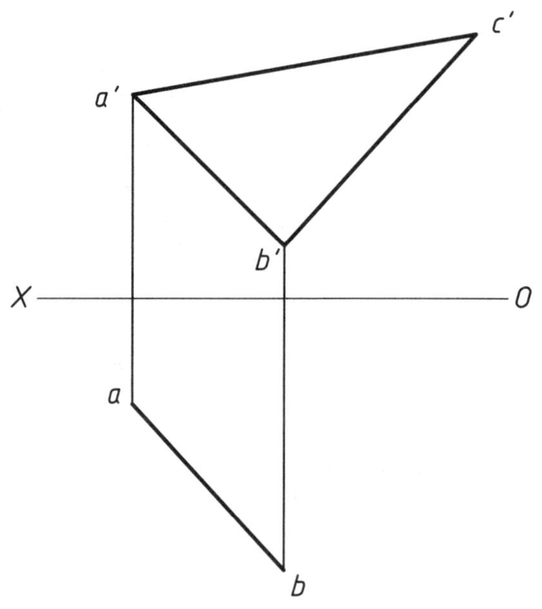

2-56 用换面法求平面*ABC*和*BCD*之间的夹角。

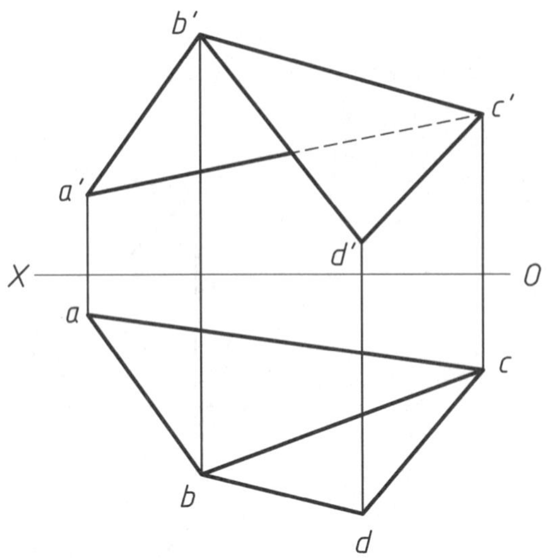

2-57 用一段管路*KL*将*EF*、*GH*两段管路连接起来，且*KL*为最短距离，求*KL*的投影。

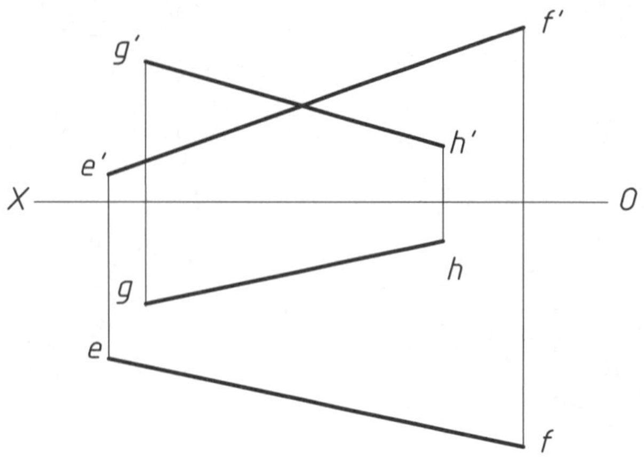

3-1 画出三棱柱的侧面投影，并画出属于棱柱表面的点*A*、*B*的其他投影。

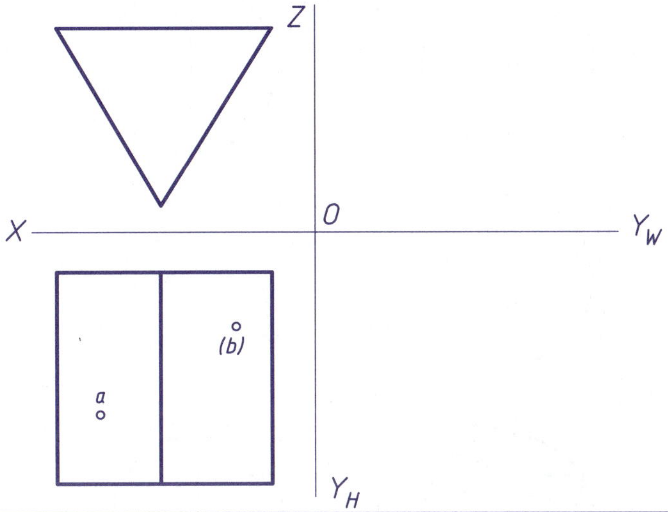

3-2 画出五棱柱的水平投影，并画出属于棱柱表面的点*A*、*B*及直线*CD*的其他投影。

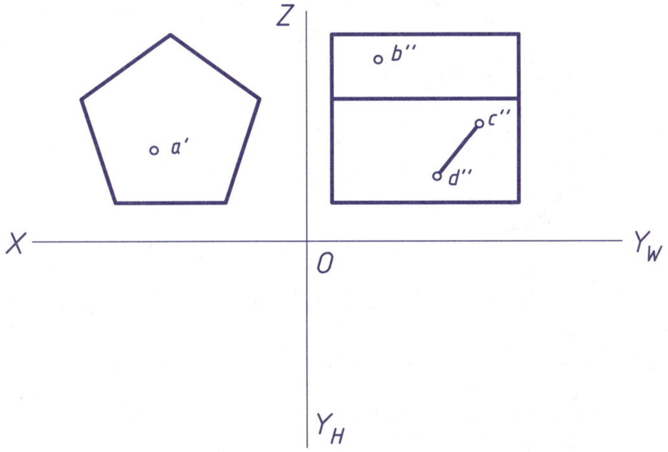

3-3 画出三棱锥的水平投影，并画出属于棱锥表面的直线*AB*的其他投影。

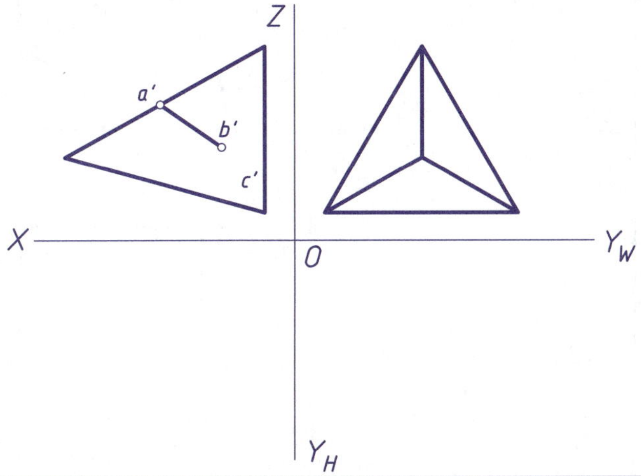

3-4 画出六棱锥台的侧面投影，并画出属于棱台表面的线段*AB*、*BC*、*CD*的其他投影。

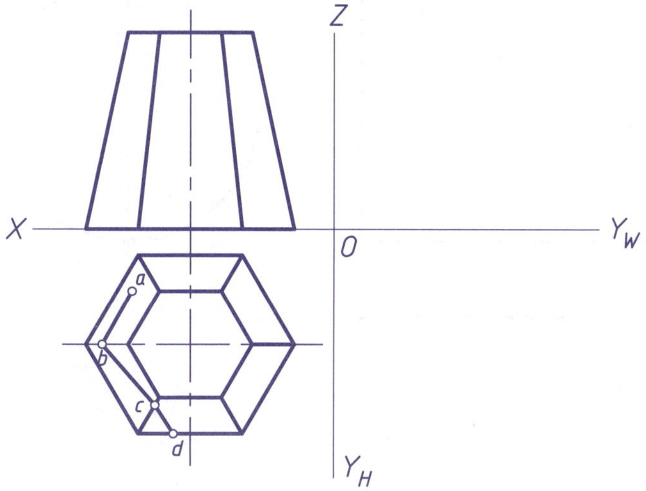

3-5 已知属于圆柱表面的点、直线和曲面的一个投影，试补全其余两面投影。

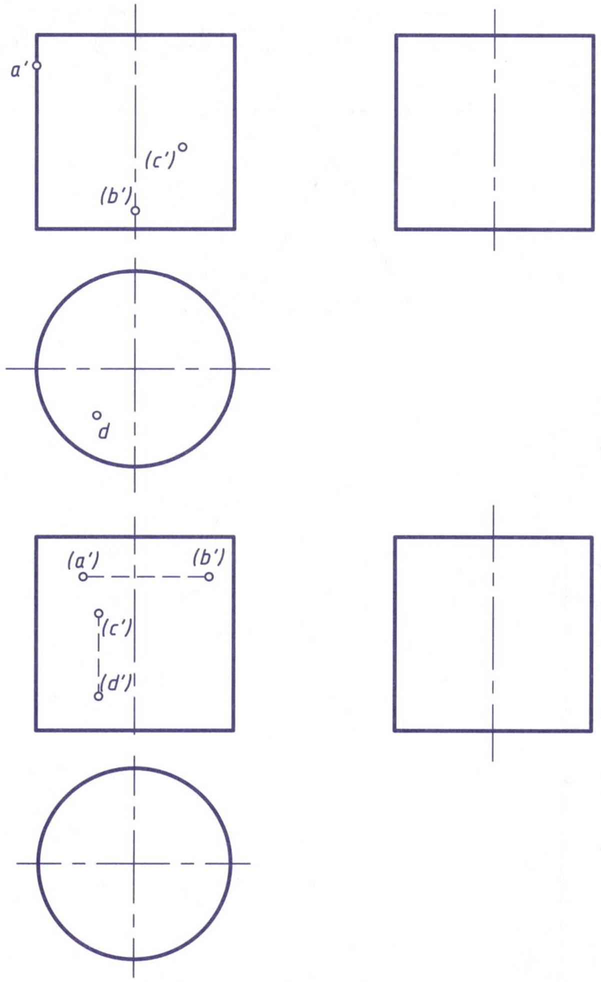

3−6 已知属于圆柱表面的曲线*AB*的正面投影，试补全其余两面投影。

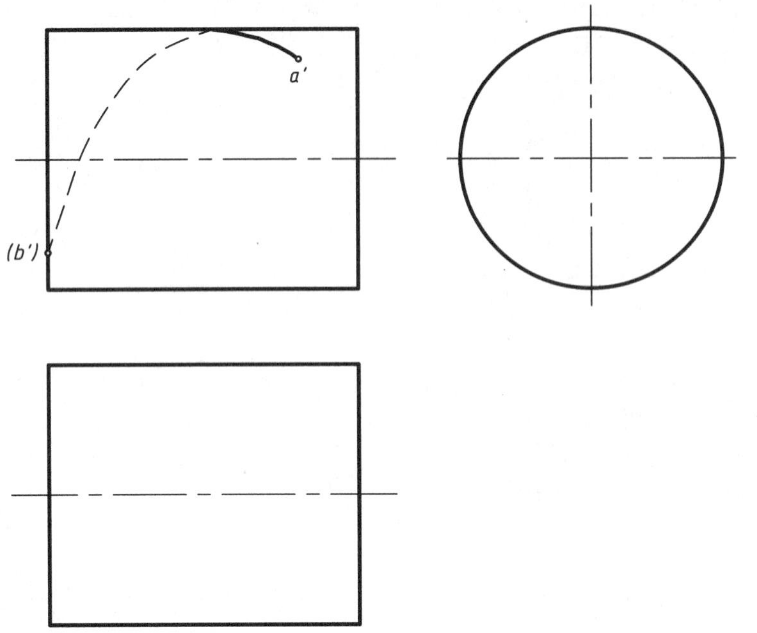

3−7 已知属于圆锥表面的点、曲线的一个投影,试补全其余两面投影。(注意：求作曲线的投影时，应在曲线两端点中间加数点)

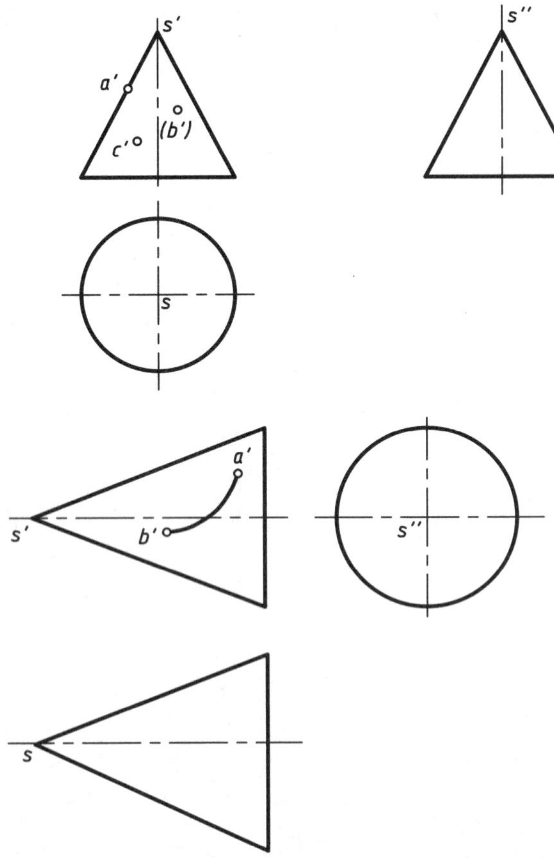

3−8 已知属于圆球表面的点及曲线*AB*、*BC*、*DE*的一个投影，试补全其余两面投影。

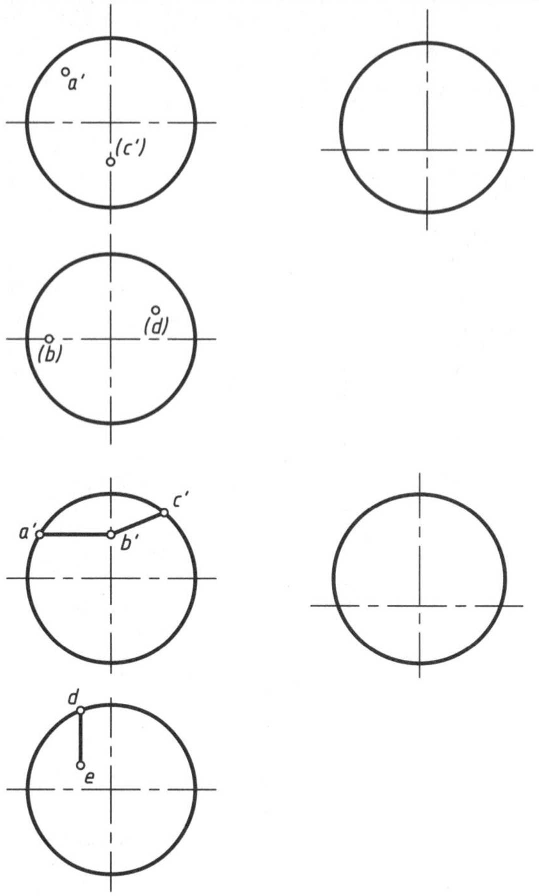

3−9 分析下列各立体为何形体，并画出它们的侧面投影，根据属于立体表面的点的一个投影，求出其另外两个投影。

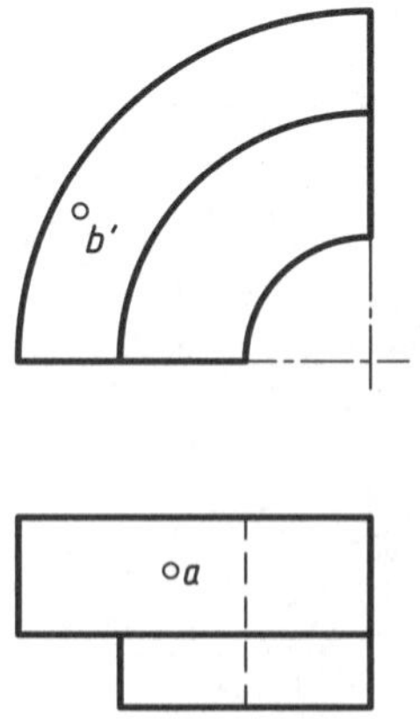

(1) ________体

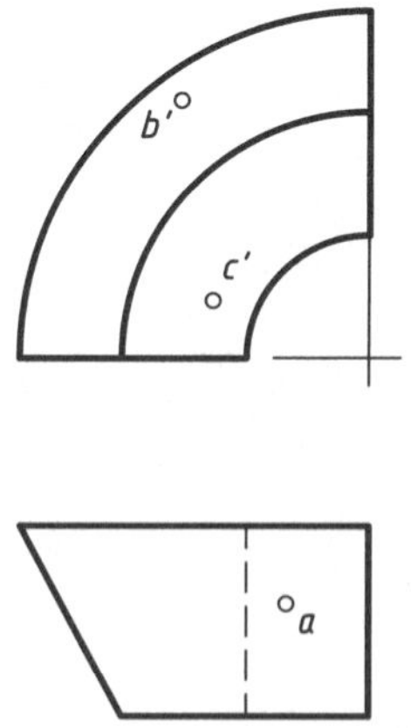

(2) ________体

3-10 补全四棱柱被切割后的水平投影和侧面投影。

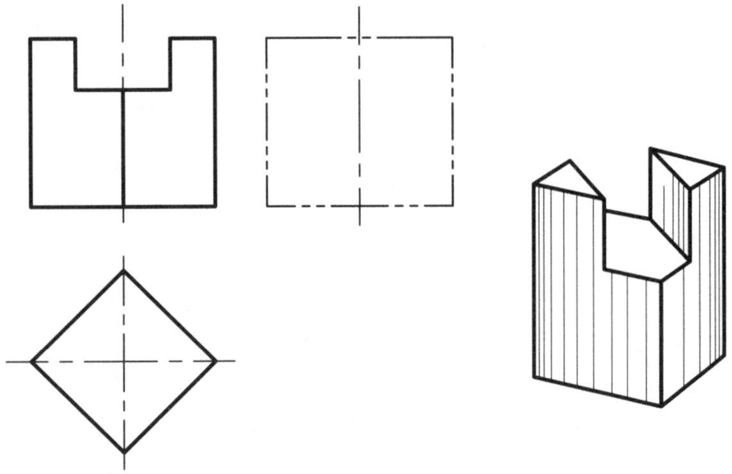

3-11 补全四棱柱被切割后的水平投影和侧面投影。

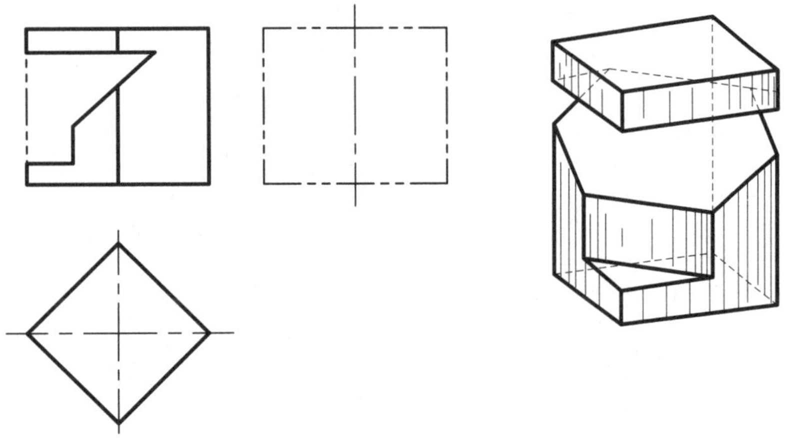

3-12 补全三棱锥被切割后的正面投影和水平投影。

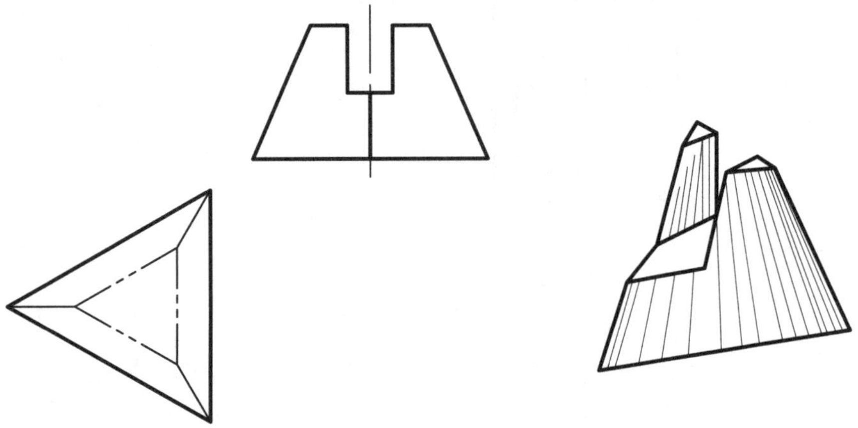

3-13 补全三棱锥被切割后的水平投影和侧面投影。

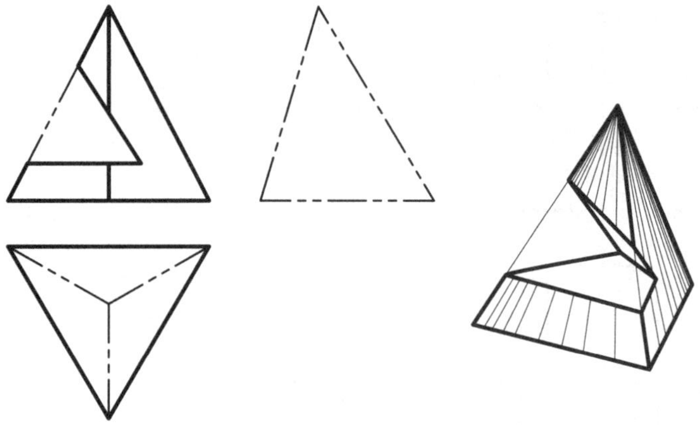

3-14 试画出平面P与圆柱的截交线。(交线的不可见投影应画虚线，以下各题中同理)

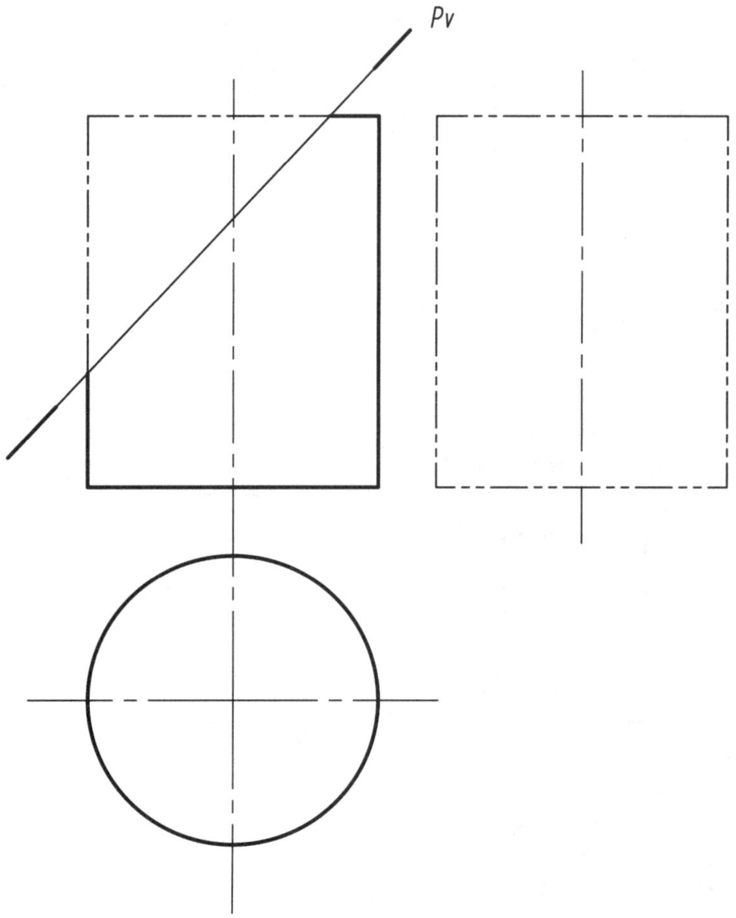

3−15 分析截切形体的表面交线，画全三视图。

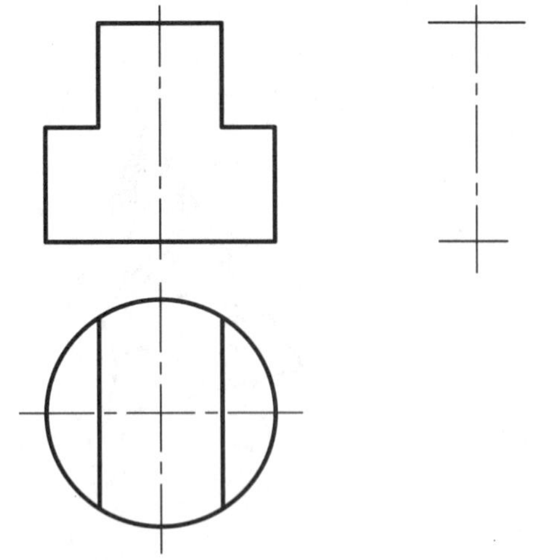

3−16 分析截切形体的表面交线，画全三视图。

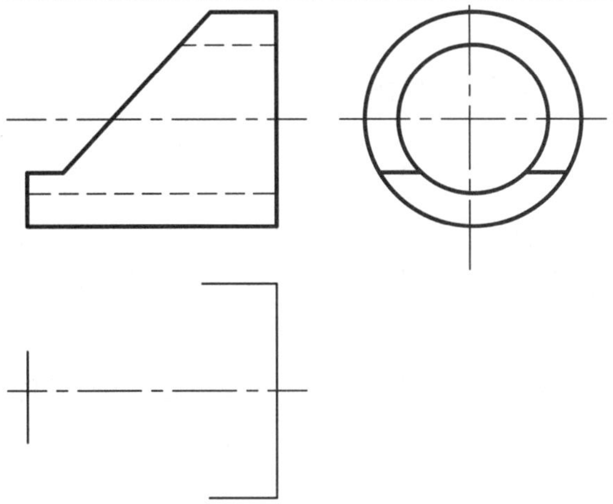

3−17 分析截切形体的表面交线，画全三视图。

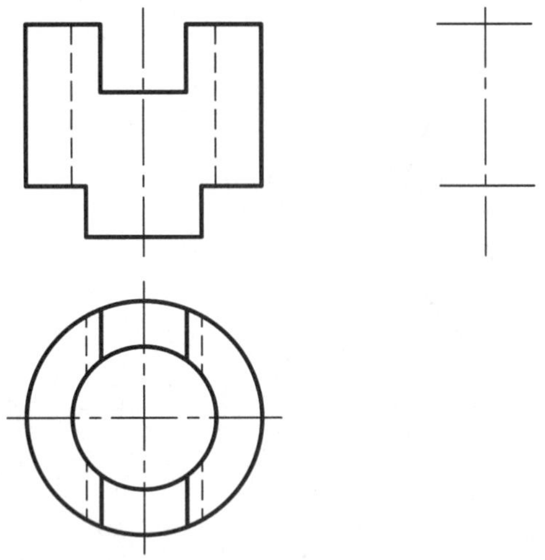

3−18 试画出平面P与圆锥的截交线。

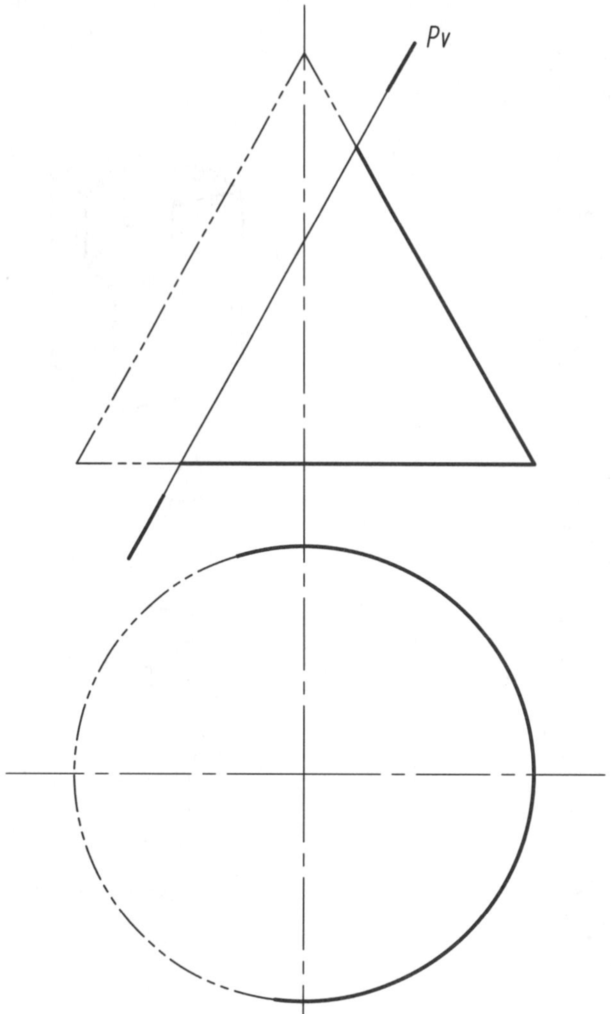

3−19 补全圆柱被穿孔后的水平投影和侧面投影。

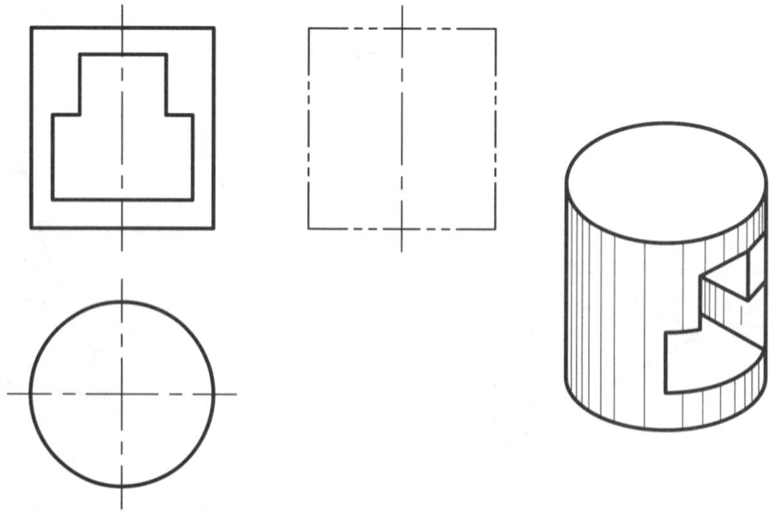

3−20 补全圆柱被截切后的水平投影和侧面投影。

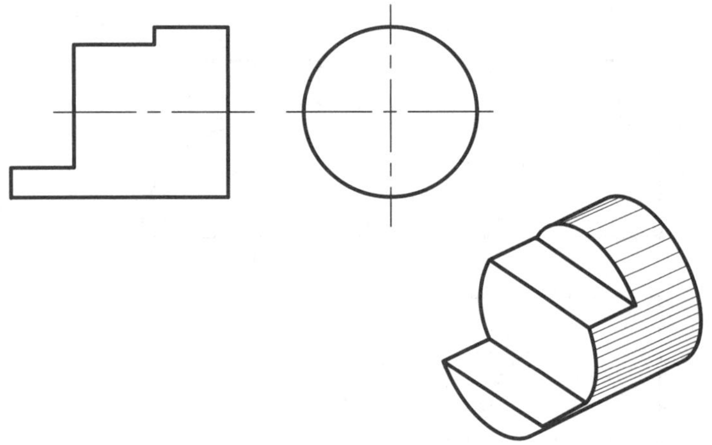

3−21 试画出平面P与圆球的截交线。

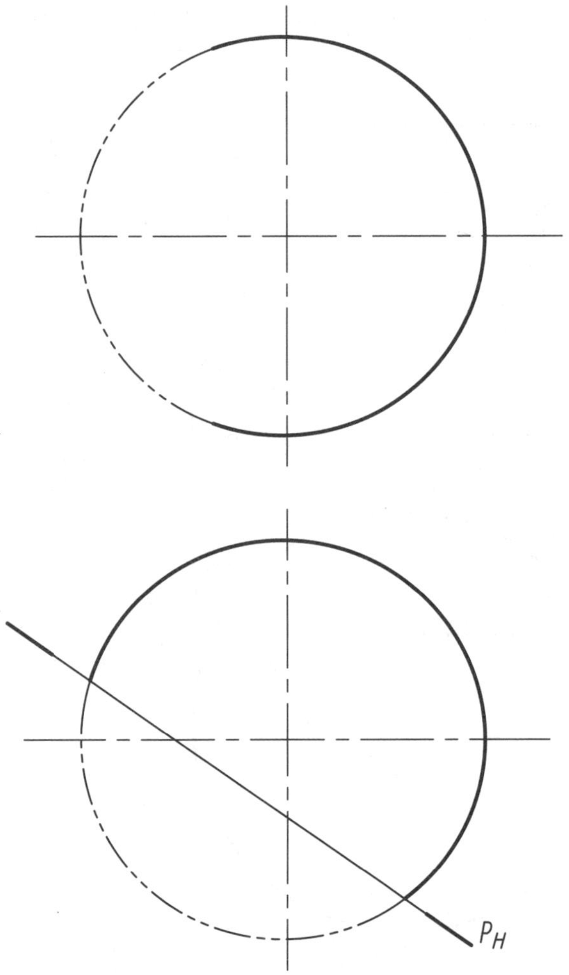

3−22 试画出由圆锥台和球体组成的回转体被正平面截切后截交线的正投影，并补画侧投影。

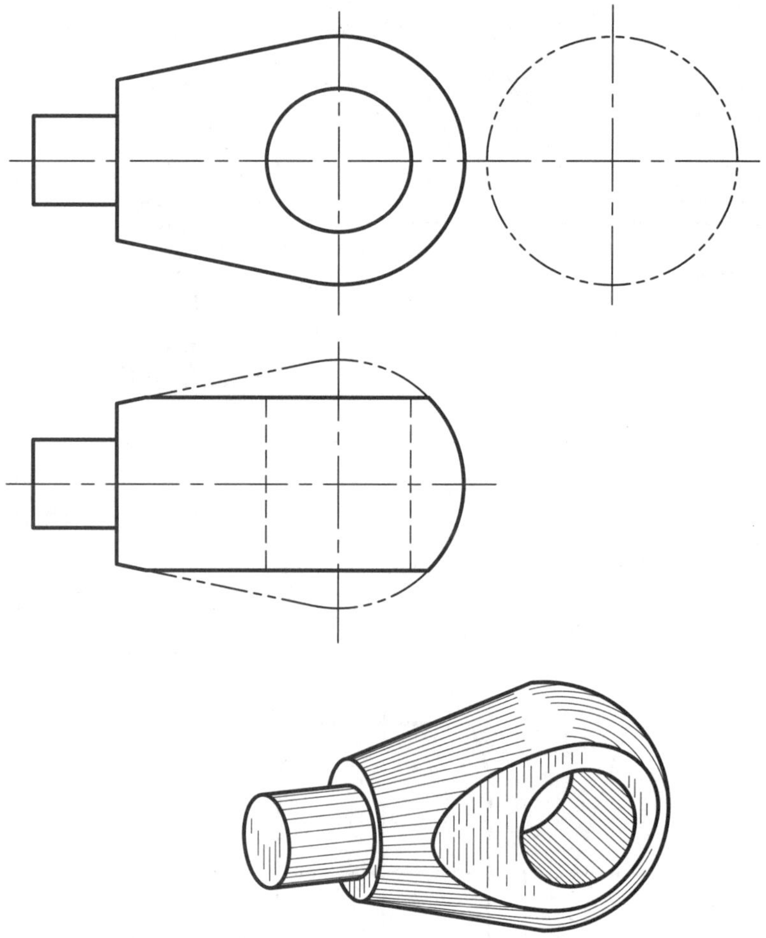

3−23 补全圆球被穿孔后的水平投影和侧面投影。

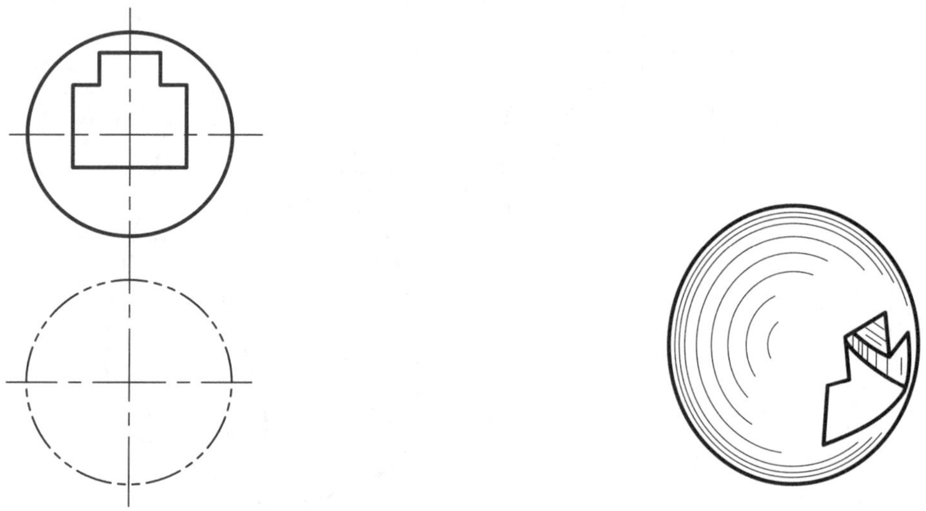

3-24 补全圆锥被截切后的水平投影和侧面投影。

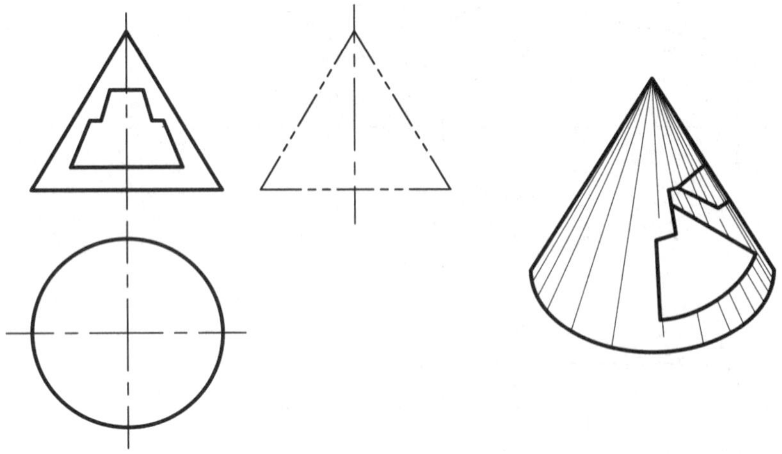

3-25 求圆柱和圆锥被截切后的投影。

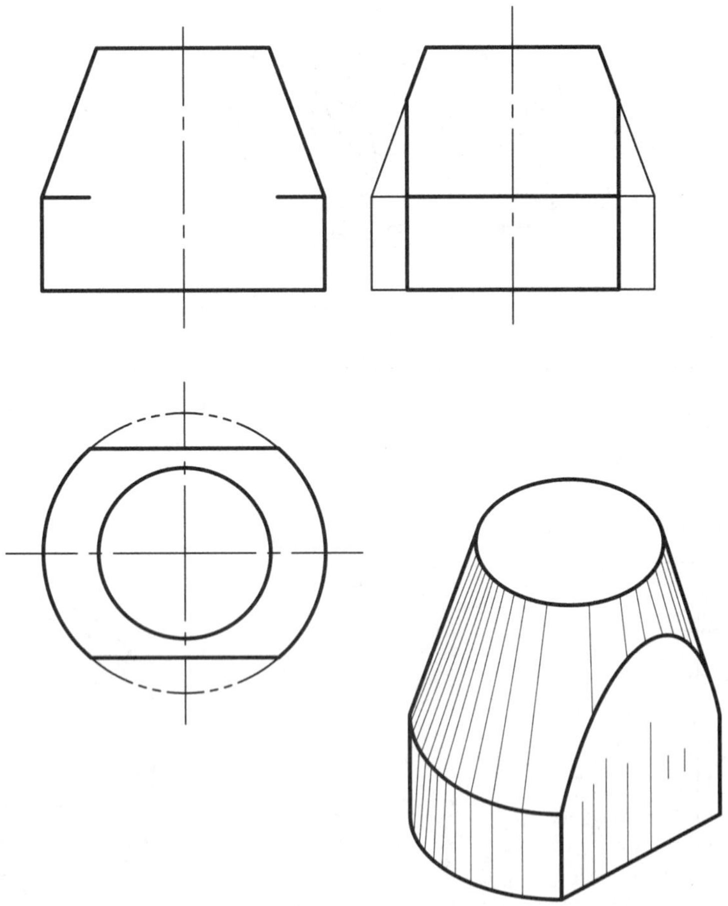

3-26 分析截切形体的表面交线，画全三视图。

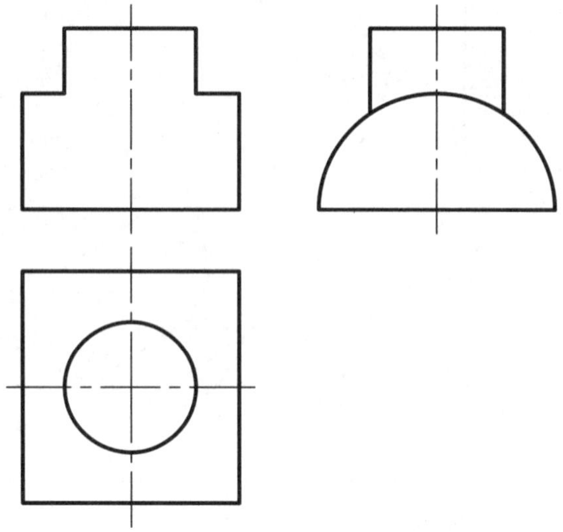

3-27 求三棱柱各侧面与圆球的截交线。（虚线也画出，以下各题中同理）

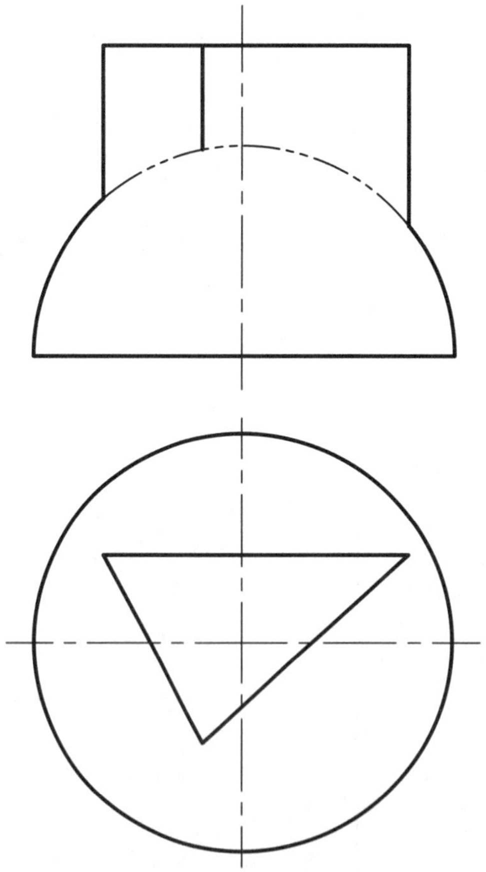

3-28 分析相贯形体的表面交线，画全三视图。

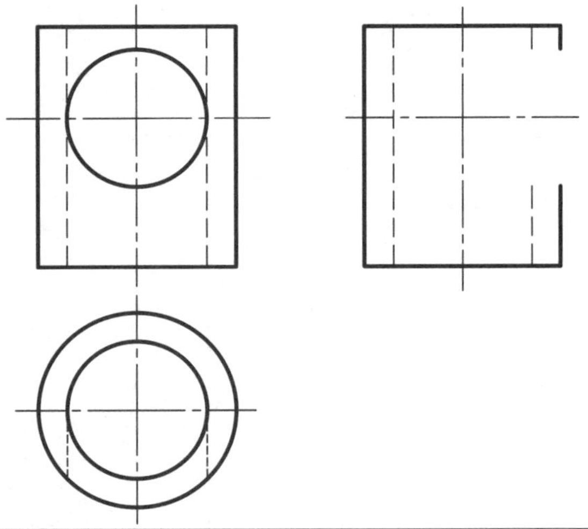

3-29 分析相贯形体的表面交线，画全三视图。

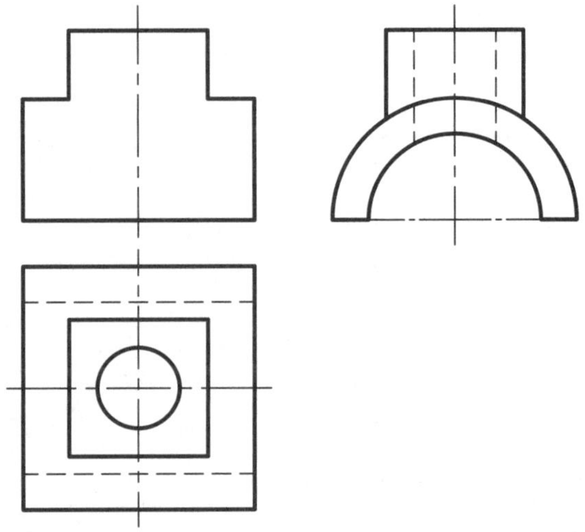

3-30 分析相贯形体的表面交线，画全三视图。

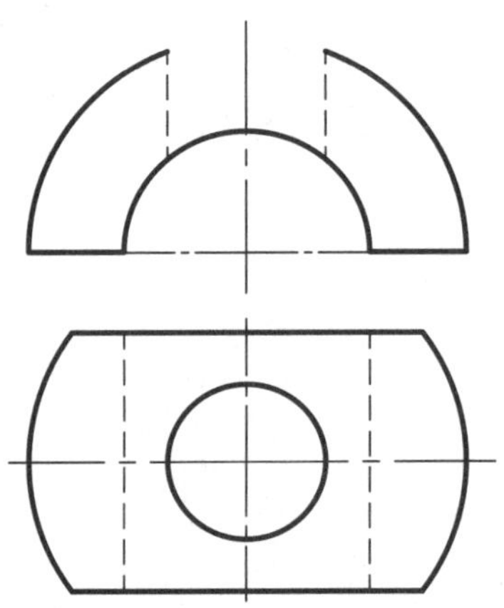

3-31 分析相贯形体的表面交线，画全三视图。

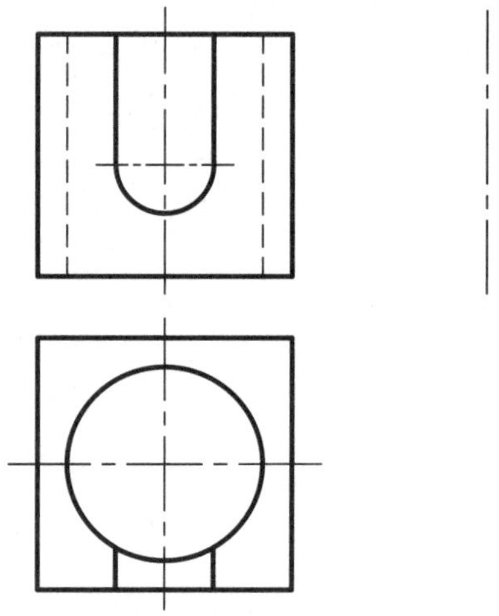

3-32 分析相贯形体的表面交线，画全三视图。

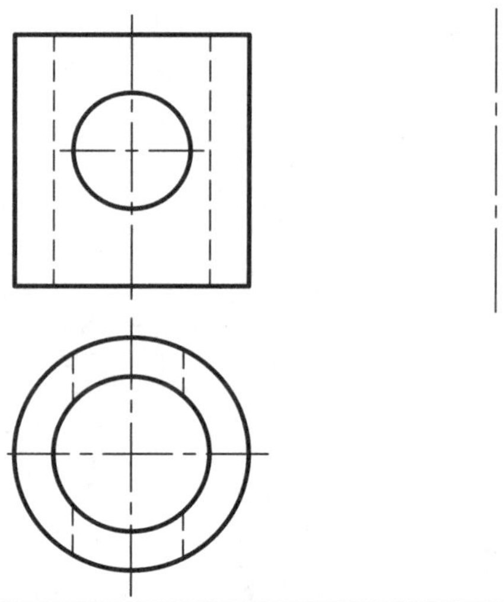

3-33 分析相贯形体的表面交线，画全三视图。

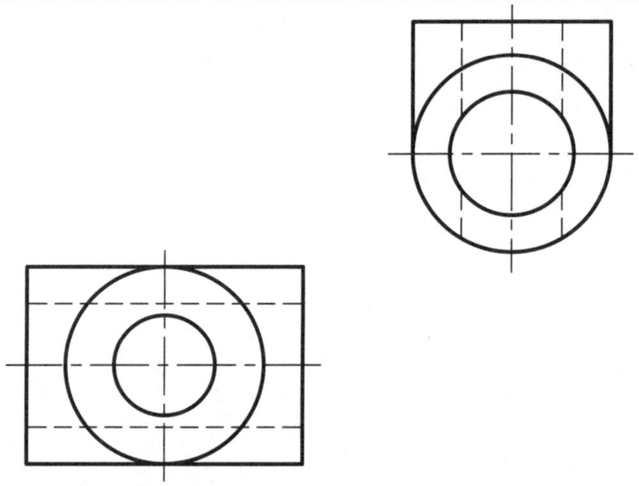

3-34 分析相贯形体的表面交线，画全三视图。

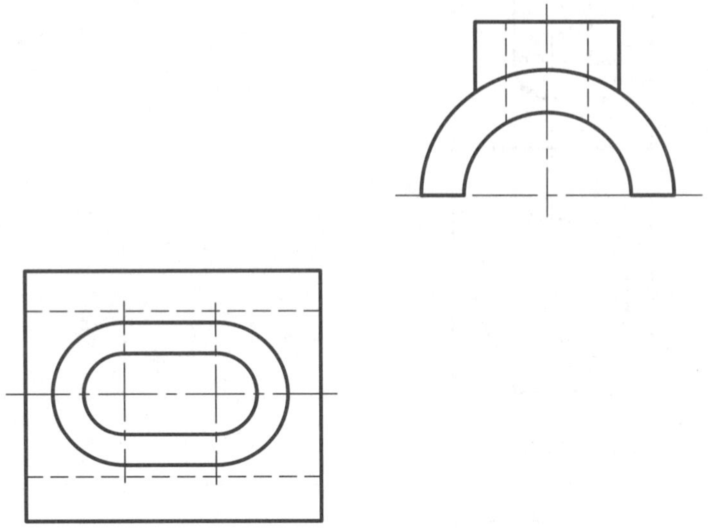

3-35 分析相贯形体的表面交线，画全三视图。

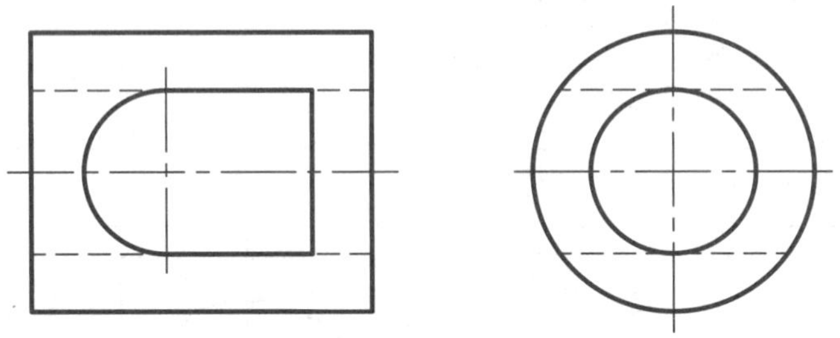

3-36 求两圆柱的相贯线。

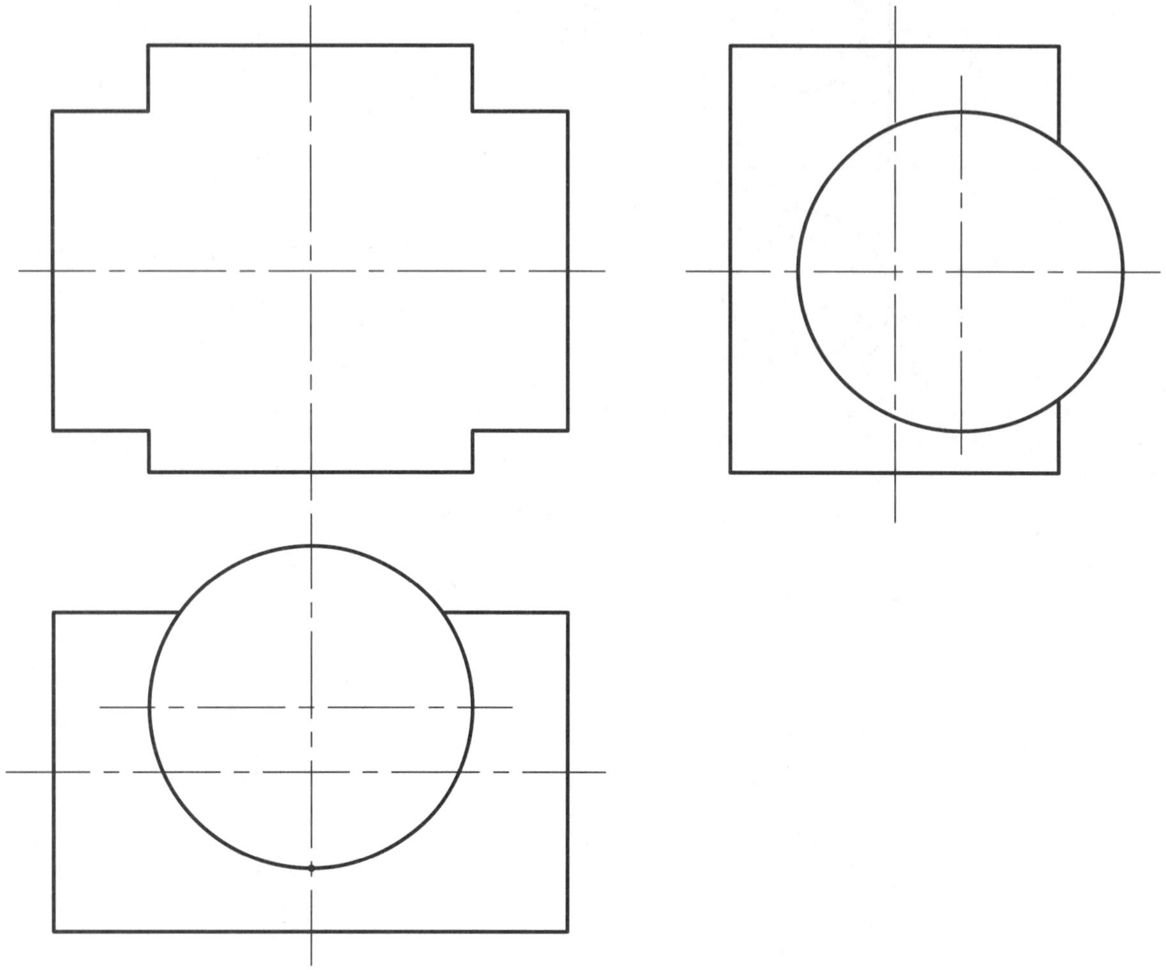

3-37 求圆柱与圆台的相贯线。

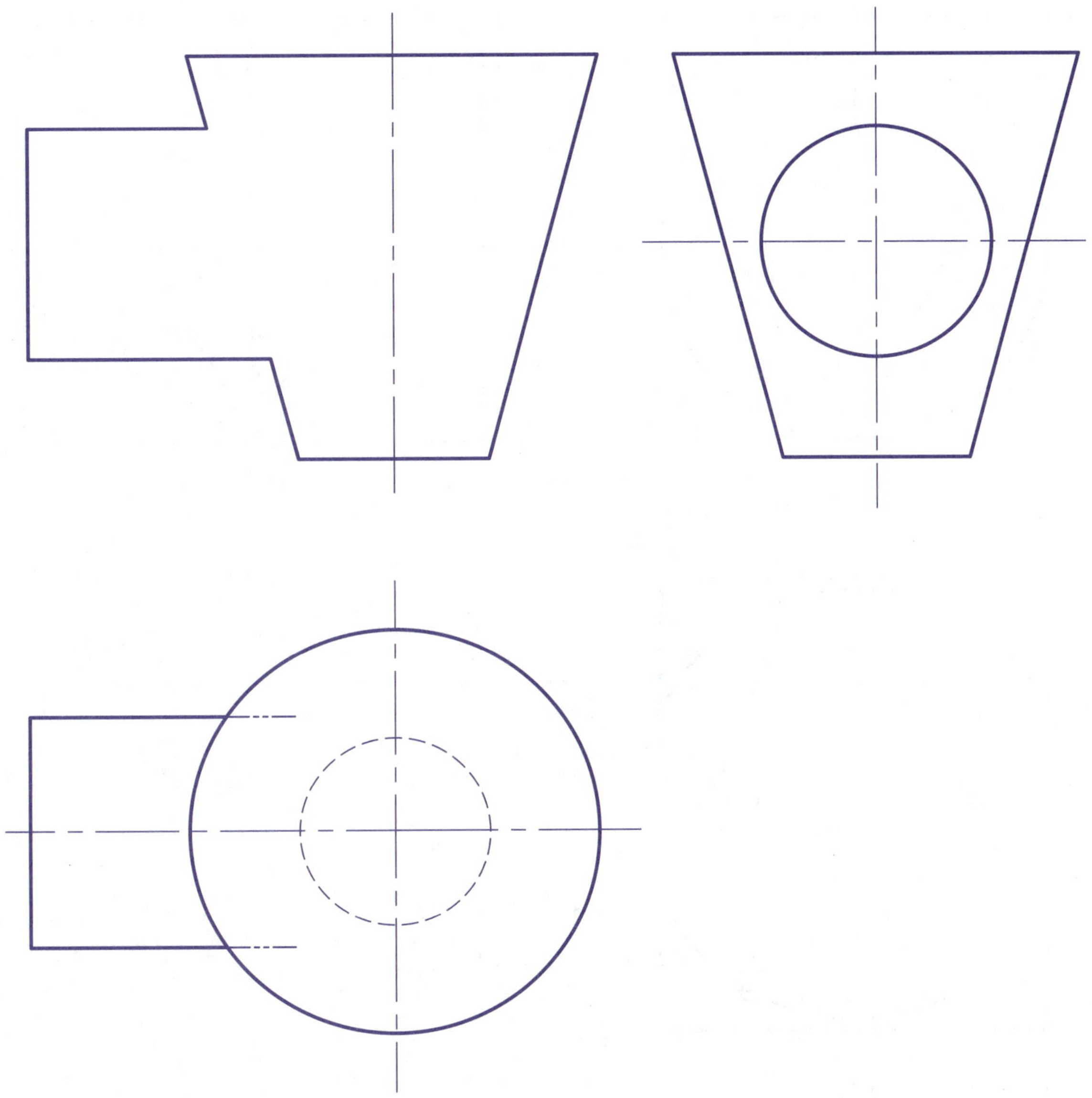

3-38 求圆柱与圆锥的相贯线。

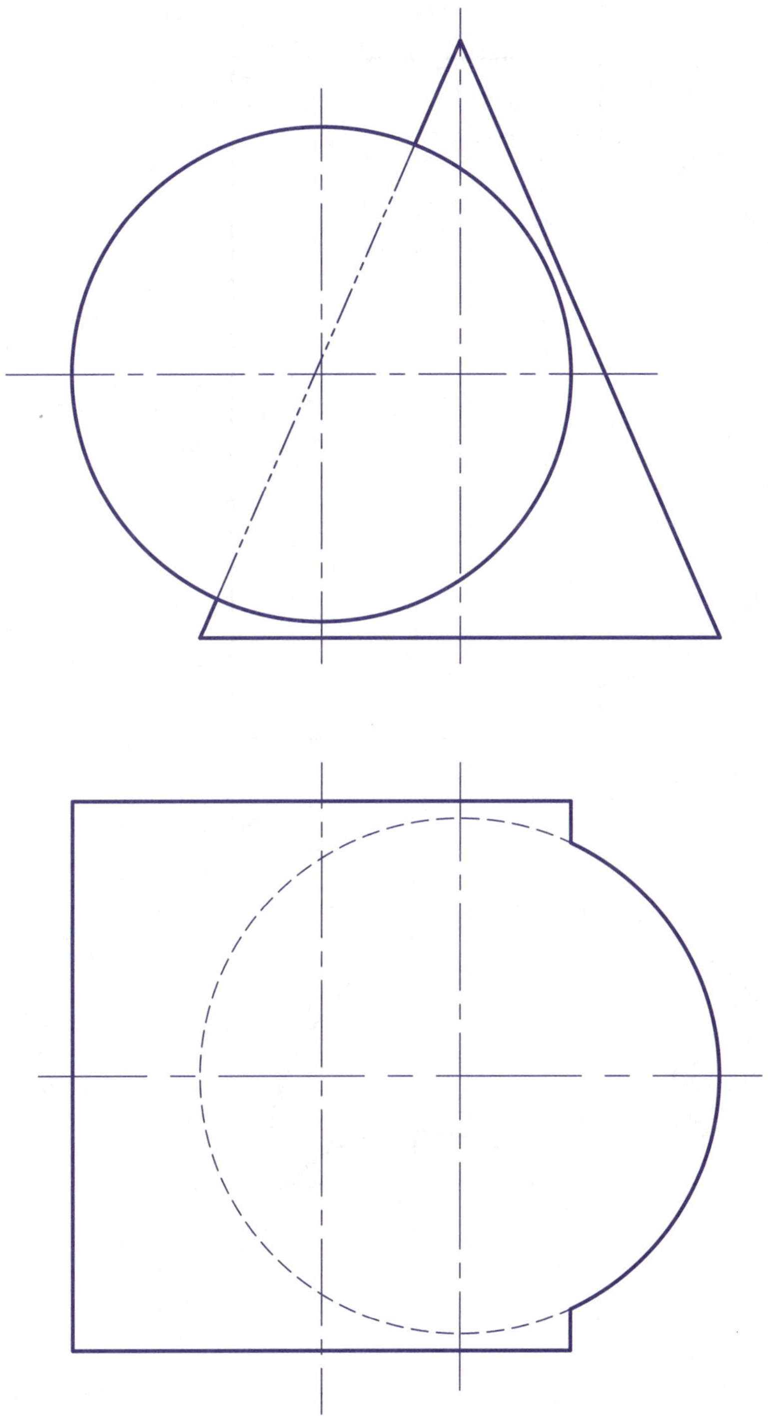

3−39 求圆柱与圆球的相贯线。

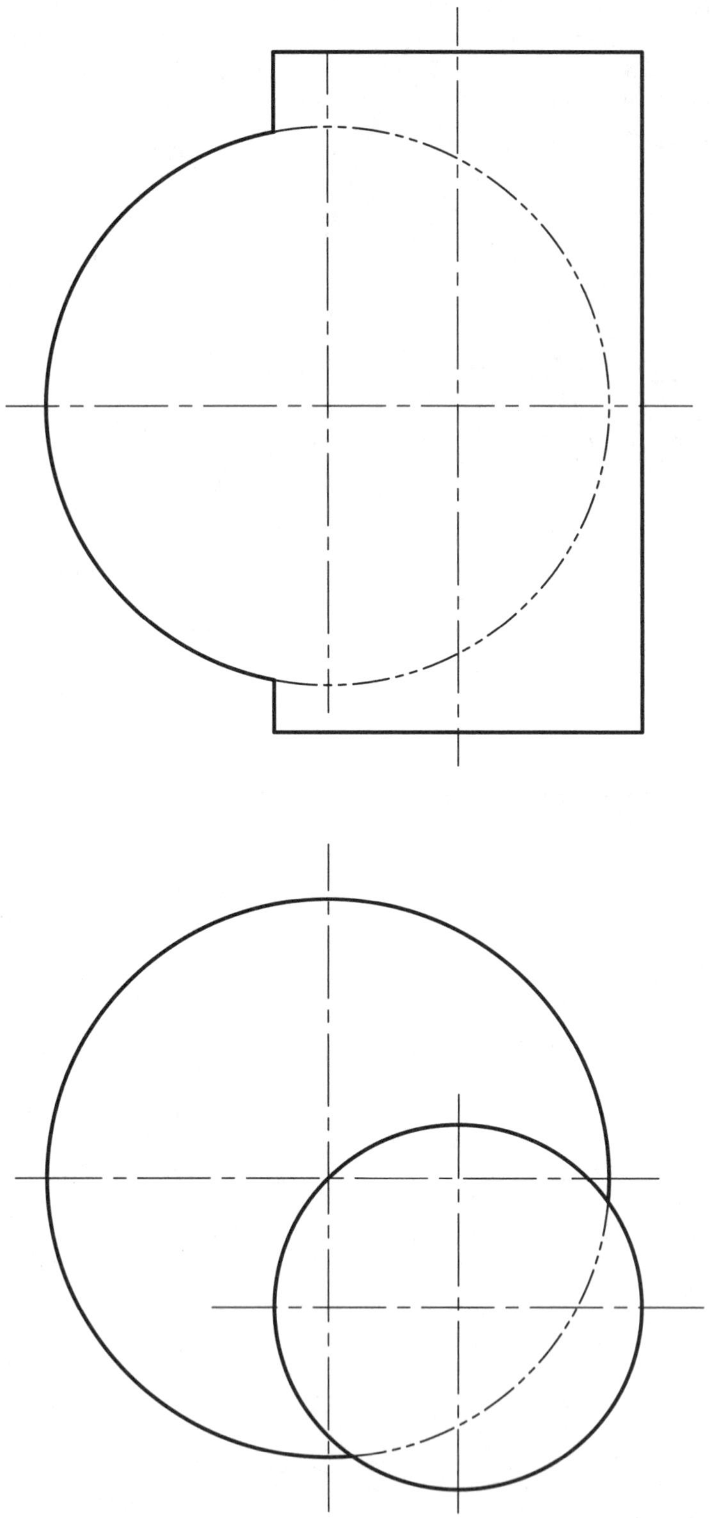

3−40 求圆锥与圆柱的相贯线。

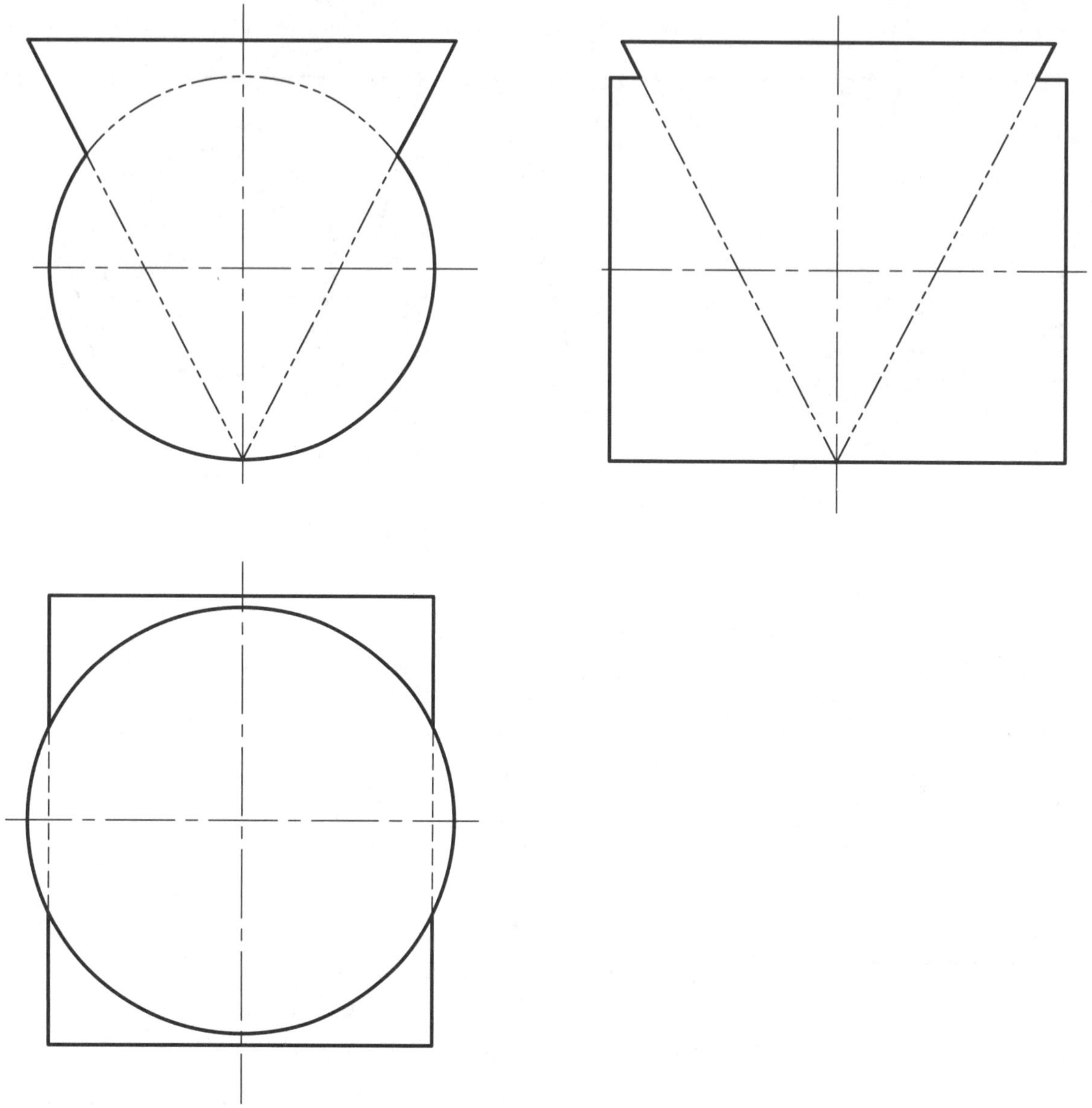

3-41 求圆柱与球的相贯线。

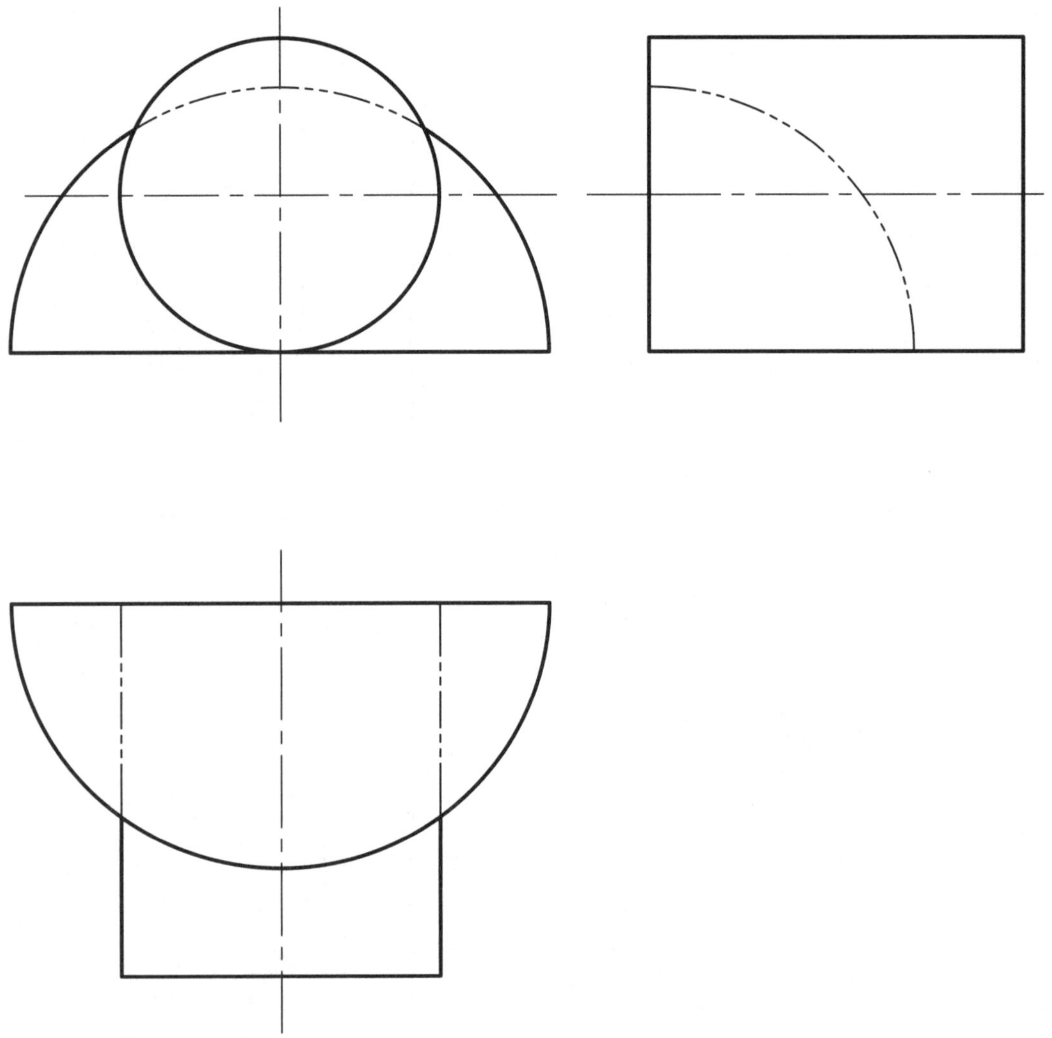

3-42 求圆柱与圆锥的相贯线。（提示：利用属于立体表面的点的方法作水平投影）

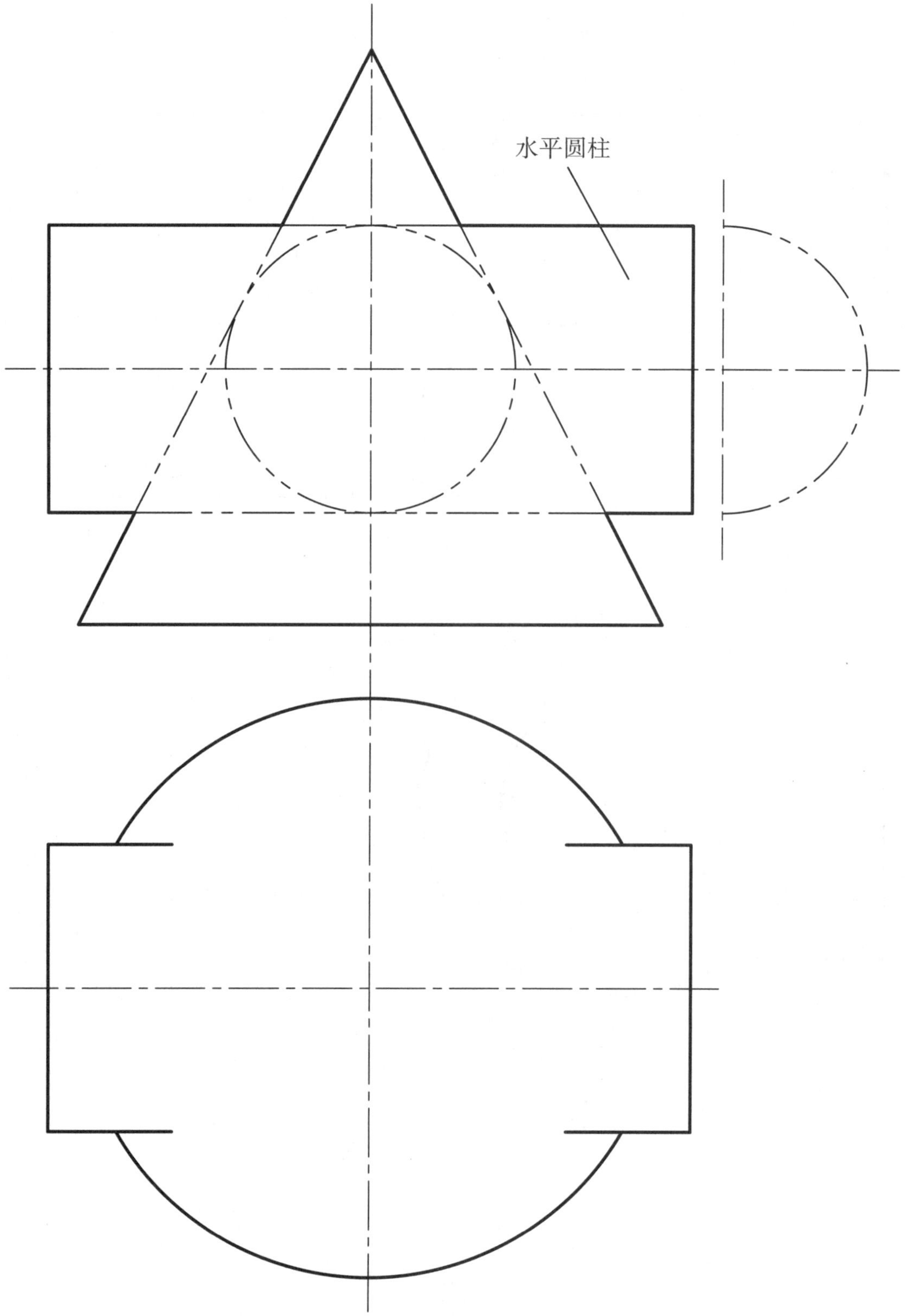

3-43 求圆锥与两圆柱的相贯线。

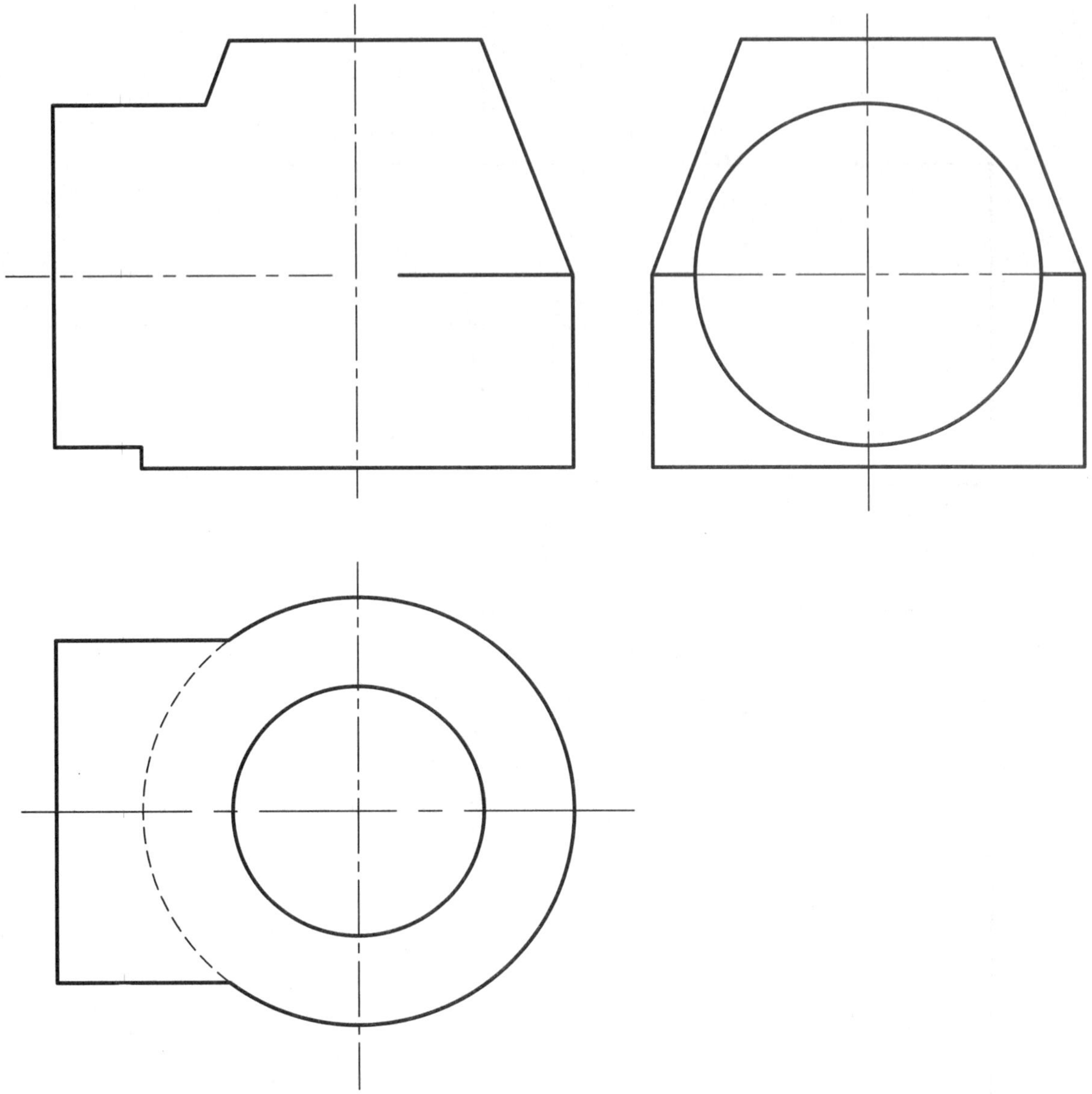

3-44 求半圆球与两圆柱的相贯线。

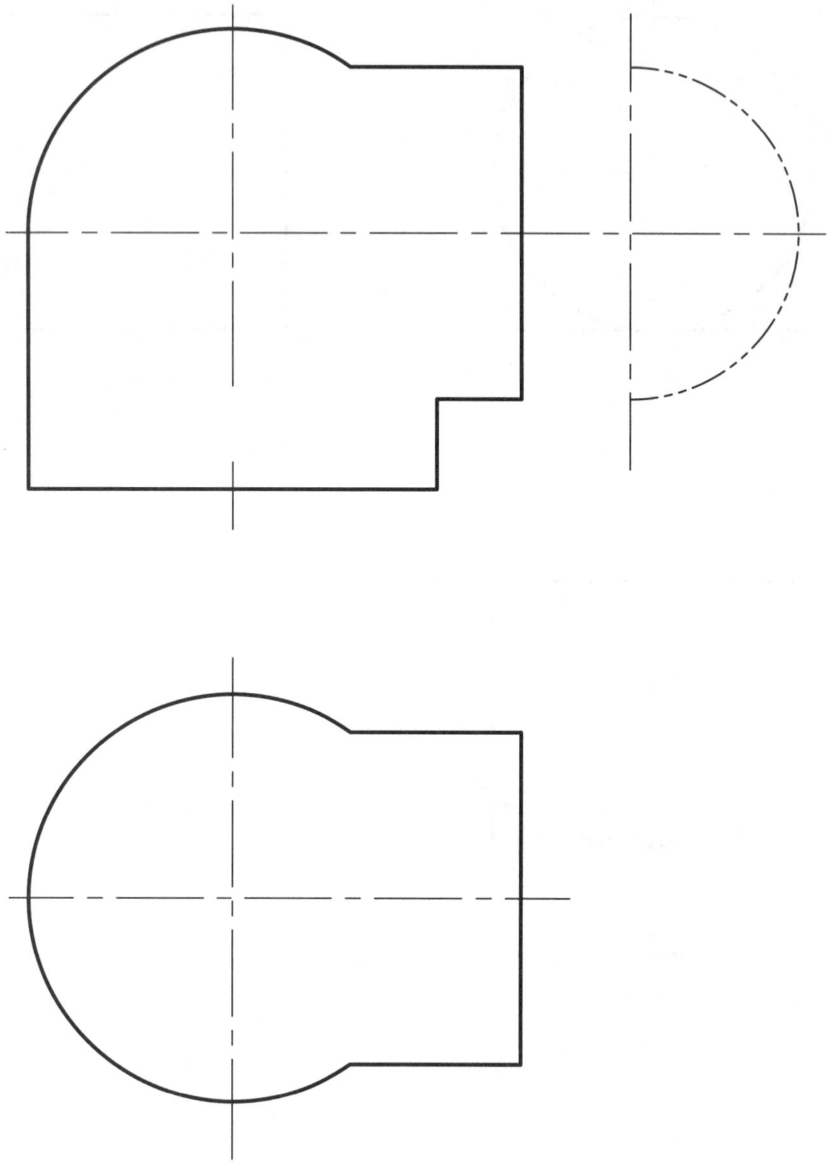

3-45 根据立体的正面投影和侧面投影，补全水平投影。

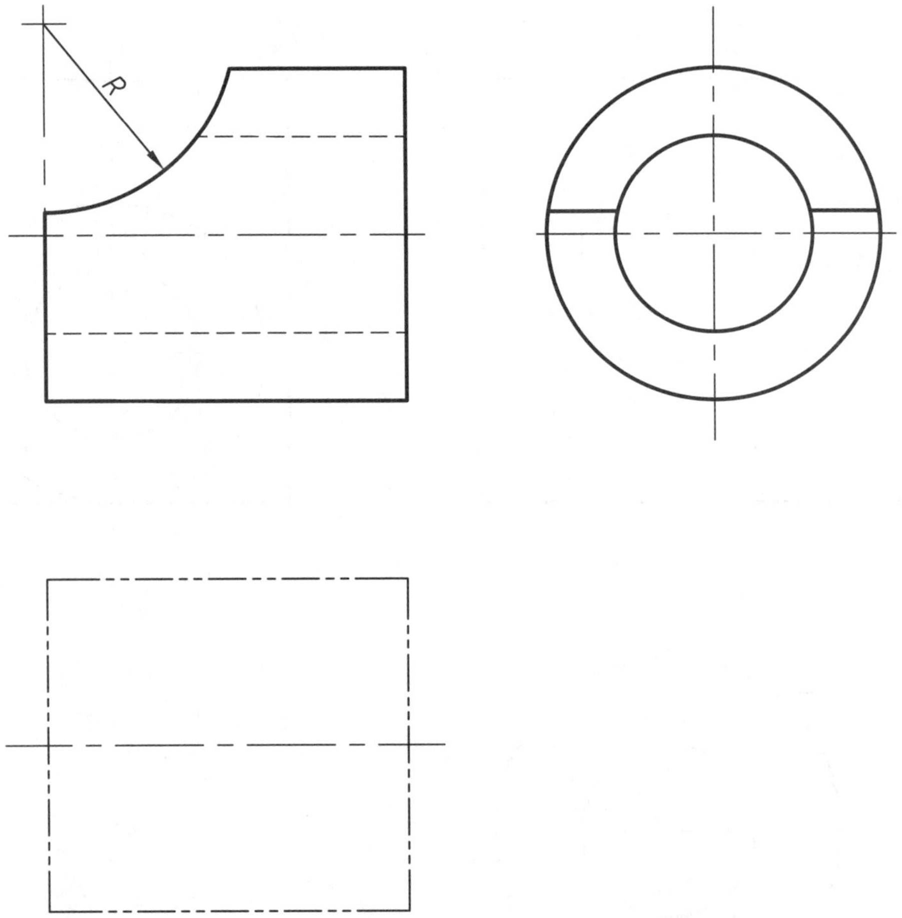

3-46 根据立体的正面投影和侧面投影，补全水平投影。

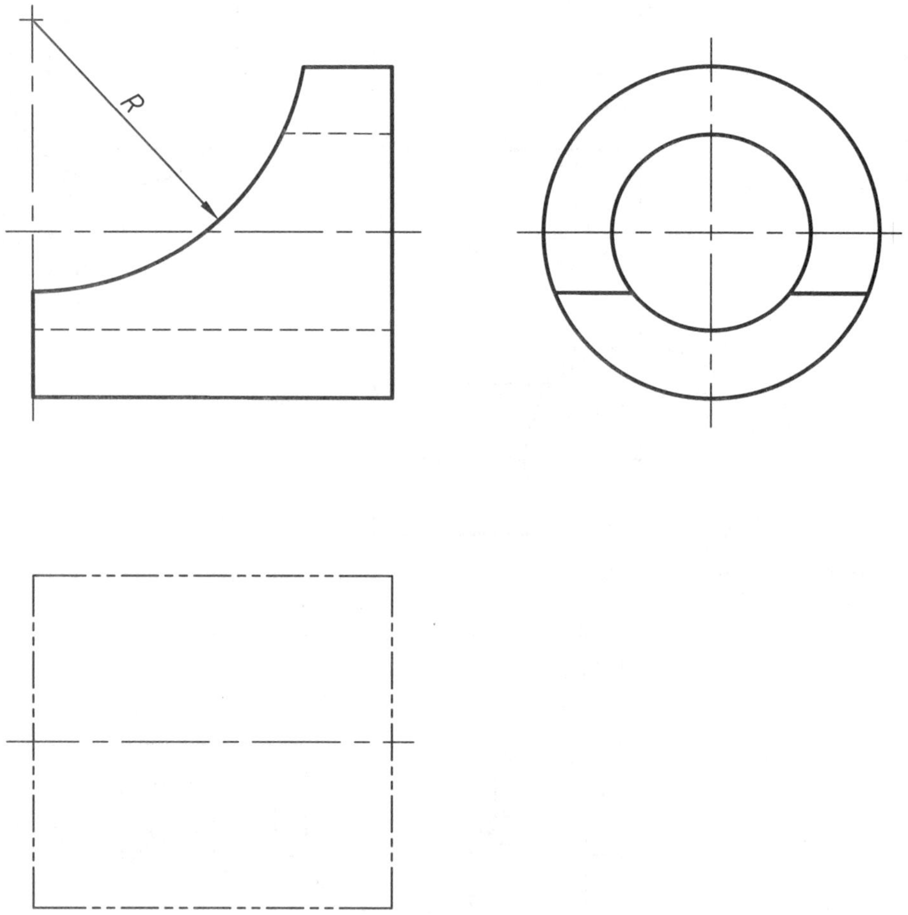

3-47 补全正面投影中所缺的相贯线。

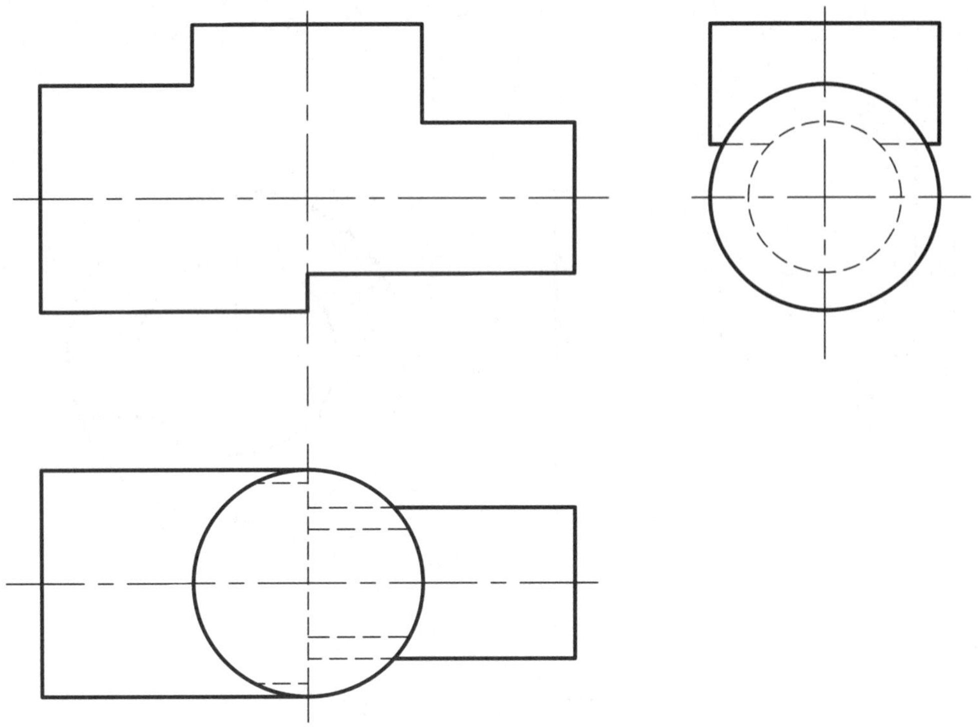

3-48 补全正面投影中所缺的相贯线。

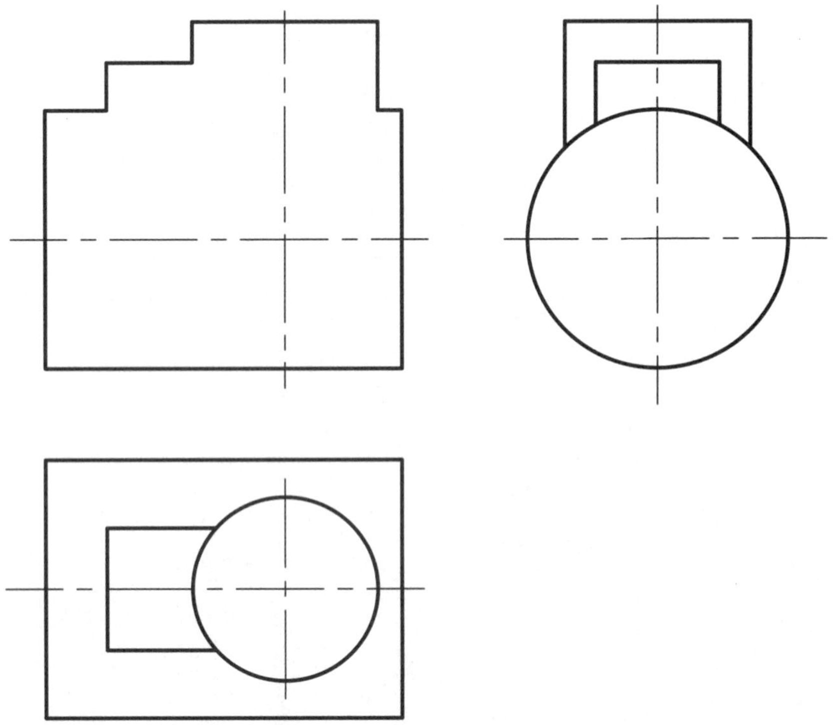

3-49 补全正面投影中所缺的相贯线。

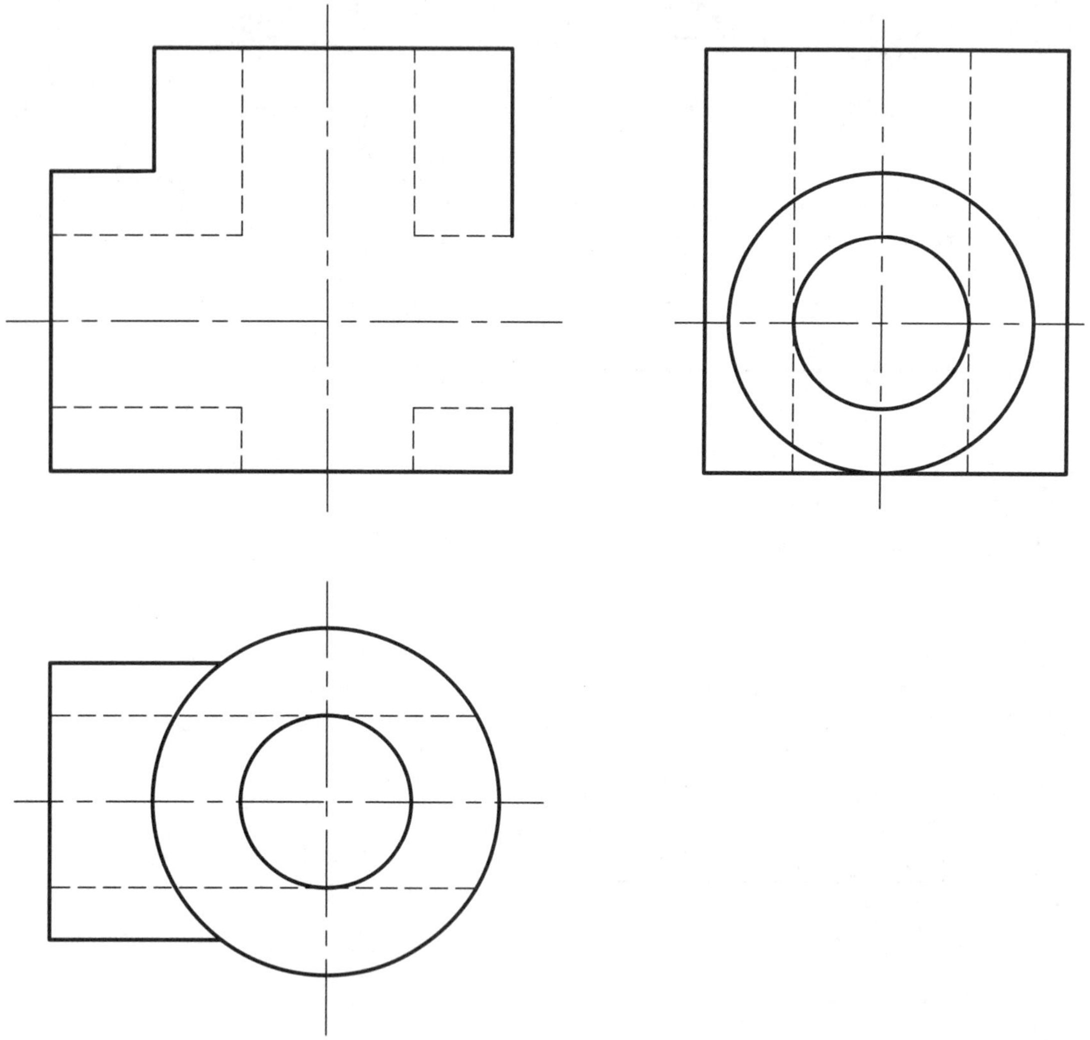

4−1　画出下列立体图的三视图，尺寸从立体图中量取。

1.

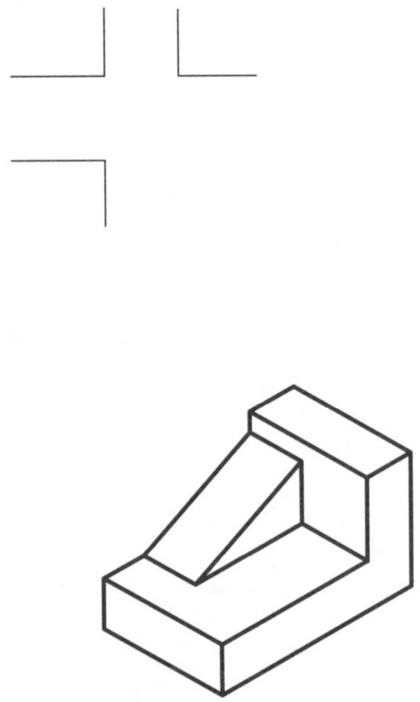

2.

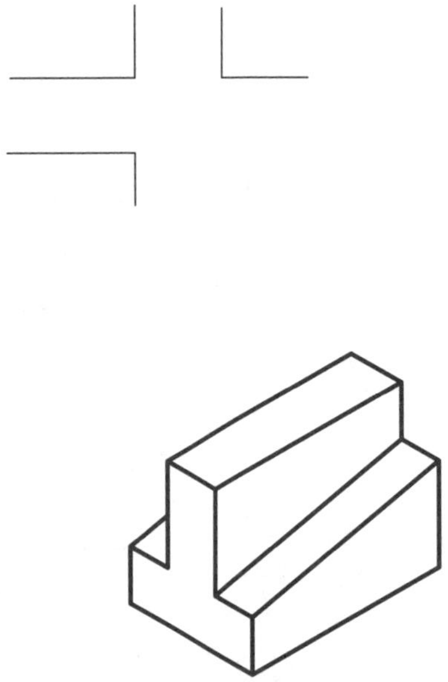

3.

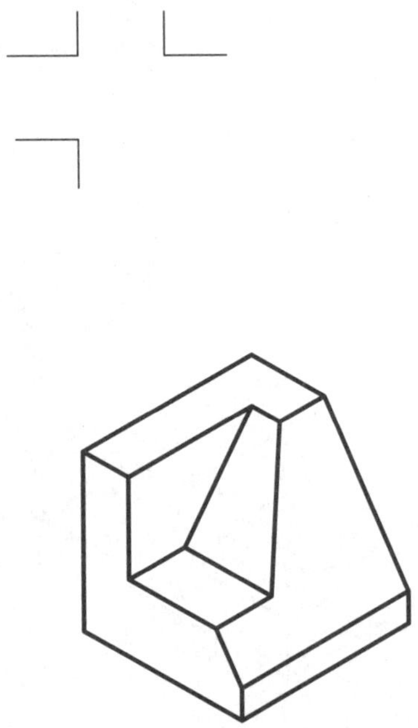

4.

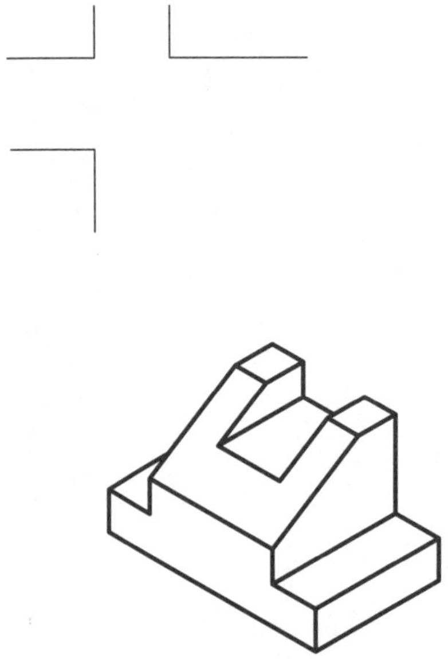

4−2　画出下列立体图的三视图。（图中所有孔均为通孔）

1.

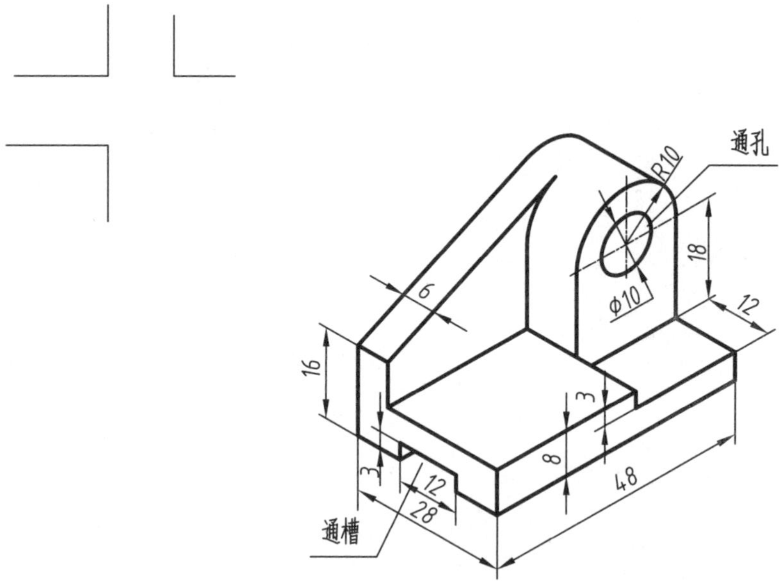

2.

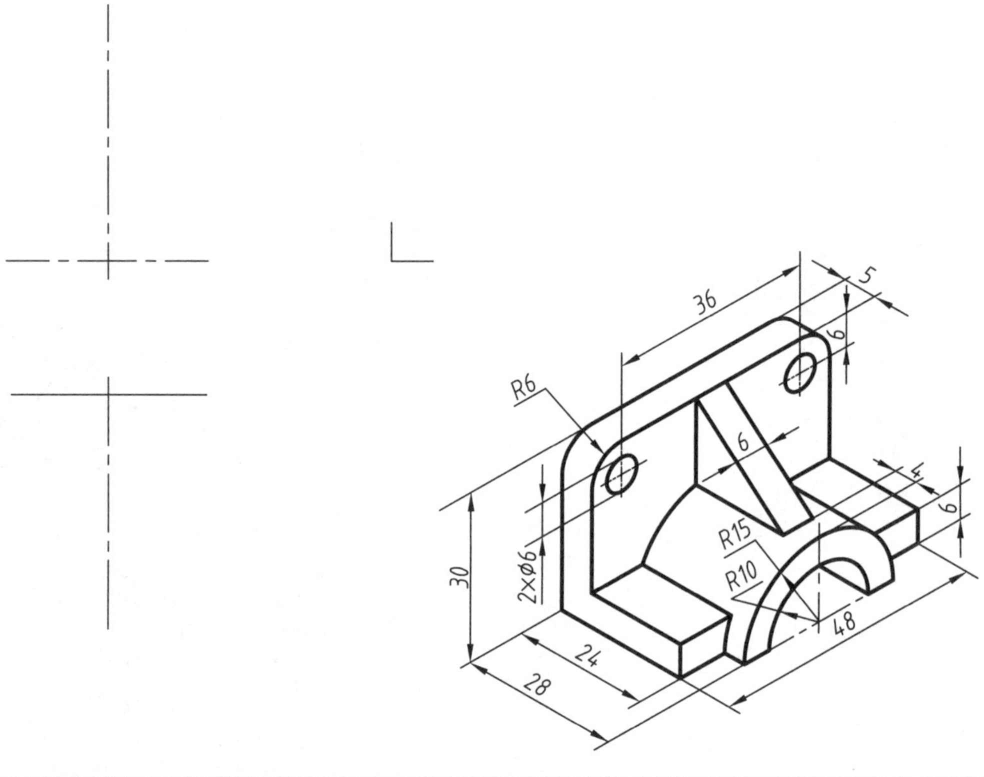

4-3 画出下列立体图的三视图。（图中所有孔均为通孔）

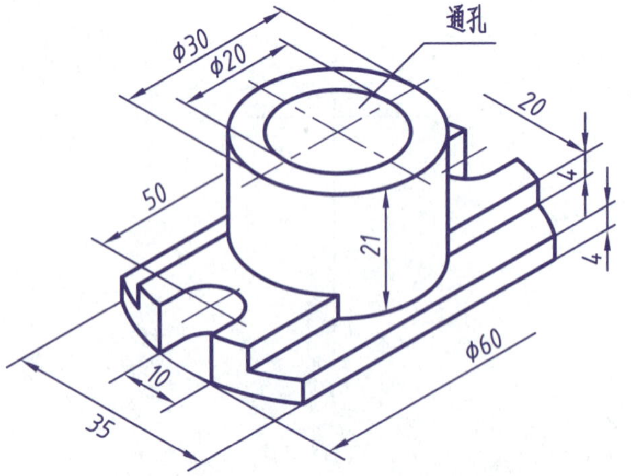

4-4 画出下列立体图的三视图，尺寸从立体图中量取。（图中所有孔均为通孔）

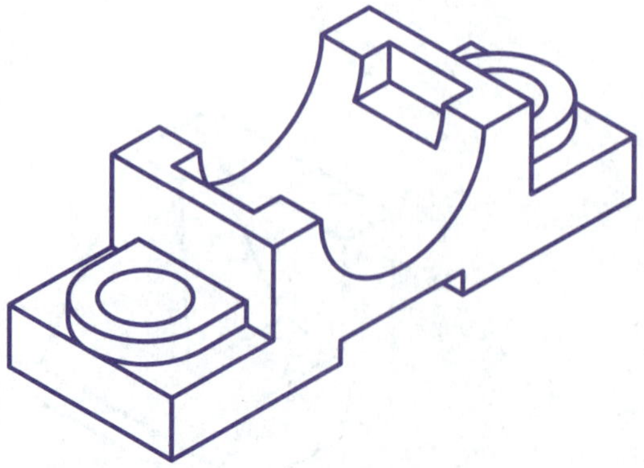

4-5 画出下列立体图的三视图，尺寸从立体图中量取。（图中所有孔均为通孔）

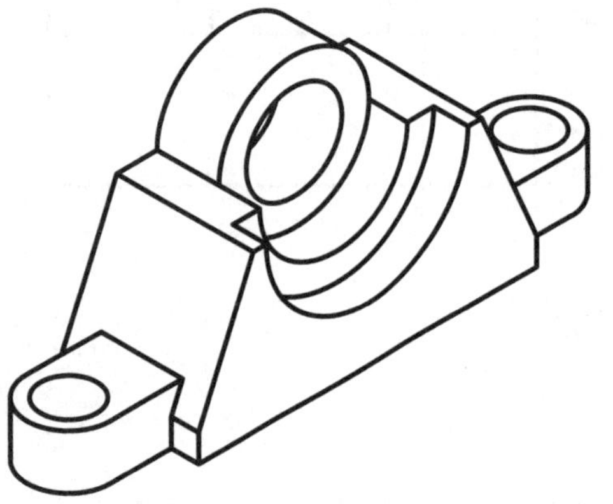

4-6 画出下列立体图的三视图,尺寸从立体图中量取。（图中所有孔均为通孔）

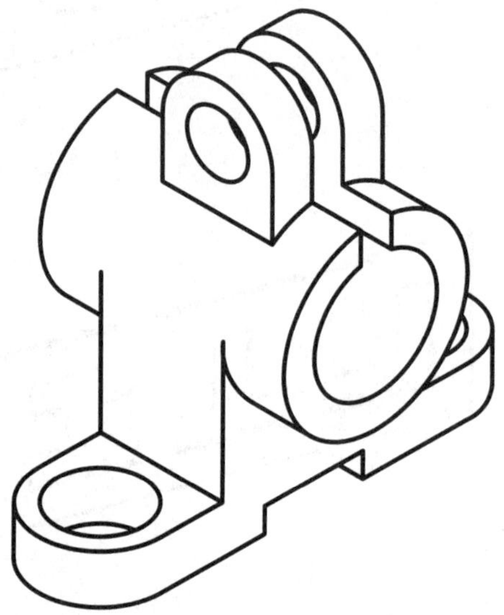

4-7 构形训练，根据主视图构形，补画俯视图，如例图1所示。

1.

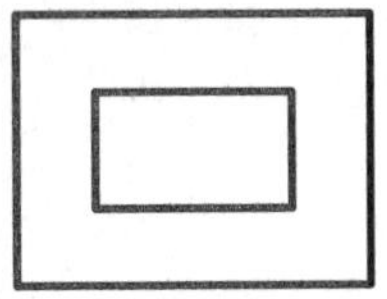

2.

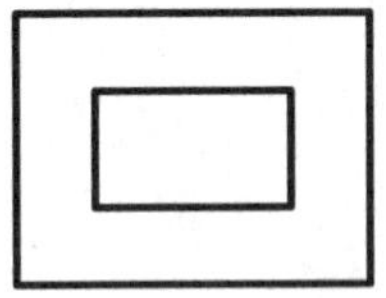

3.

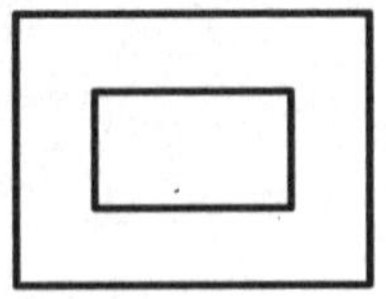

4.

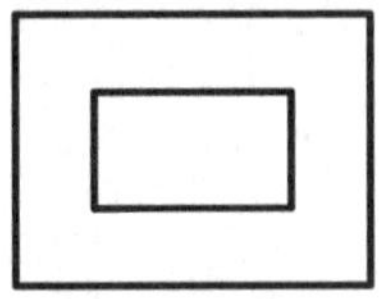

5.

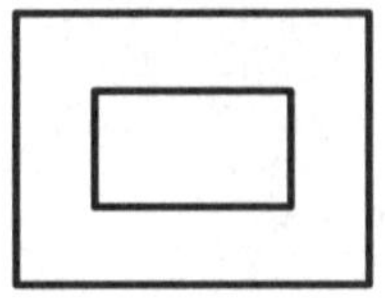

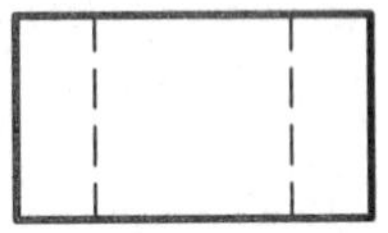

例图1

4-8 构形训练，请想象一立体形状，其主、俯、左三个方向可分别穿过图中的三个孔，并画出其立体图。

1.

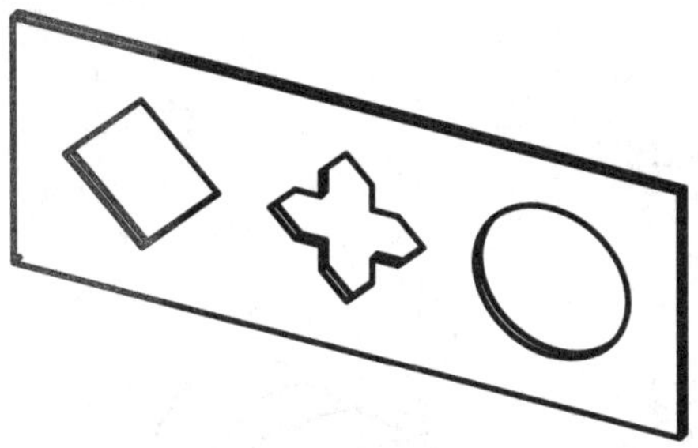

2.

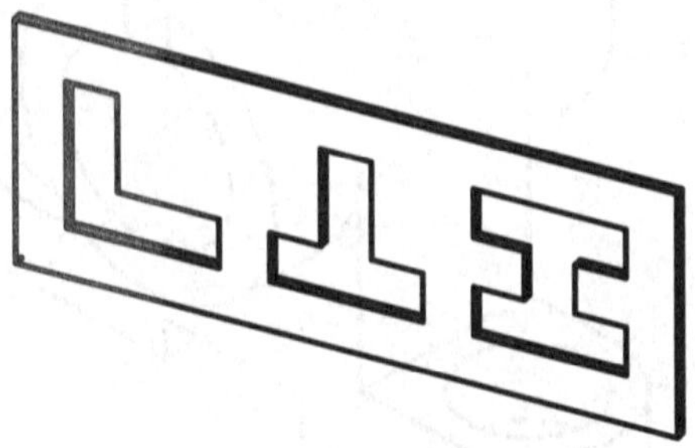

4-9 根据主视图构形，补画左视图，如例图1所示。

1.

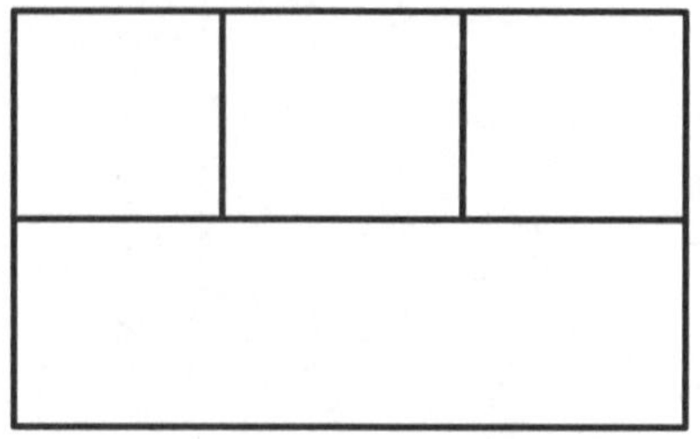

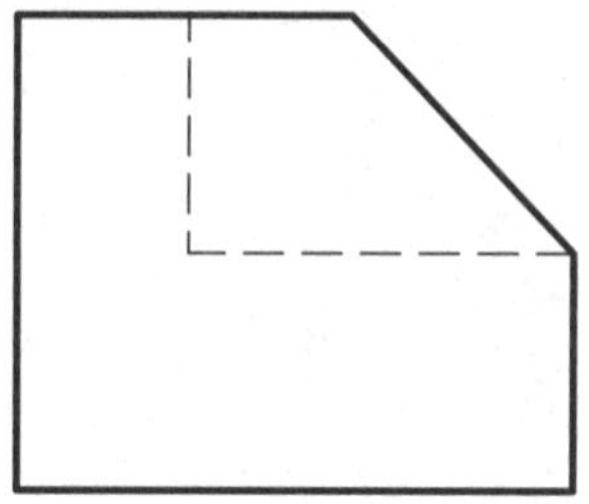

例图1

2.

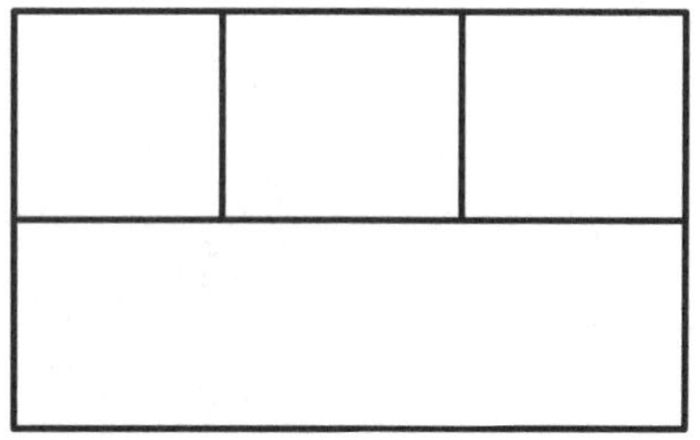

3.

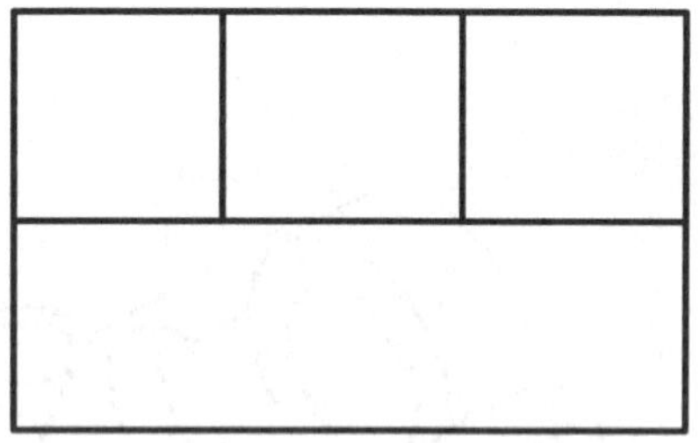

4-10 补全下列主视图中所缺的图线。

1.

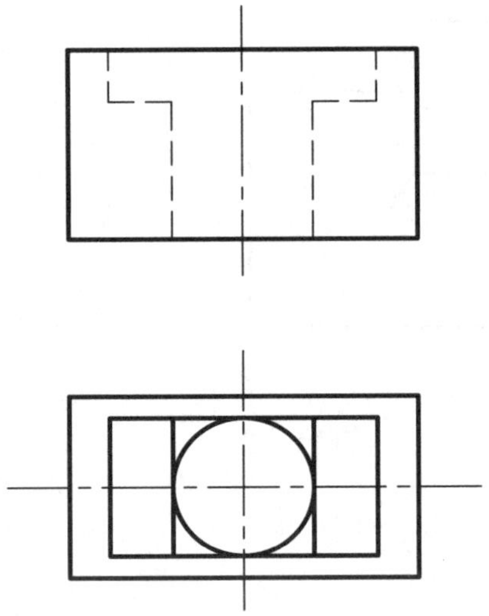

2.

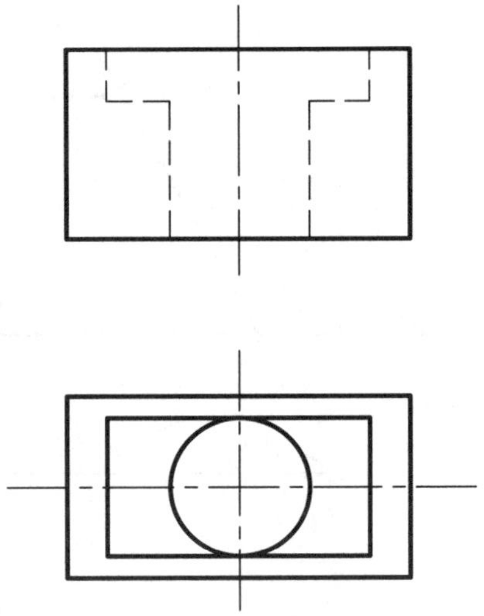

3.

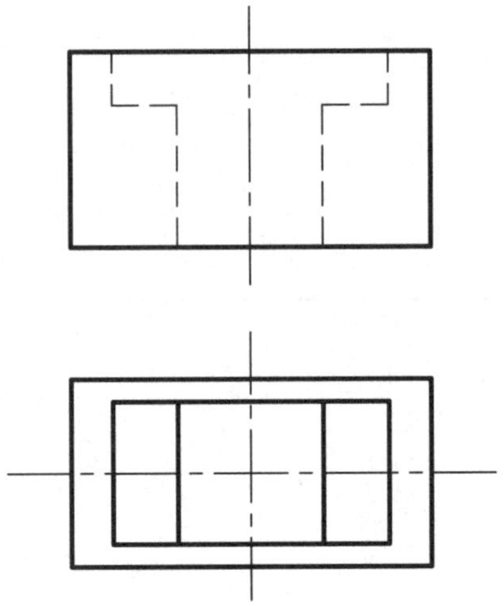

4.

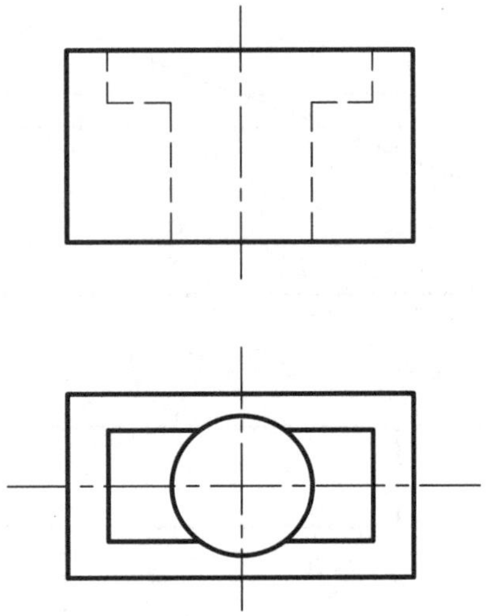

4-11 根据主、左视图，在三个框内补画三种俯视图。

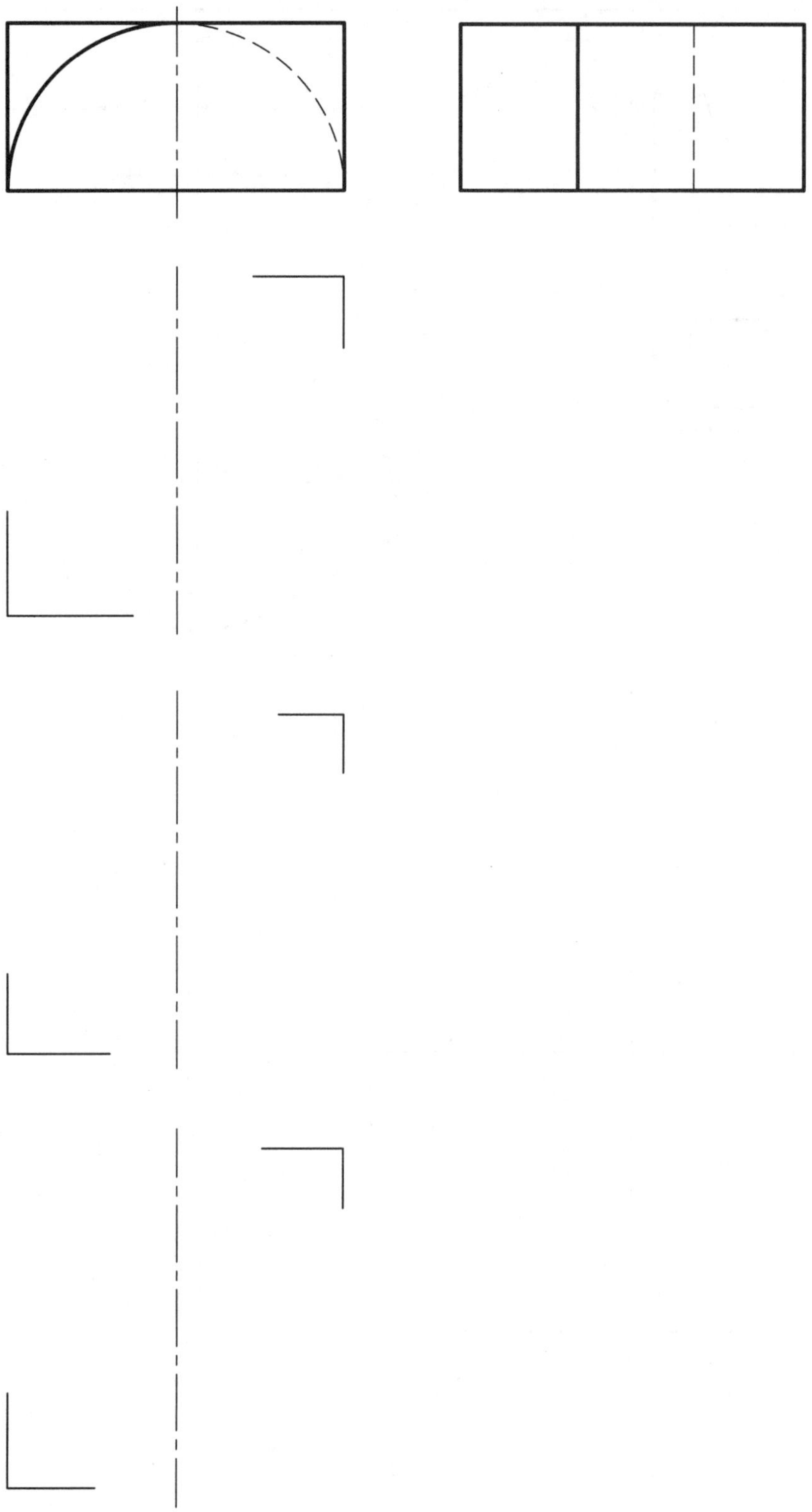

4-12 看懂A、B两形体的主、俯视图，画出由A、B构成的组合体的三视图。（要求构成的组合体前后、左右分别对称，且A在B之上）

A.

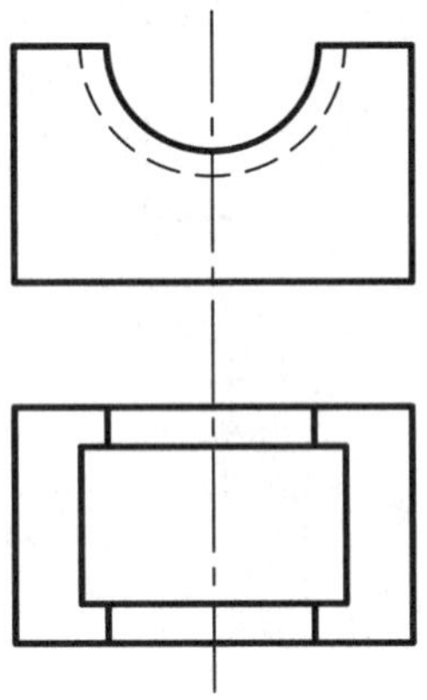

B.

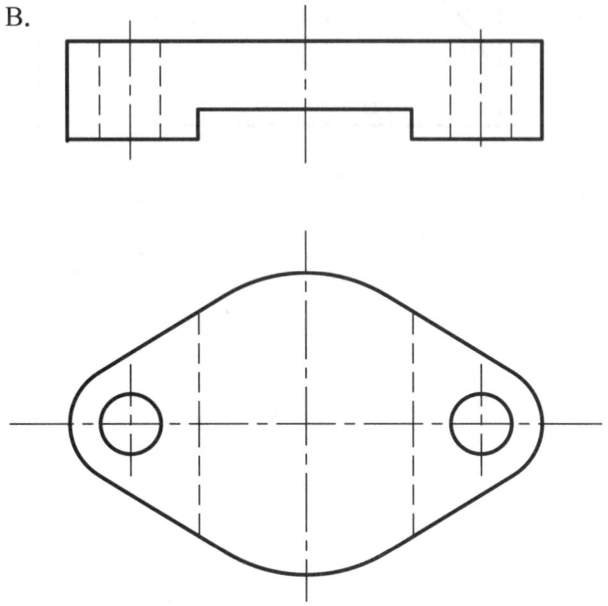

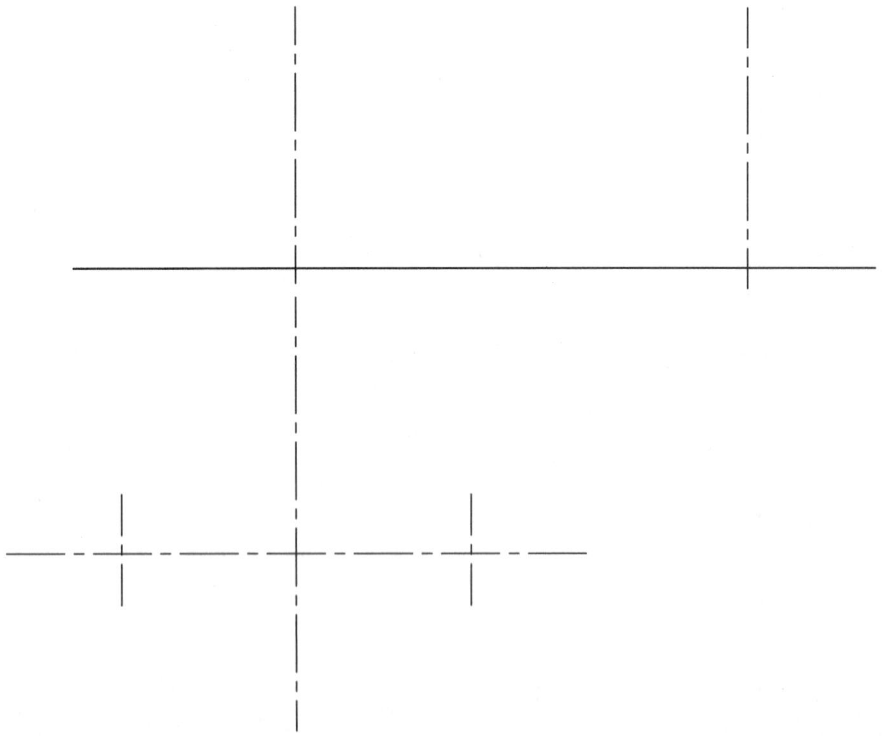

4-13 根据两个视图想出立体的形状，并补画第三视图。

1.

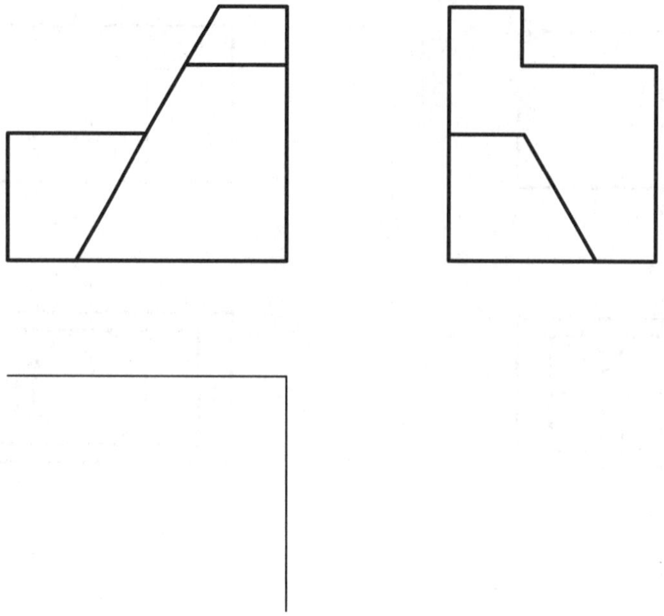

2.

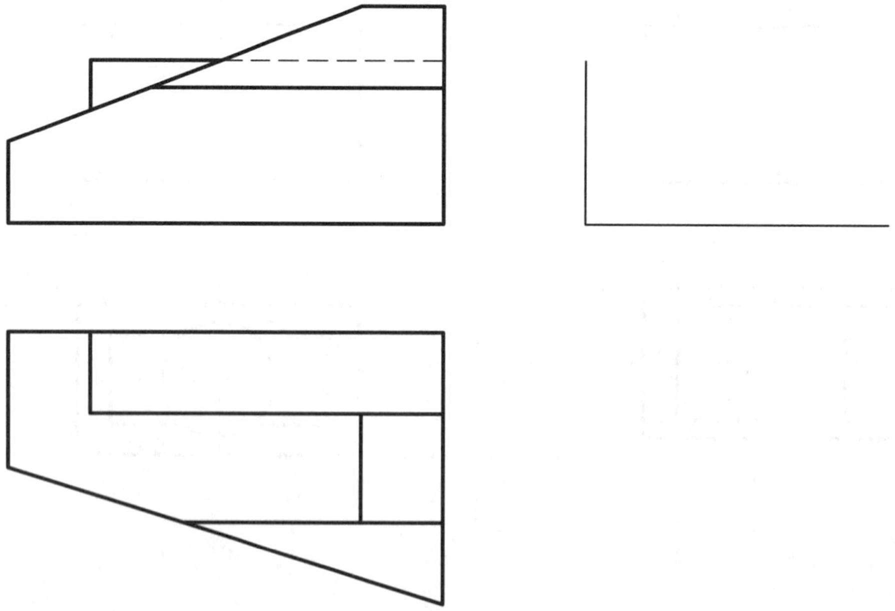

4-14 根据两个视图想出立体的形状，并补画第三视图。

1.

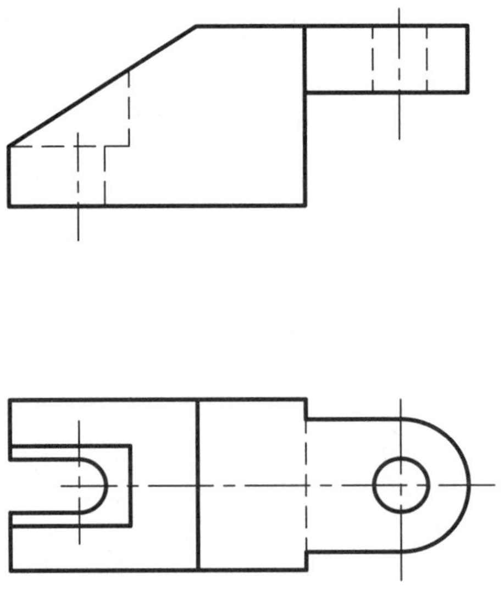

2.

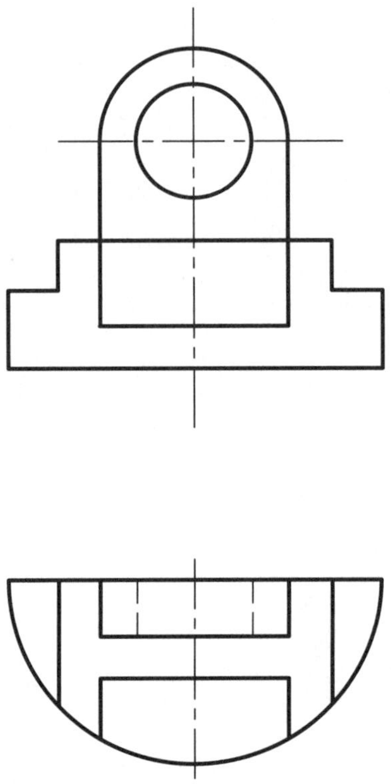

4-15 根据两个视图想出立体的形状，并补画第三视图。

1.

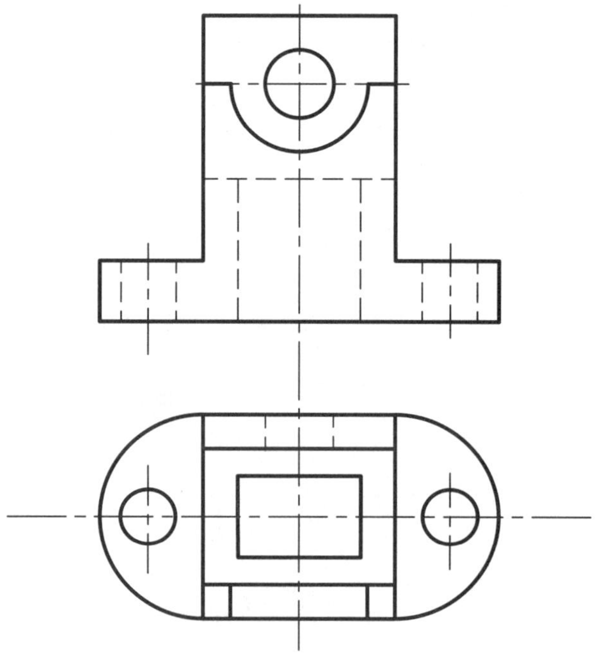

2.

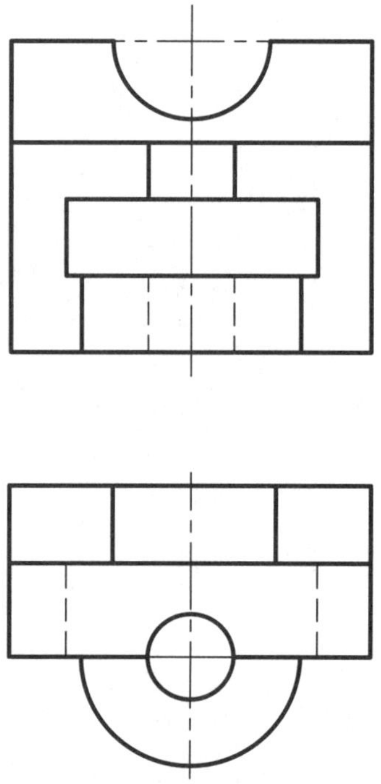

4−16 根据两个视图想出立体的形状，并补画第三视图。

1.

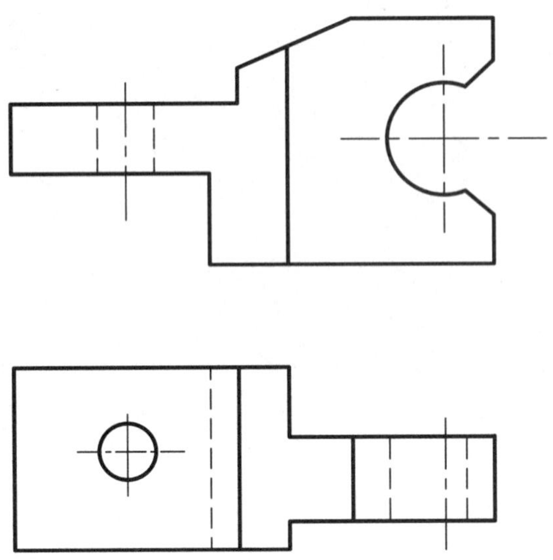

2.

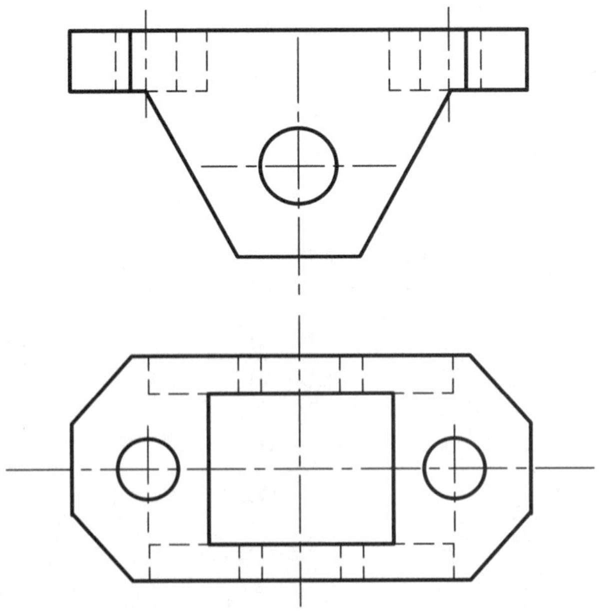

4−17 根据两个视图想出立体的形状，并补画第三视图。

1.

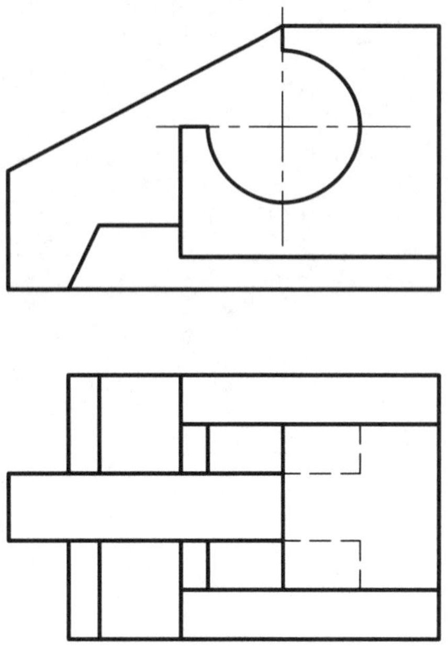

2.

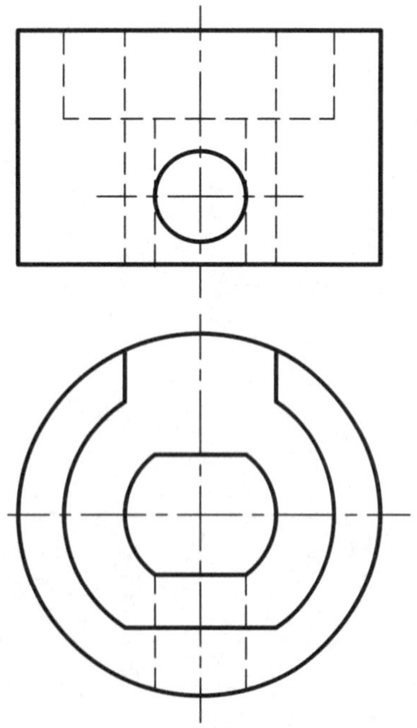

4-18 根据两个视图想出立体的形状，并补画第三视图。

1.

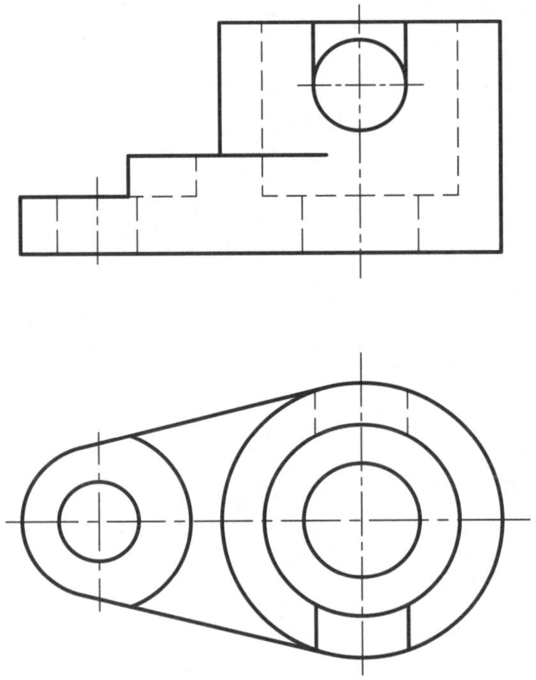

2.

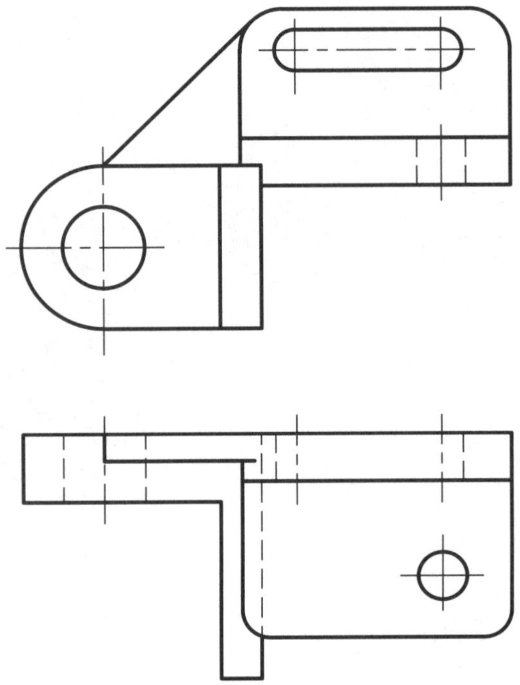

4-19 根据两个视图想出立体的形状，并补画第三视图。

1.

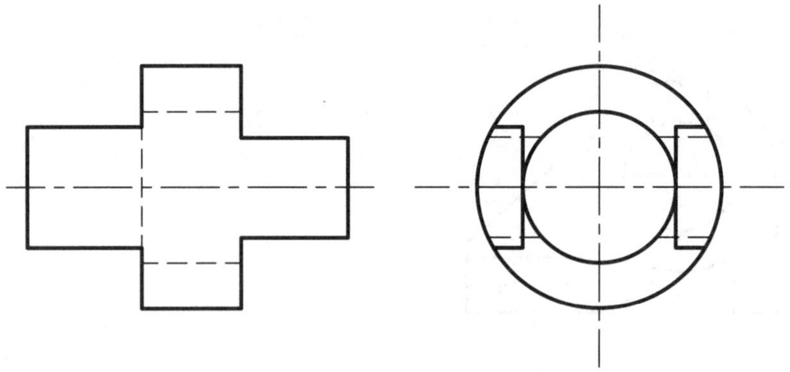

2.

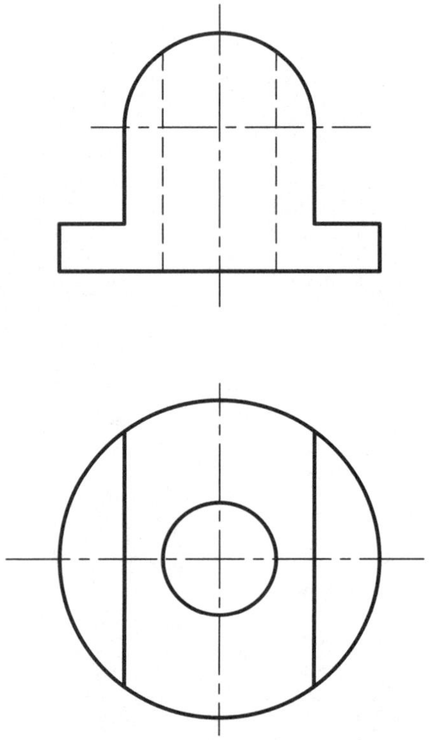

4−20 根据两个视图想出立体的形状，并补画第三视图。

1.

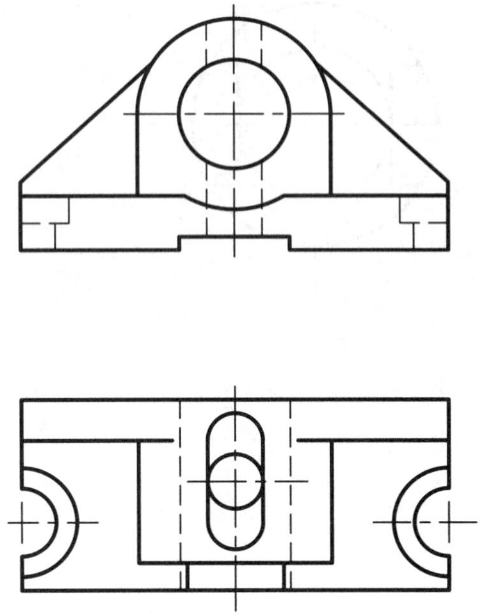

2.

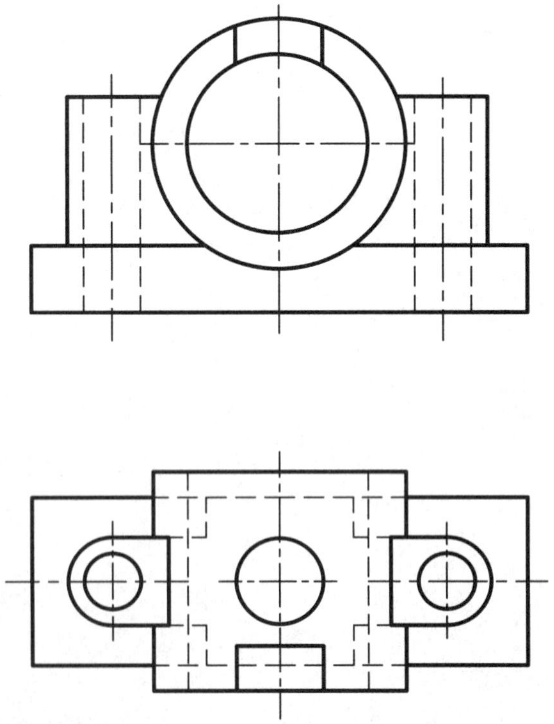

4−21 根据两个视图想出立体的形状，并补画第三视图。

1.

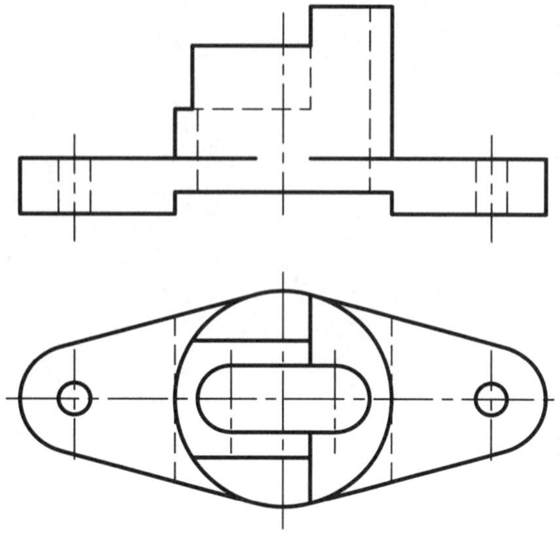

2.

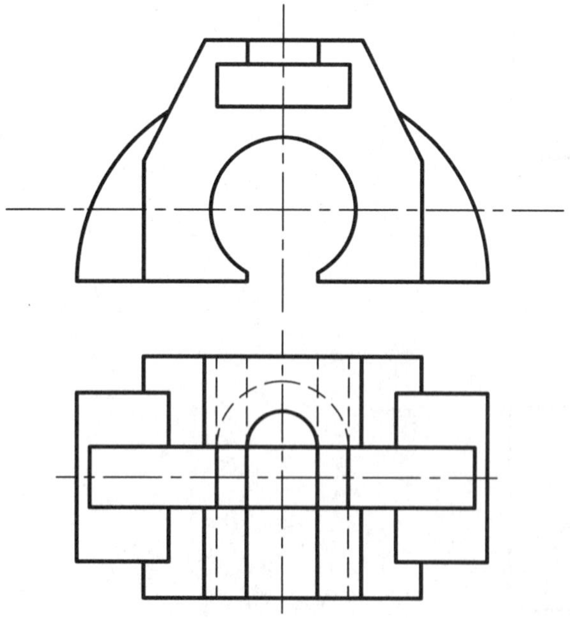

4−22 标注下列视图尺寸，尺寸数值从图上直接量取。（单位为mm，按1∶1取整数）

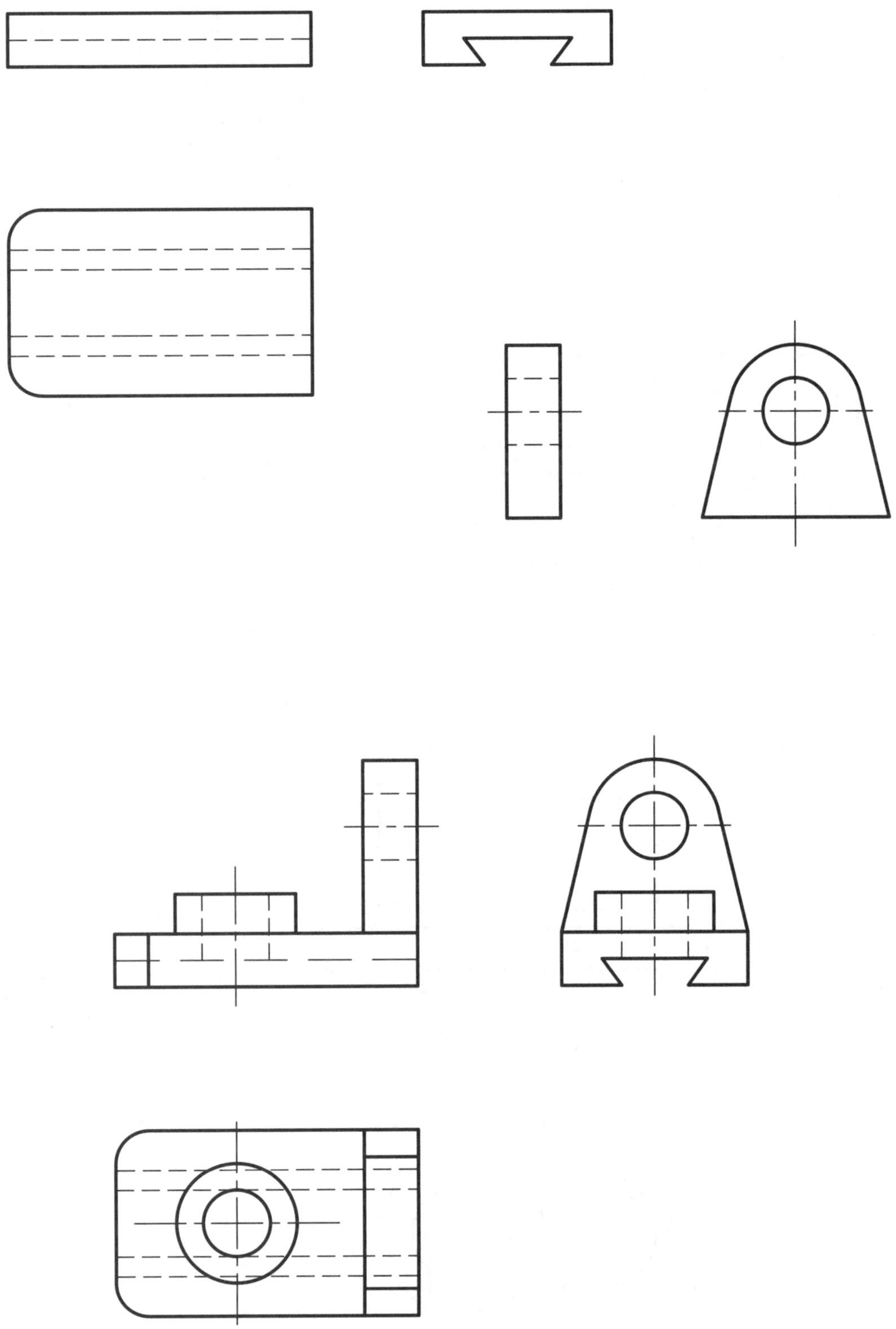

4−23 参考简单形体视图的尺寸注法，标注组合体视图的尺寸。（单位为mm，按1∶1取整数）

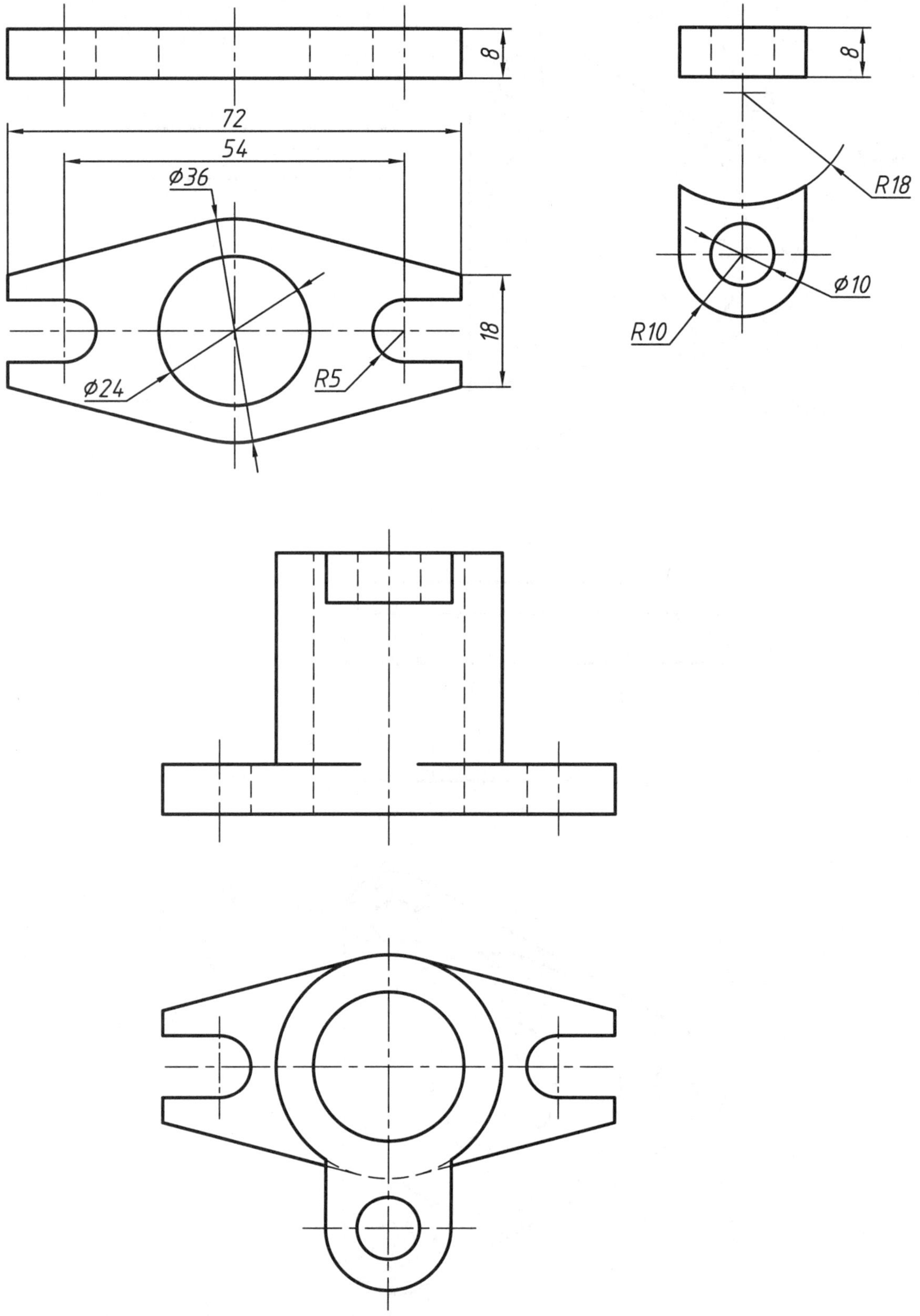

4-24 参考简单形体视图的尺寸注法，标注组合体视图的尺寸。（单位为mm，按1∶1取整数）

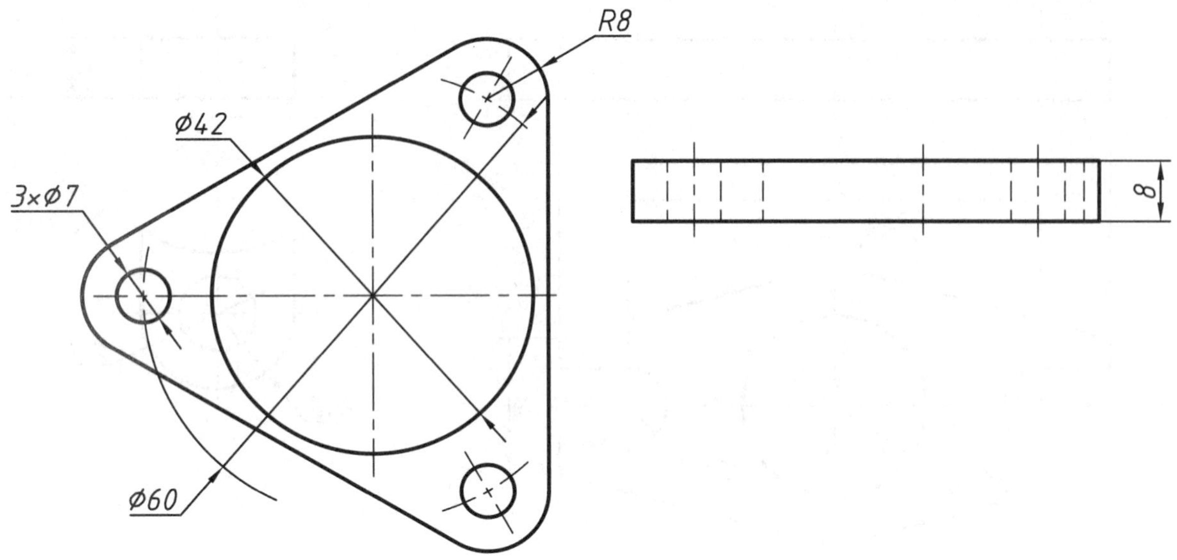

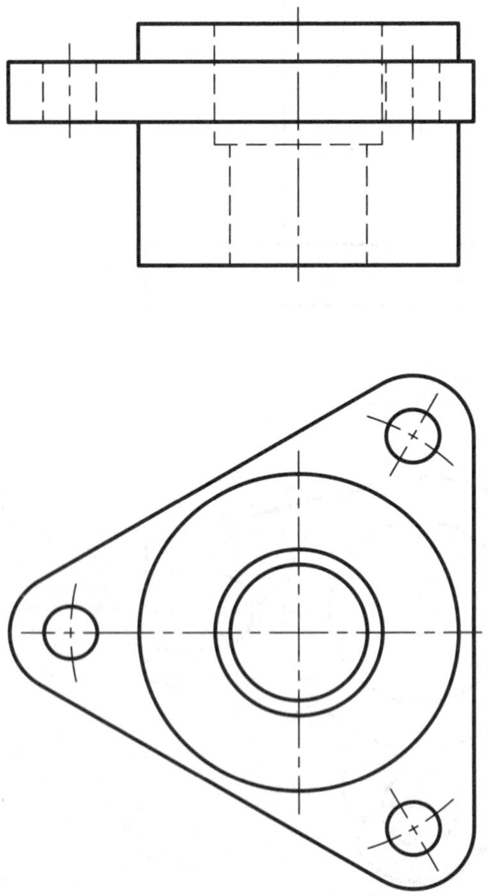

4-25 标注下列视图尺寸，尺寸数值从图上直接量取。（单位为mm，按1∶1取整数）

1.

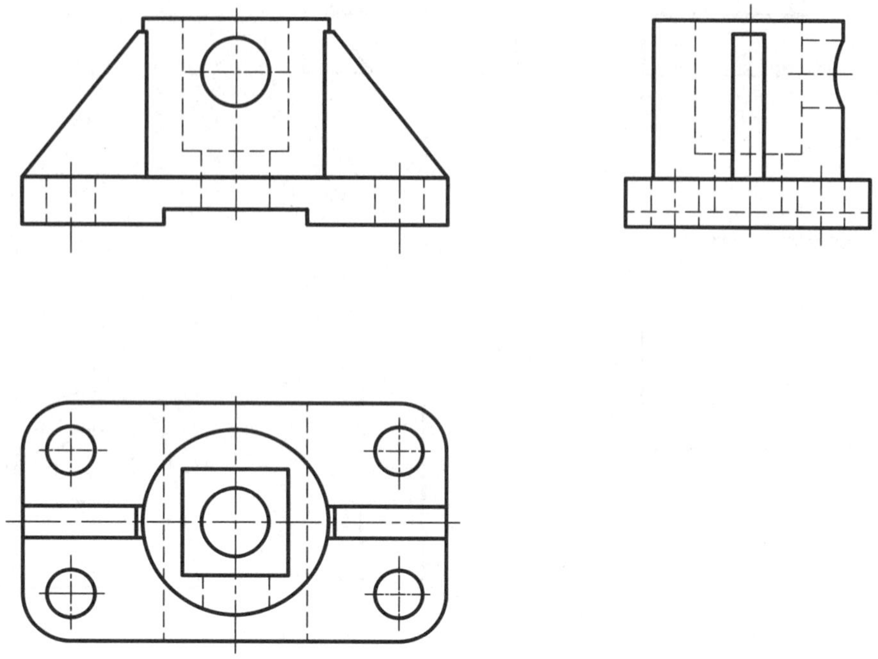

2.

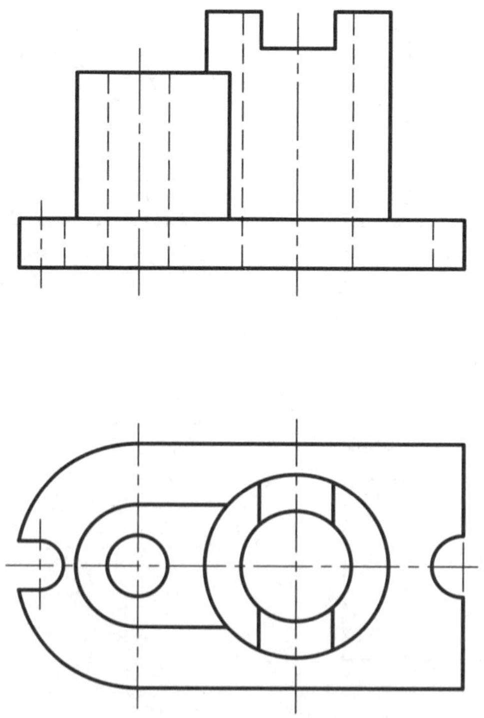

4-26 标注下列视图尺寸，尺寸数值从图上直接量取。（单位为mm，按1∶1取整数，注意截交线、相贯线上不标尺寸）

1.

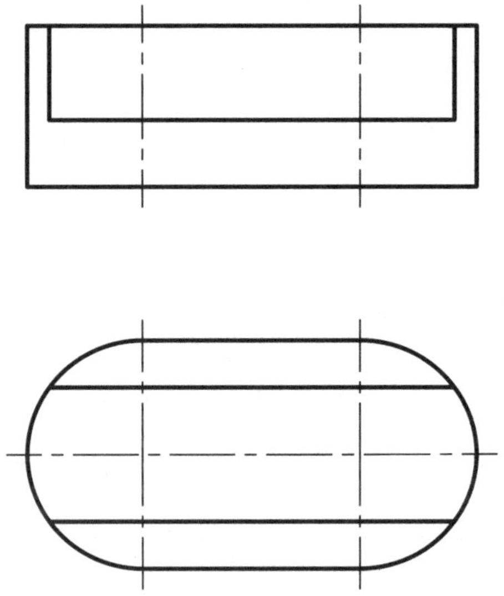

2.

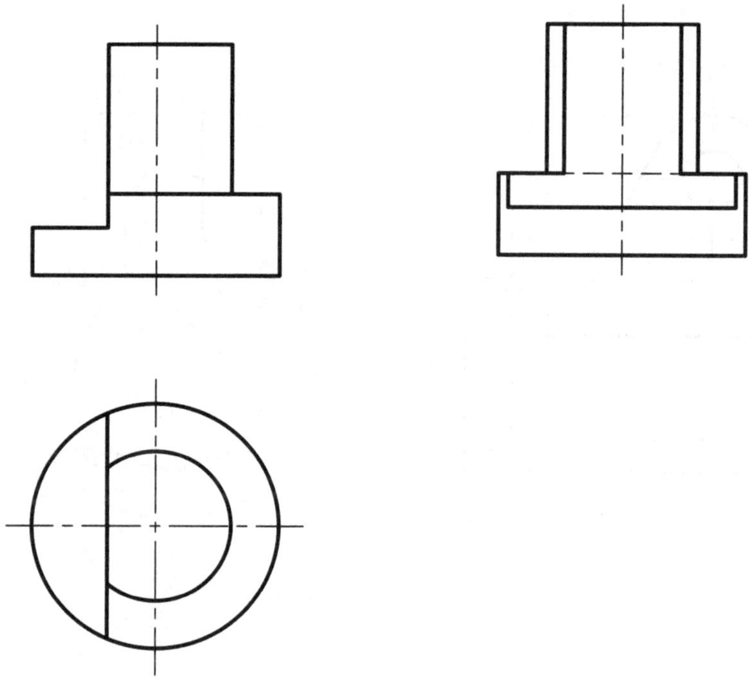

3.

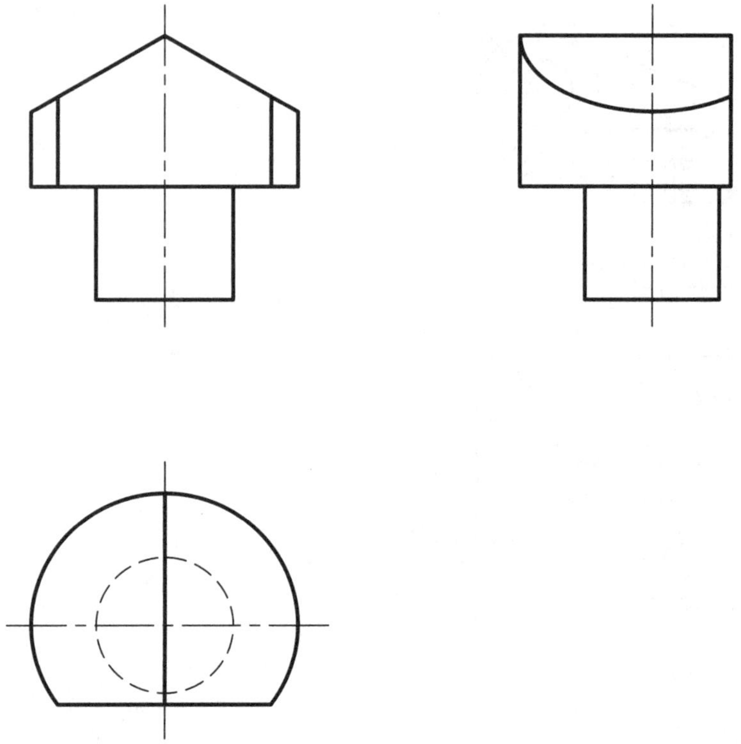

4.

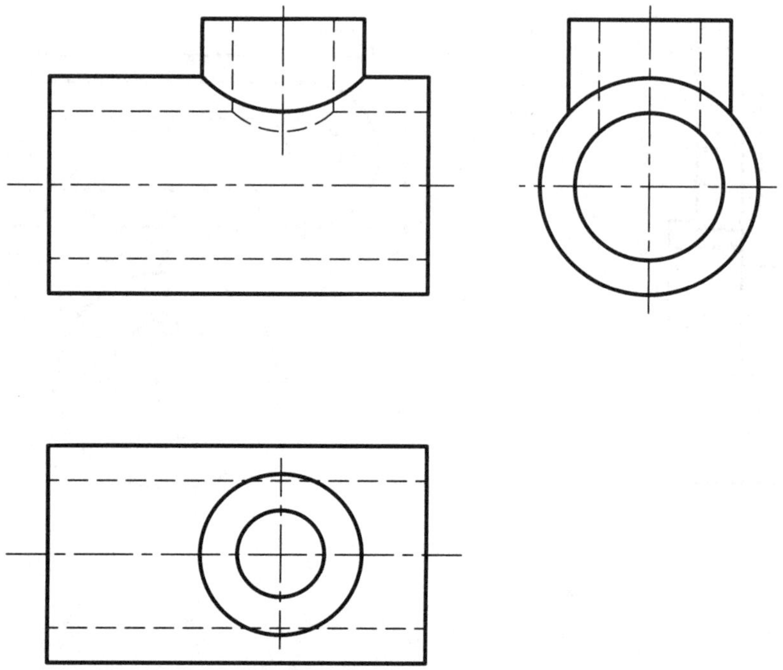

4−27 标注下列视图尺寸，尺寸数值从图上直接量取。（单位为mm，按1∶1取整数）

1.

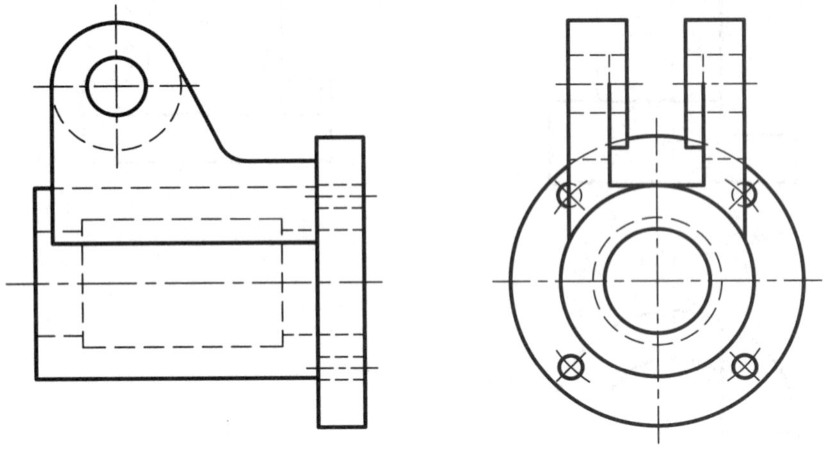

2.

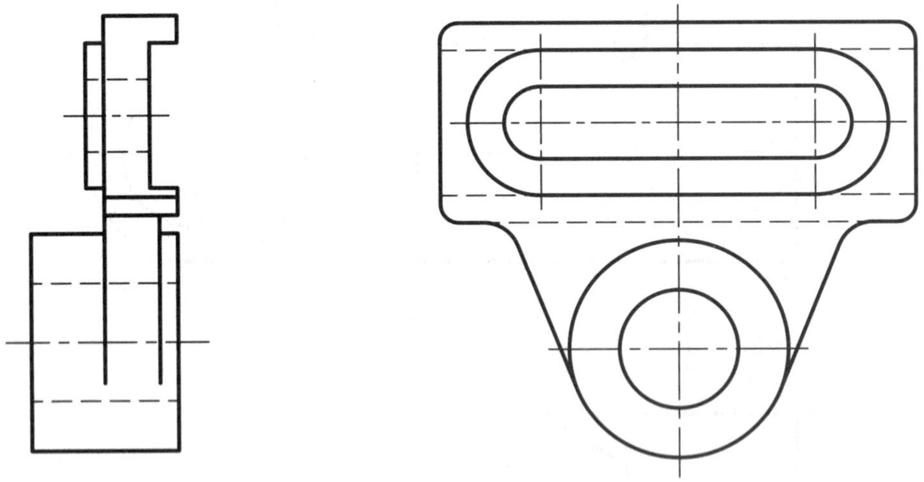

4−28 根据两个视图补画出第三视图，并标注出所缺尺寸。（单位为mm，按1∶1取整数）

1.

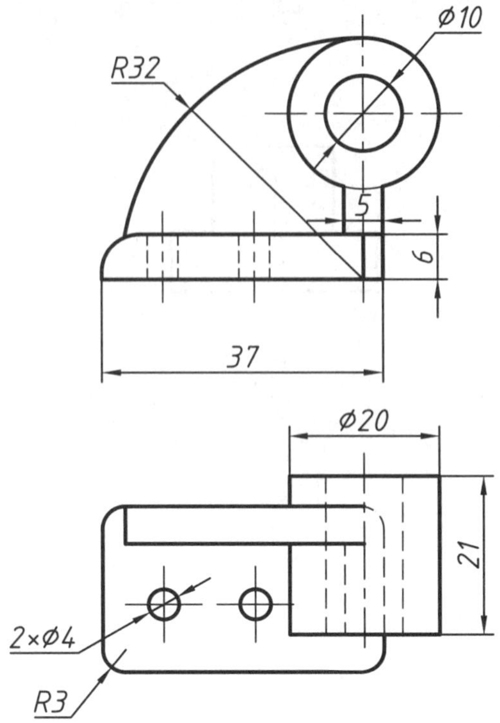

2.

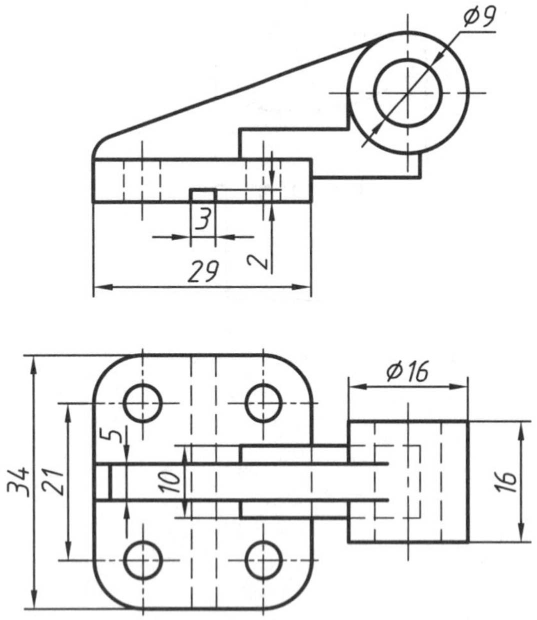

5-1　画出正等轴测图。

1.

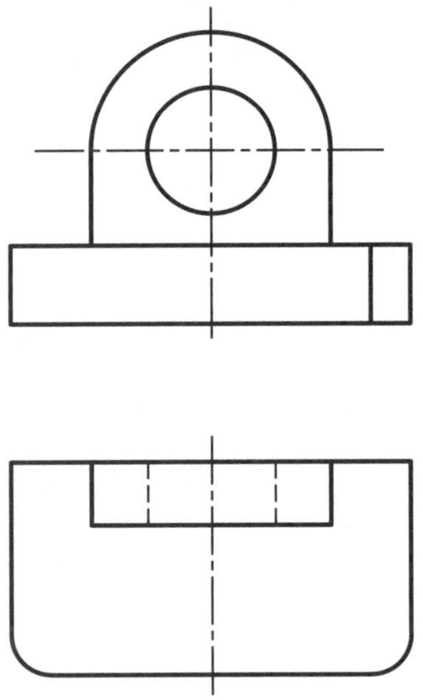

2.

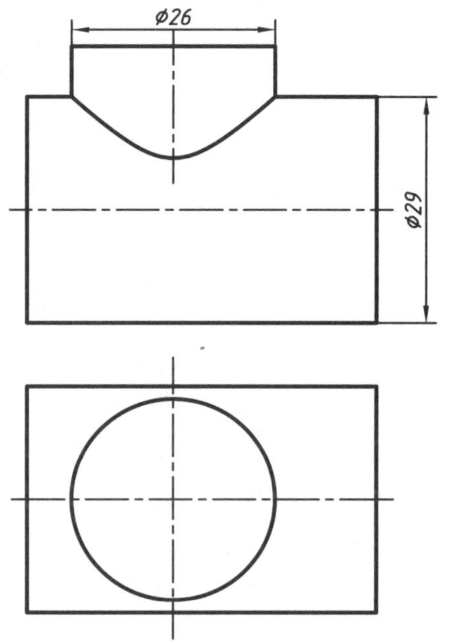

3.

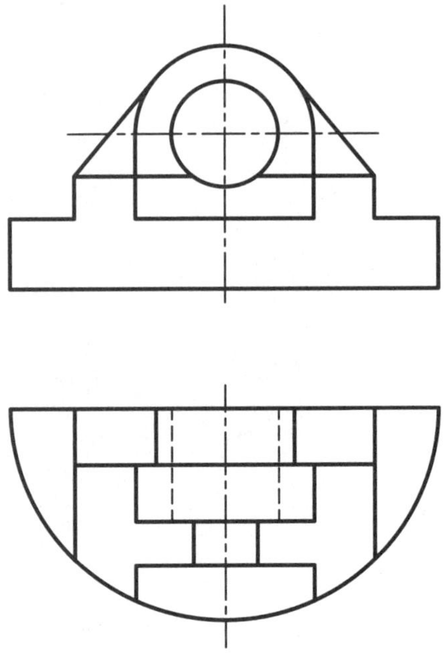

4.

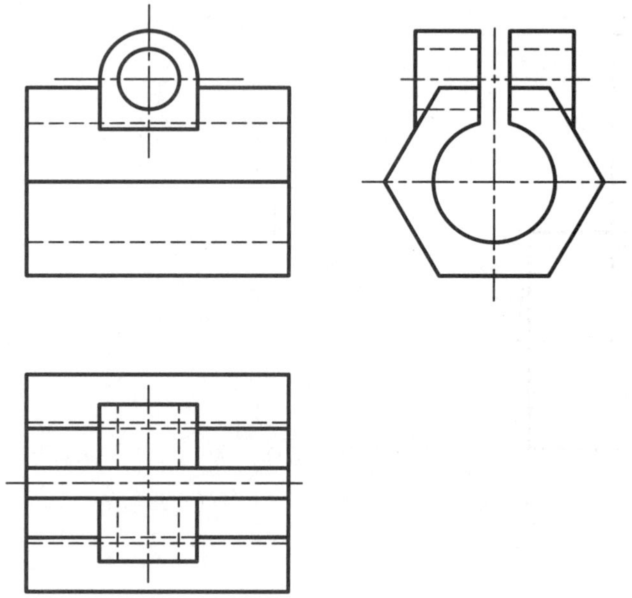

5-2 画出斜二轴测图。

1.

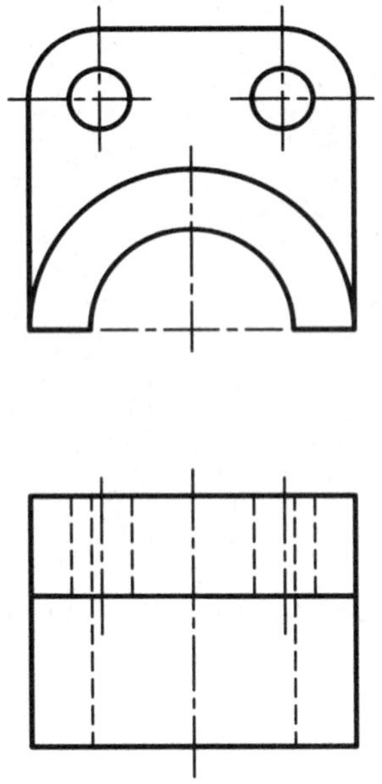

2.

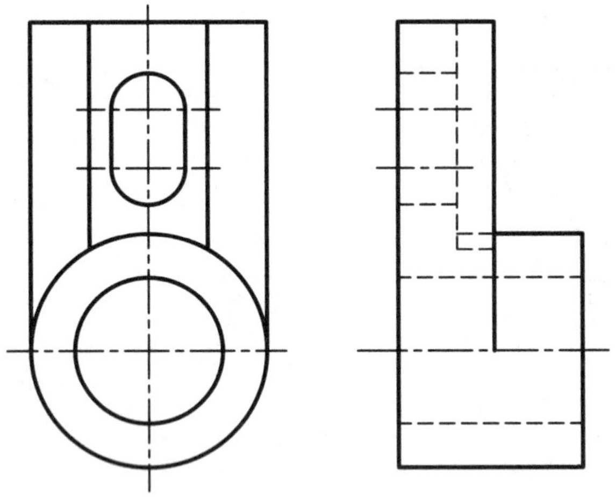

5-3 画出适当的轴测图。

1.

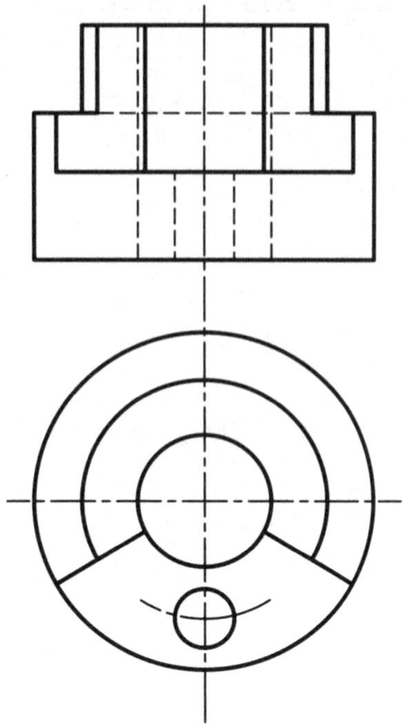

2.

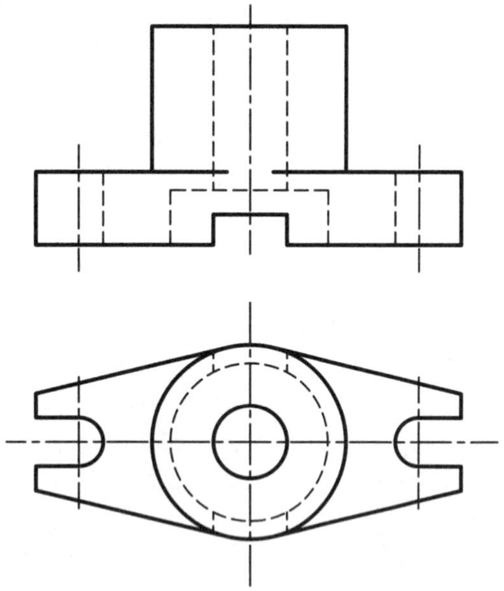

6-1　补画其他基本视图。

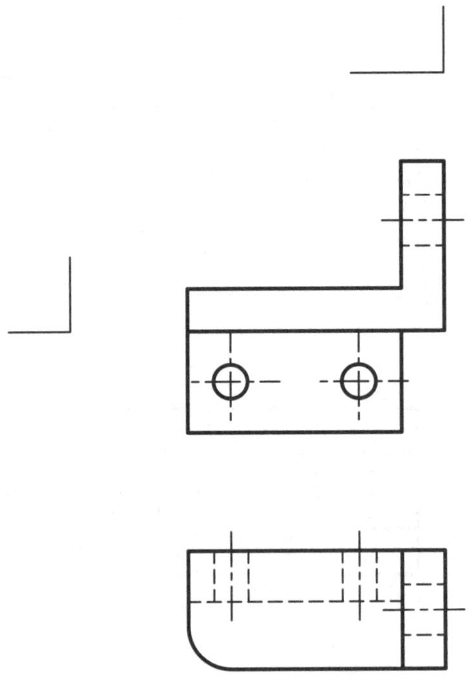

6-2　按第三角画法，根据立体图画出前、顶、右视图。

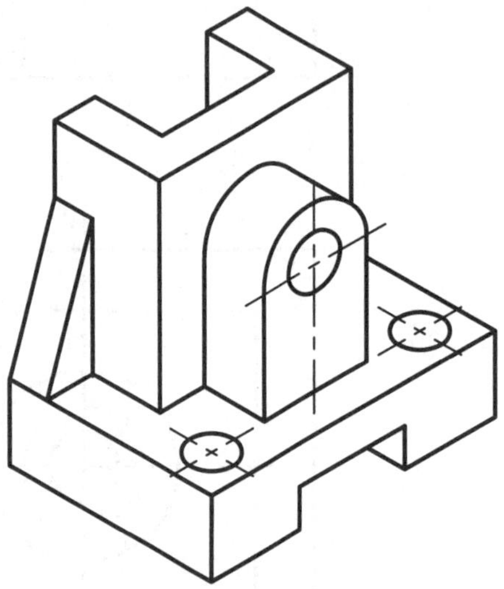

6-3　用斜视图和局部视图代替俯视图。

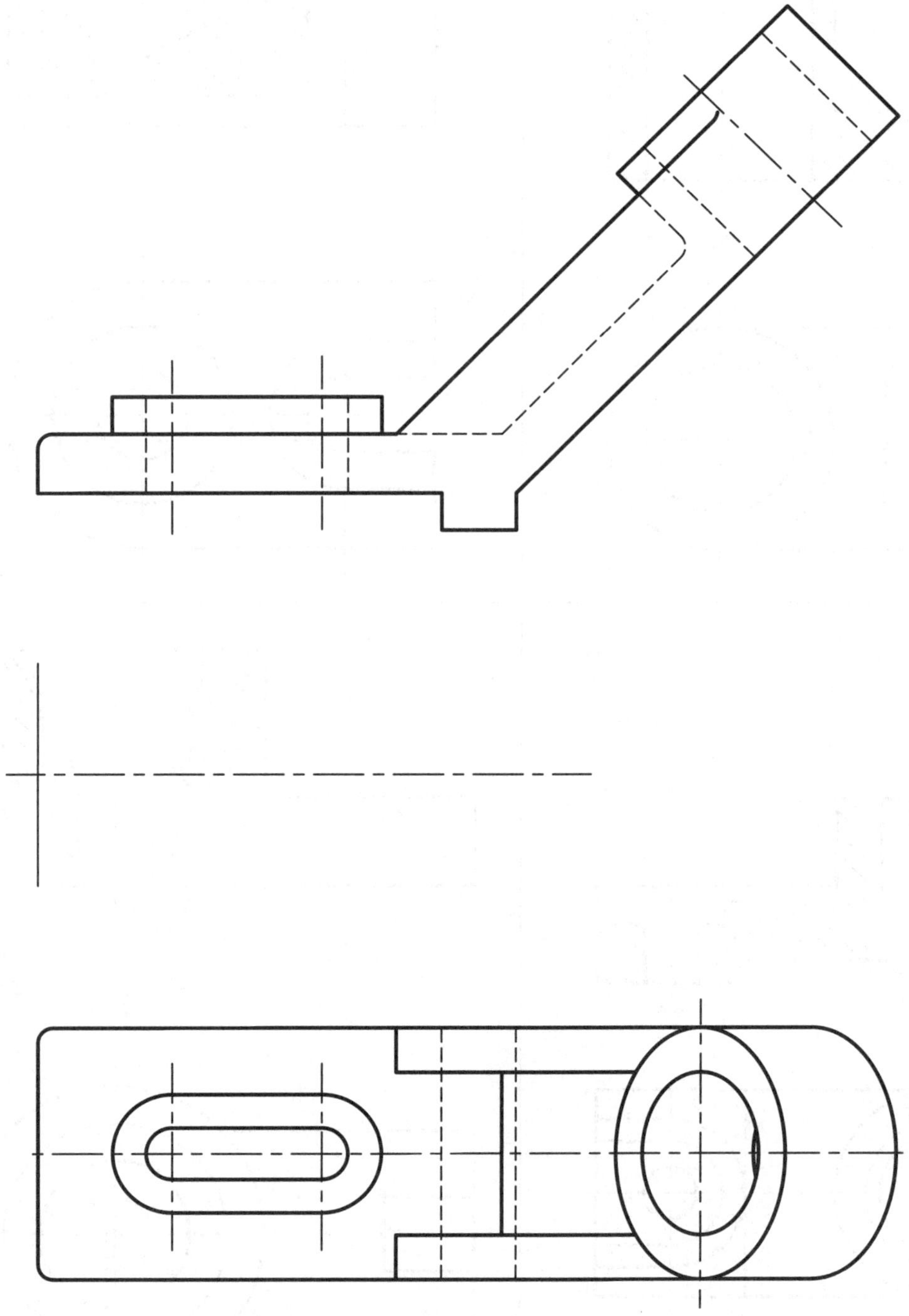

6-4 补全下列剖视图中缺漏的线。（虚线不画）

1.

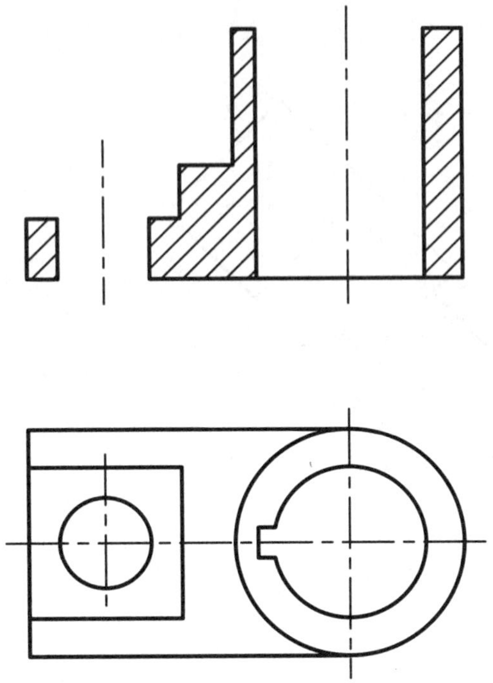

2.

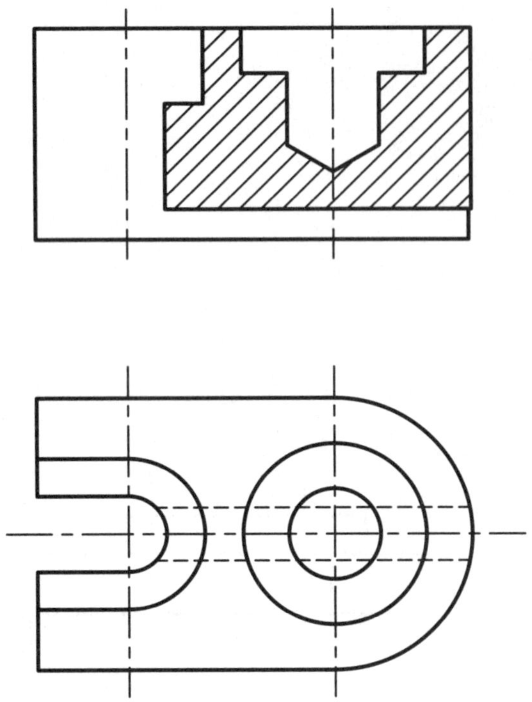

3.

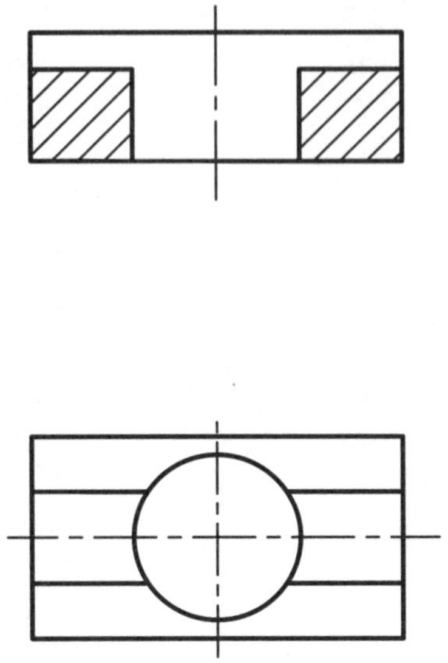

4.

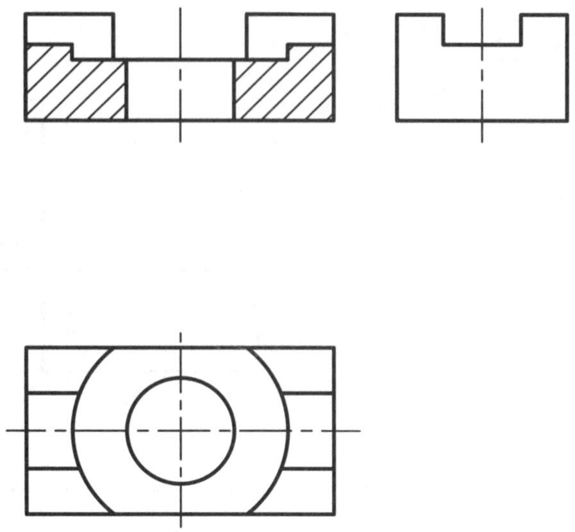

5.

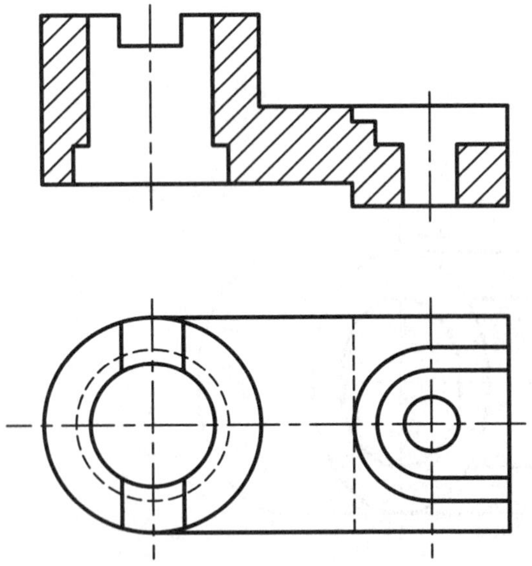

6.

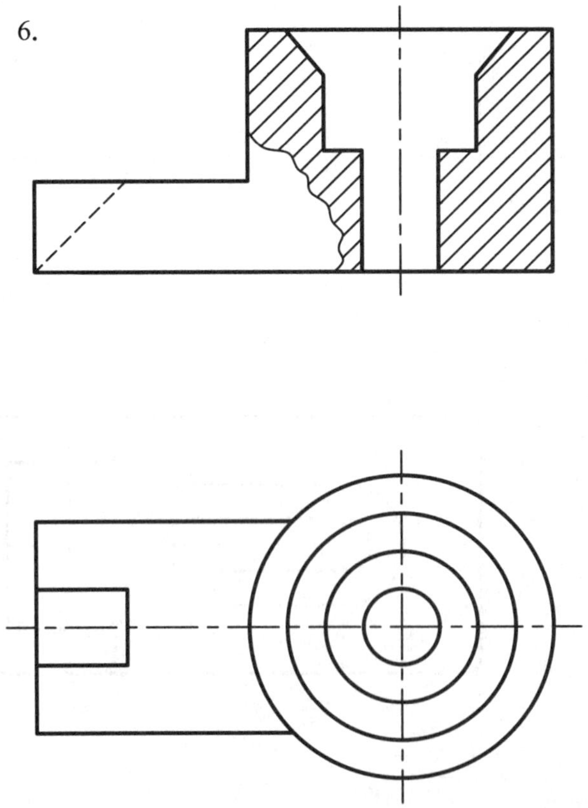

7.

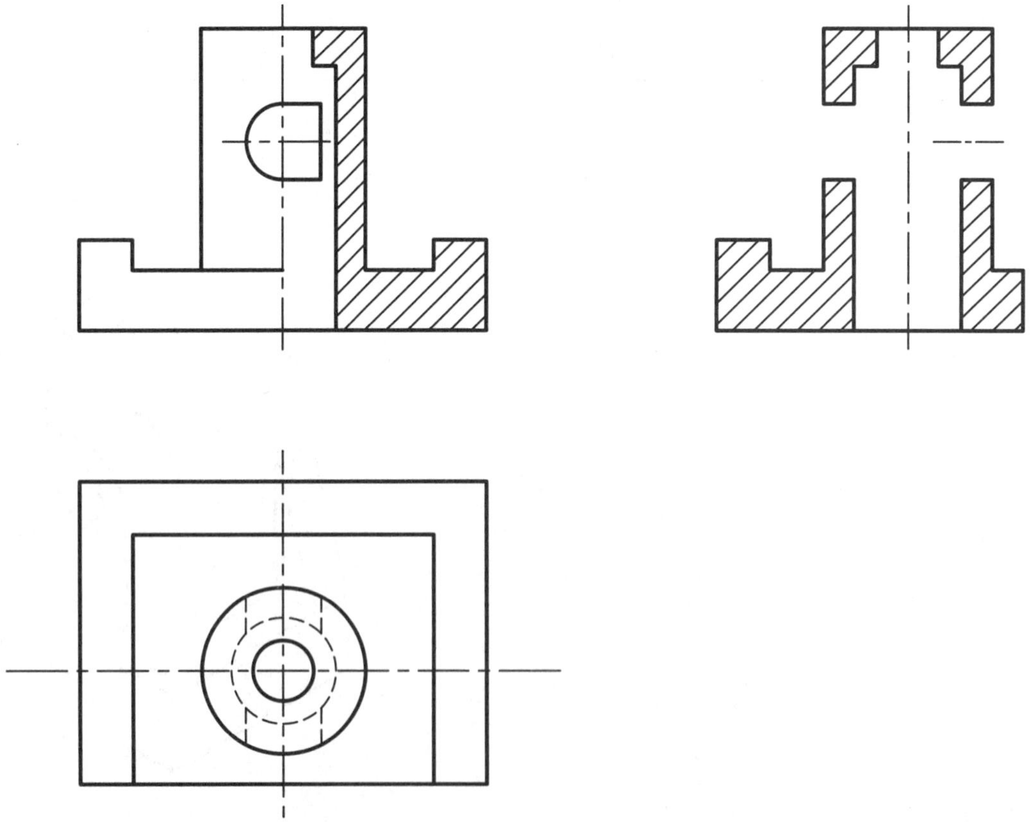

6-5 补全下列剖视图中缺漏的线。（虚线不画）

1.

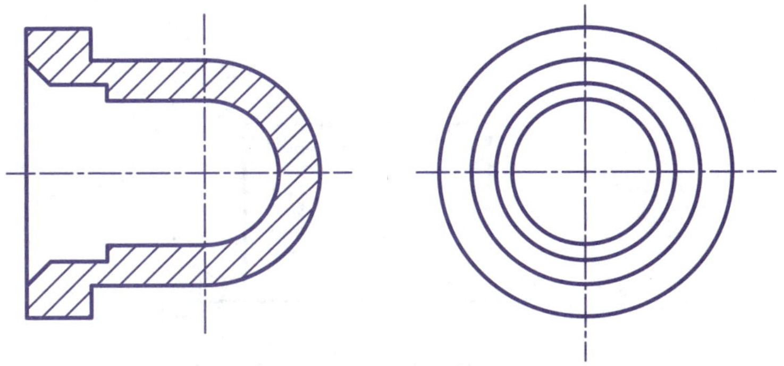

2.

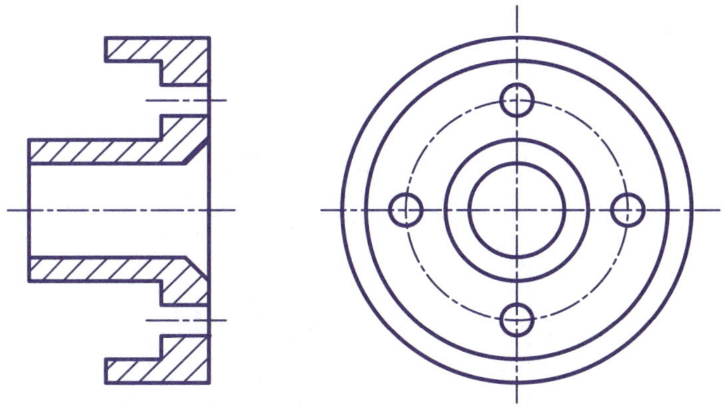

3.

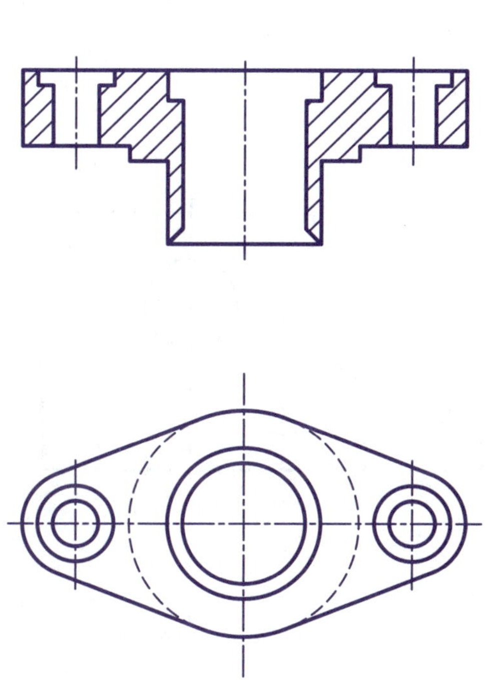

4.

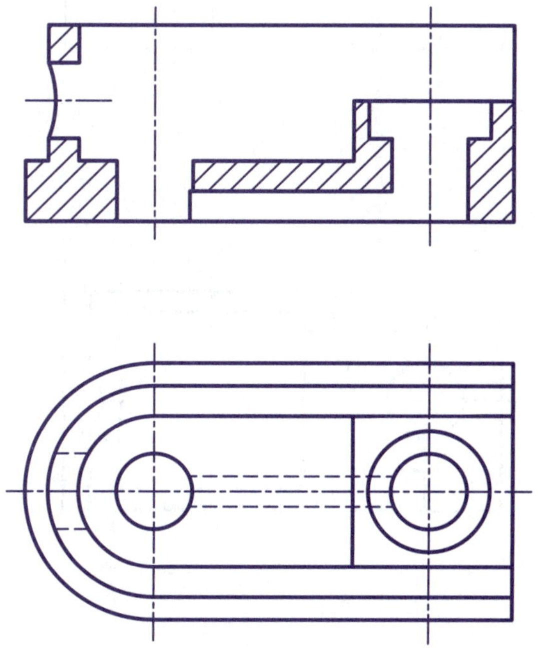

6-6 补全剖视图中缺漏的线，在多余的线上打“×”。

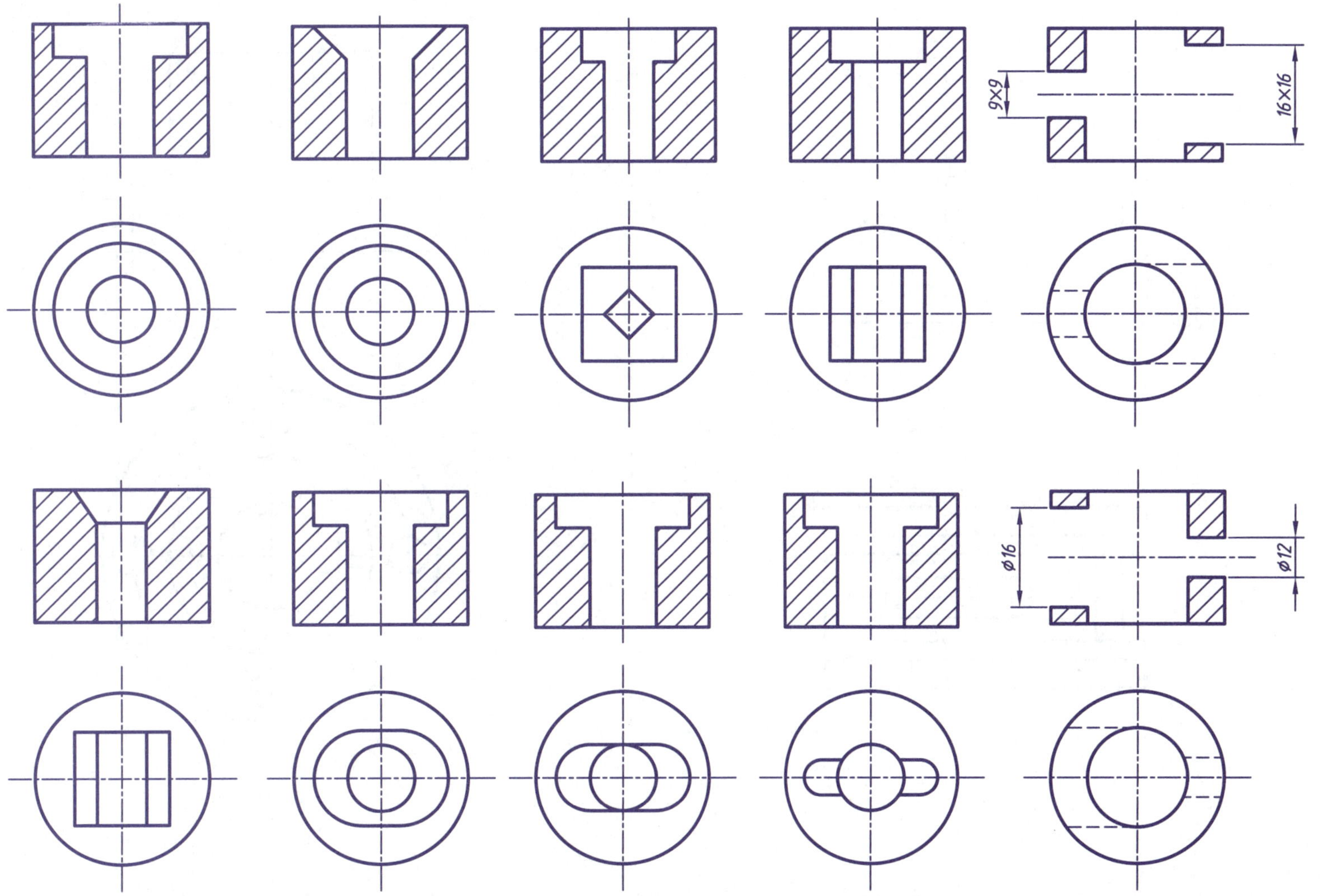

6-7 将下列主视图改画成全剖视图。(用单一剖切平面)

1.

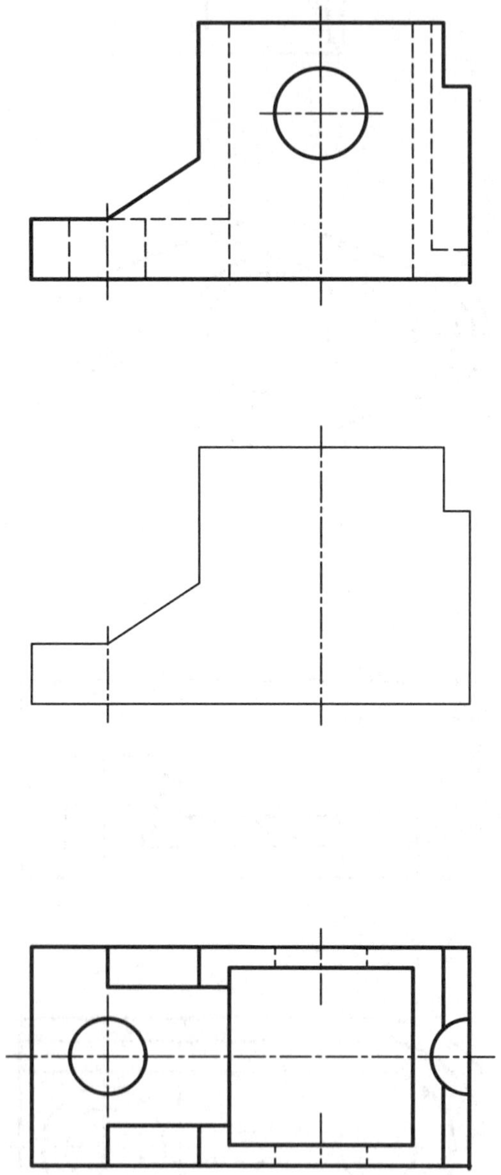

2.

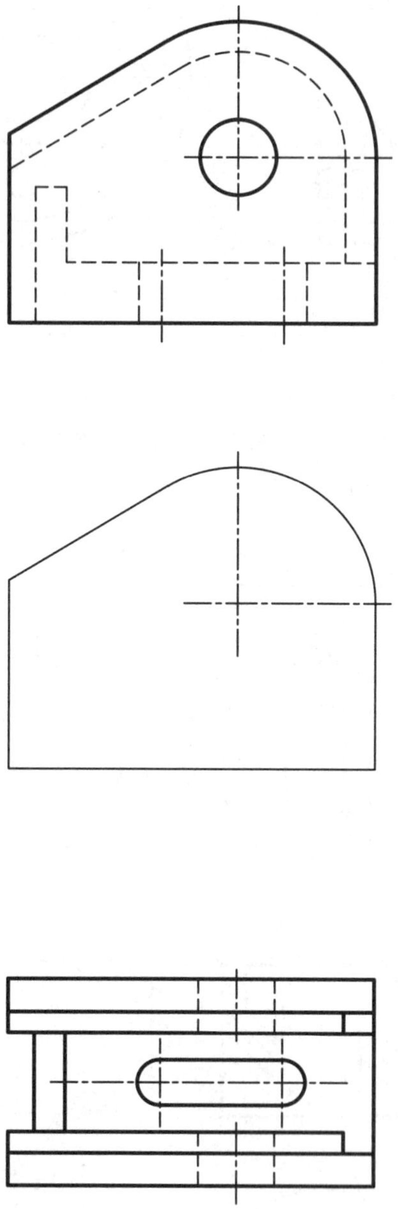

3.

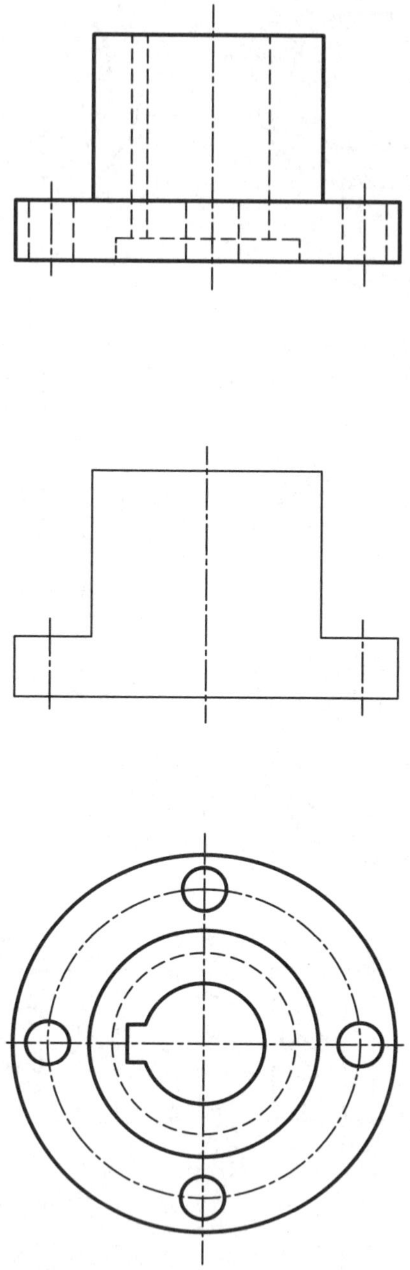

6-8 画出左视图。（全剖视图，用单一剖切平面）

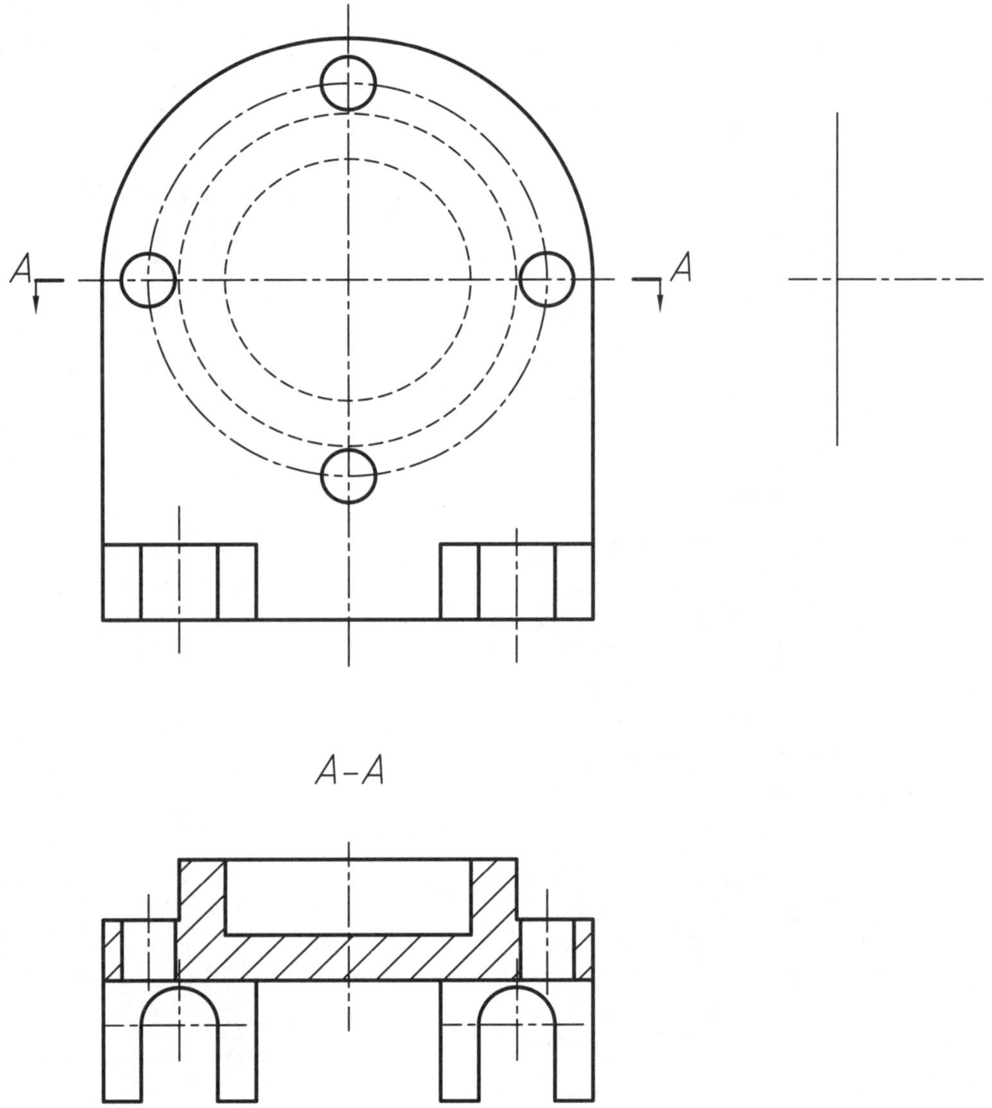

6-9 画出C-C剖视图。

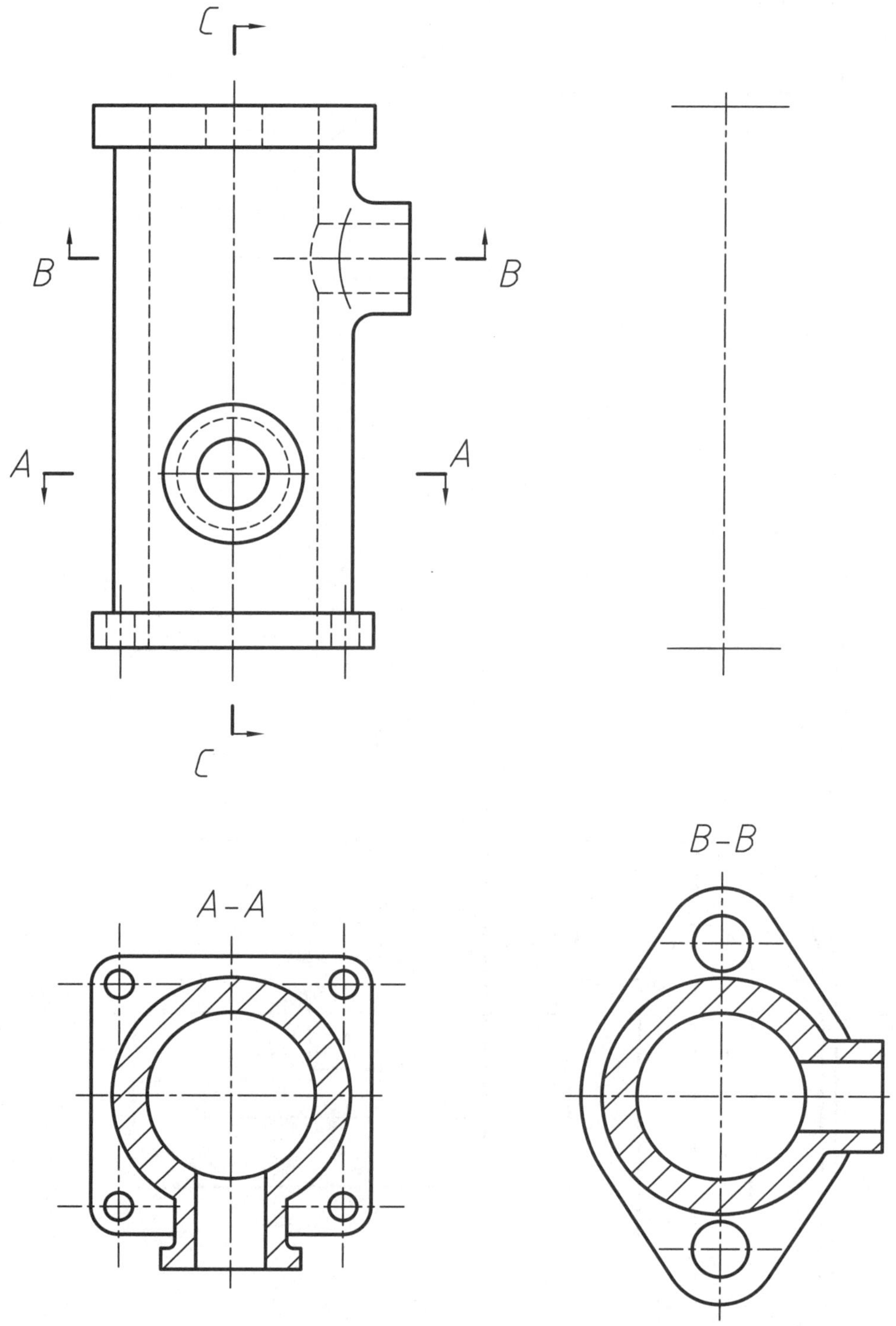

6-10 将主视图改画成全剖视图。（用单一剖切平面）

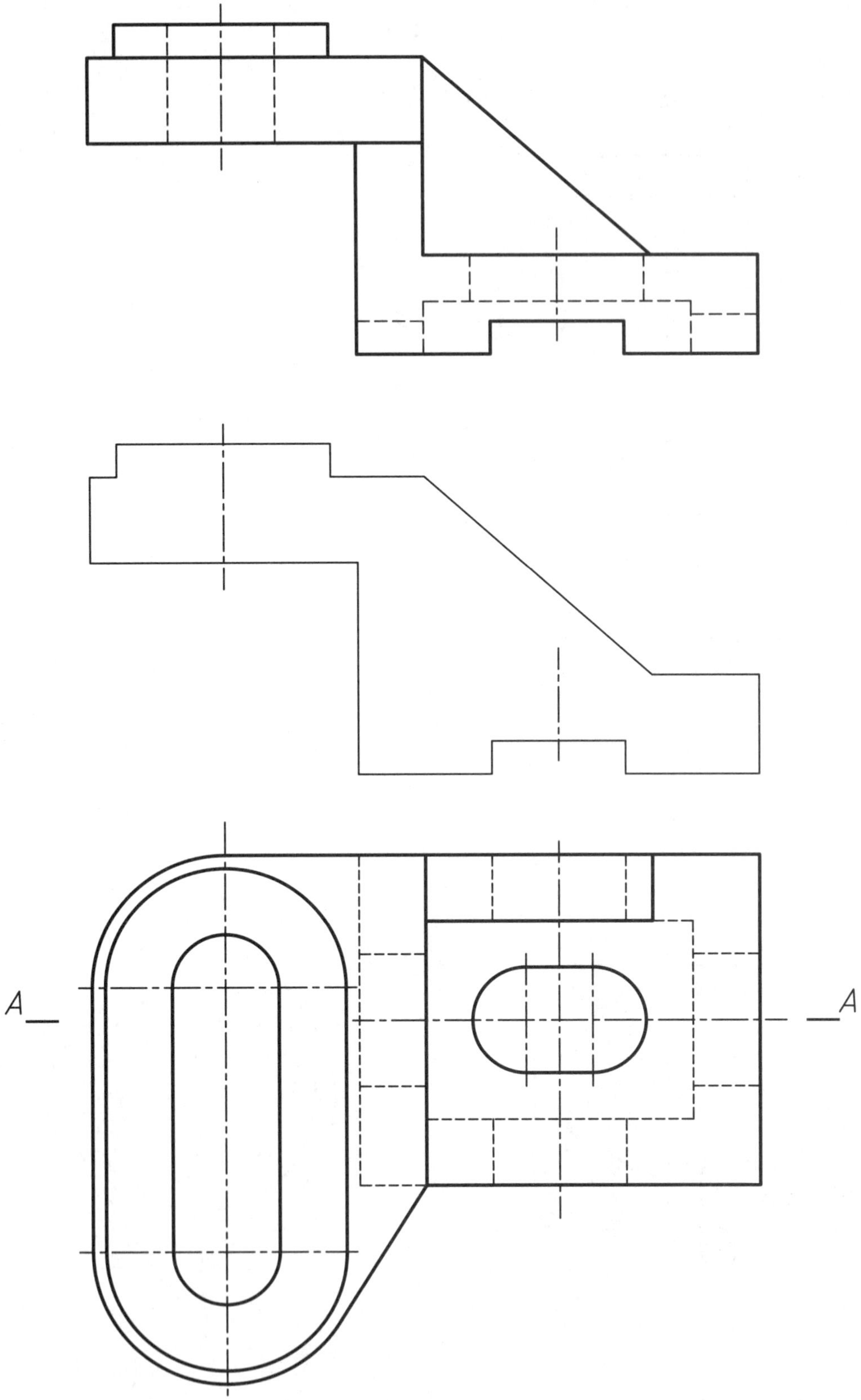

6-11 用A–A全剖视图代替俯视图。

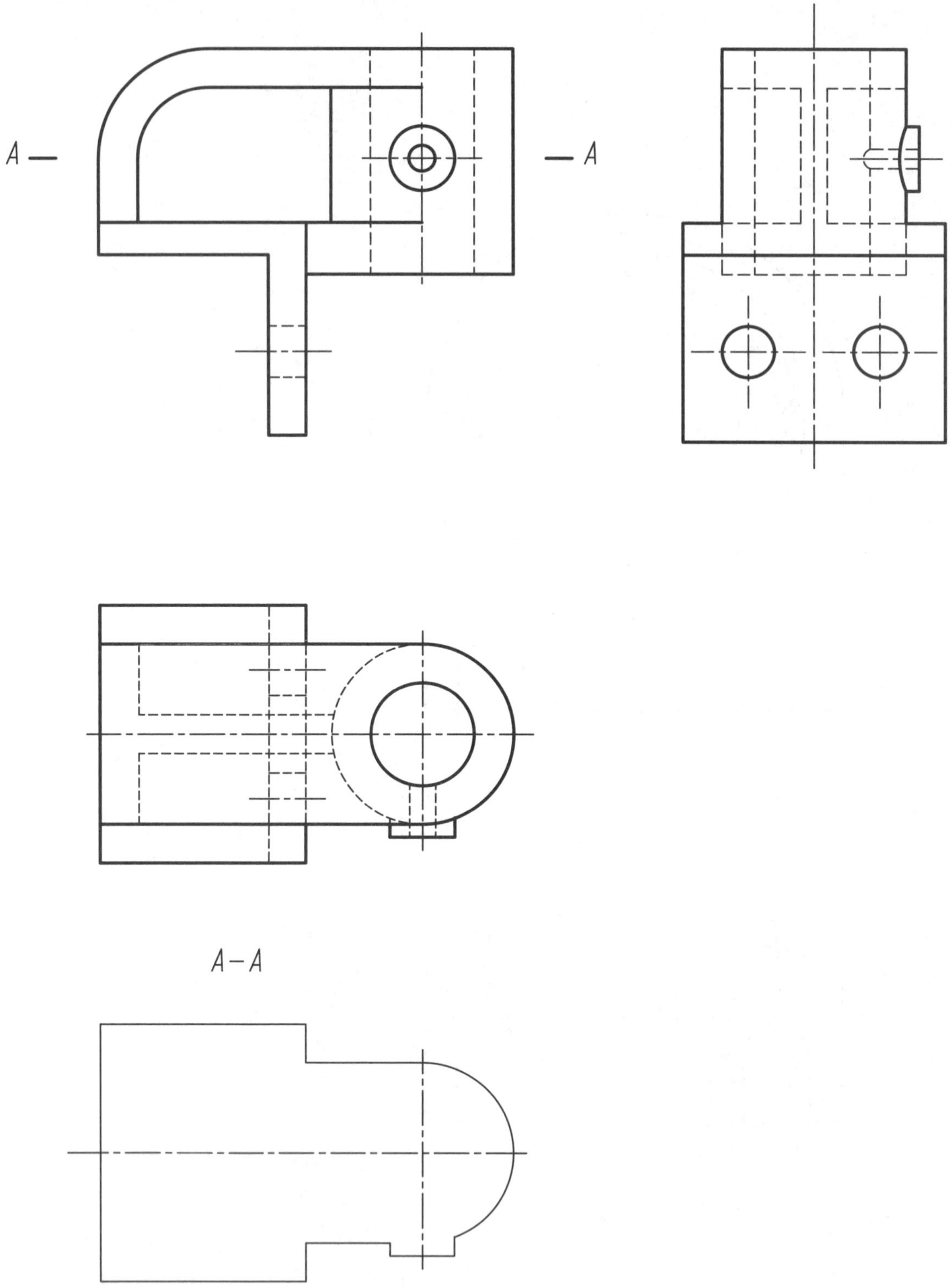

6-12 将下列主视图改画成半剖视图。

1.

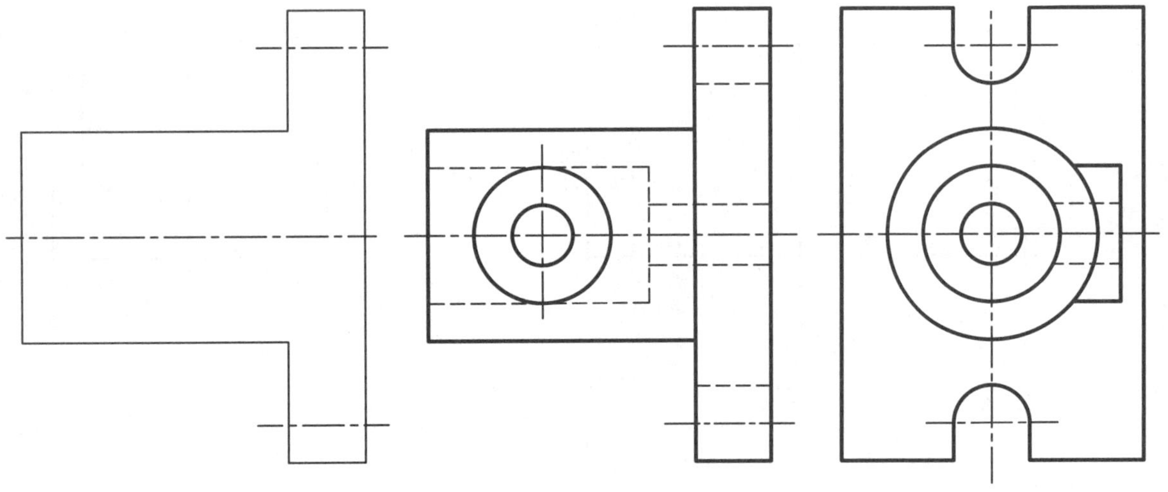

2.

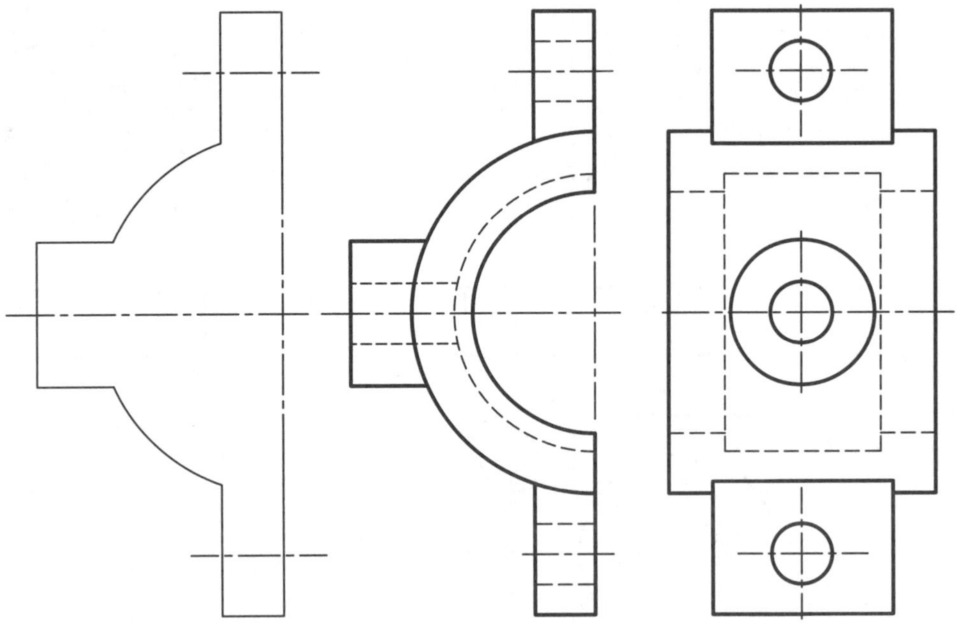

6-13 将主视图和左视图分别改画成半剖视图。

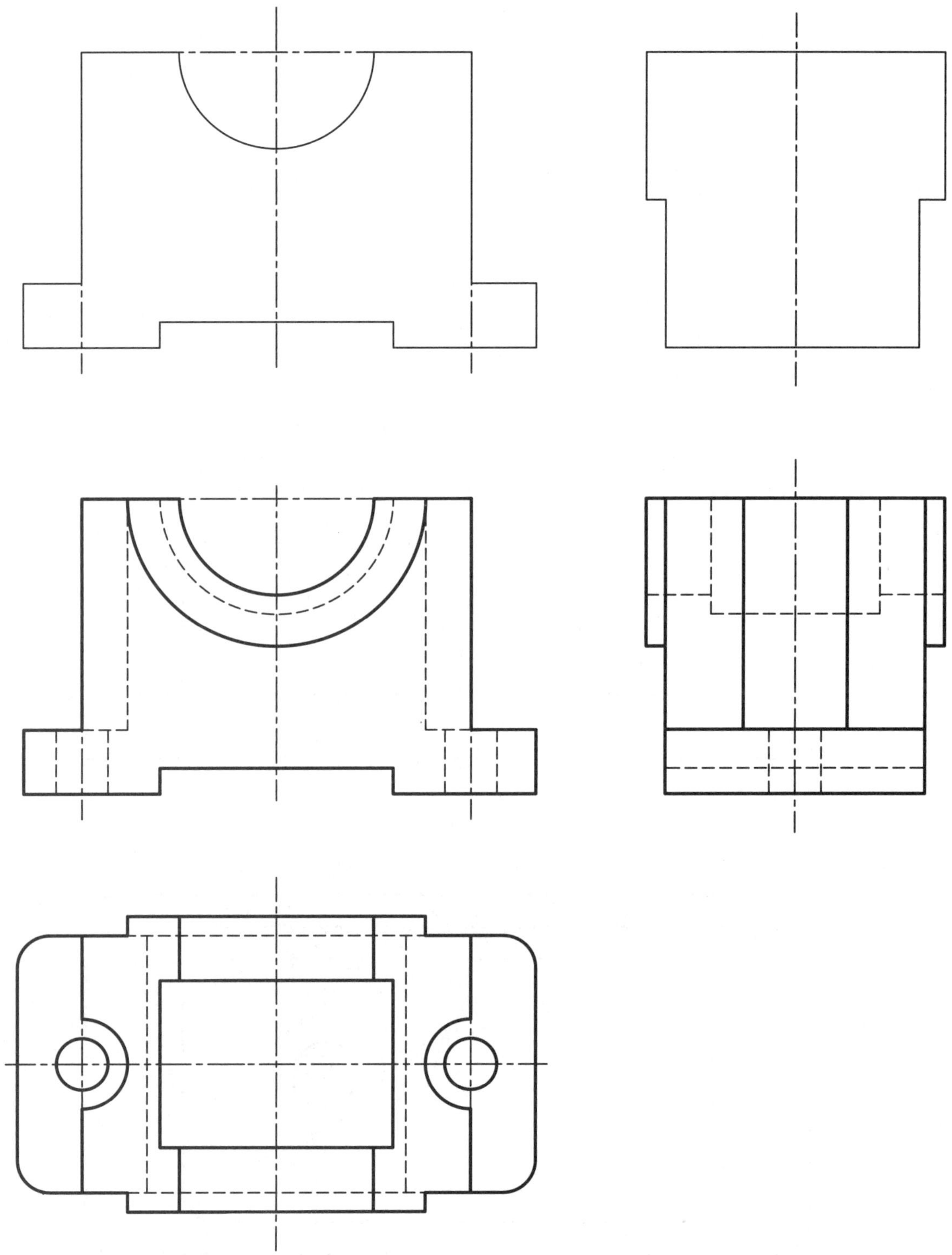

6-14 将主视图改画成局部剖视图。

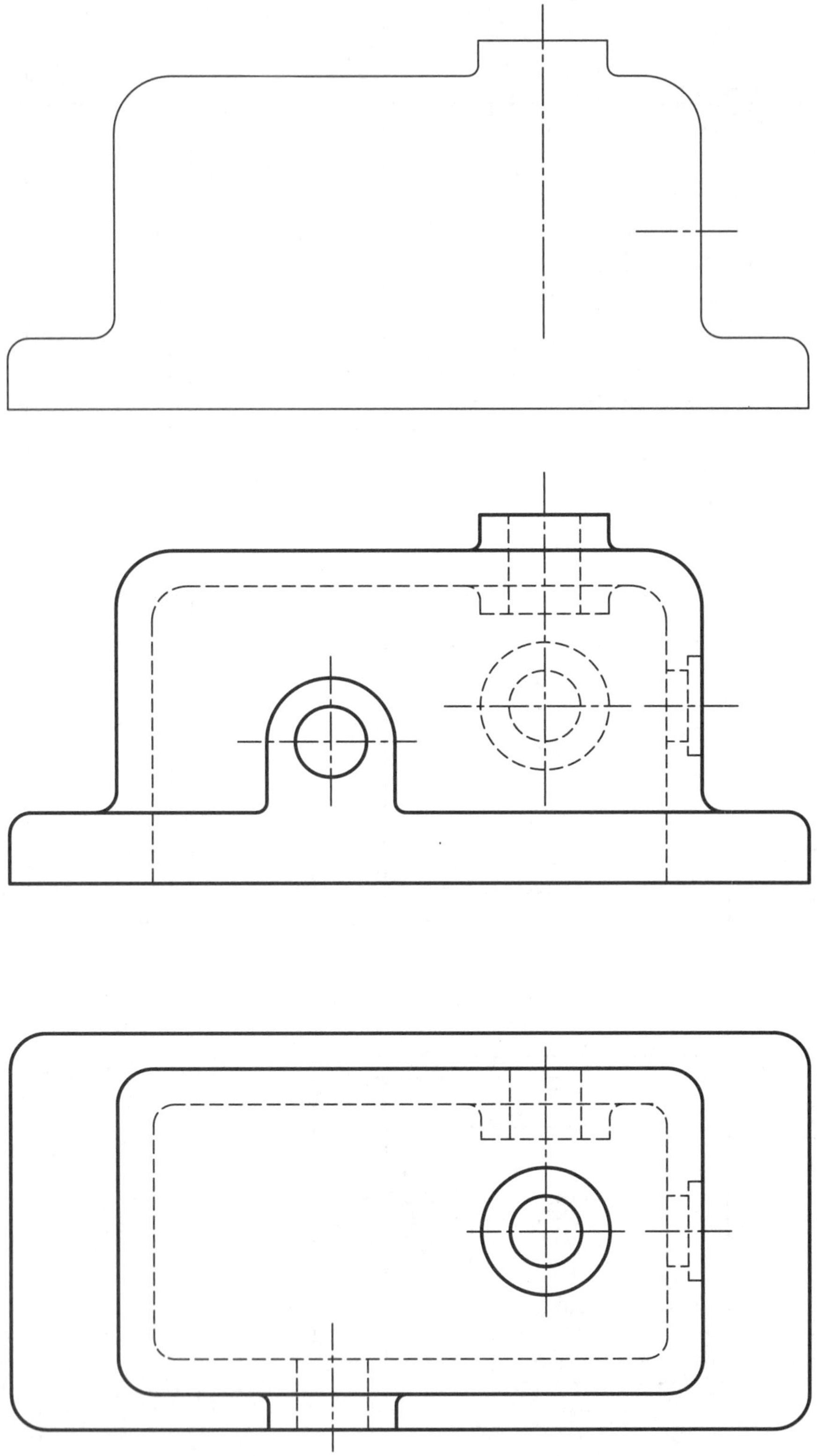

6-15 用适当的剖视图代替已有的三视图。

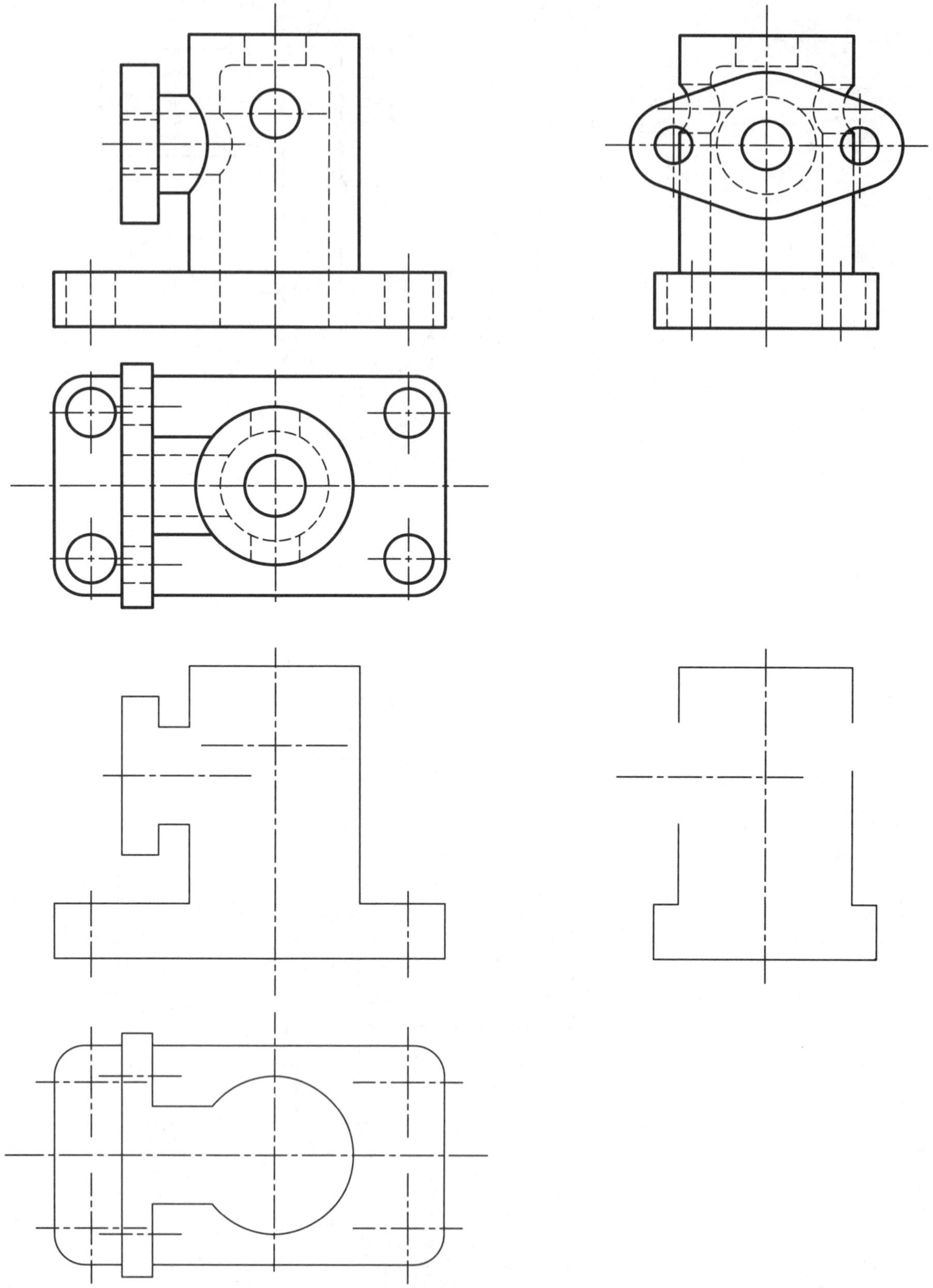

6-16 将主视图改画成适当的剖视图。

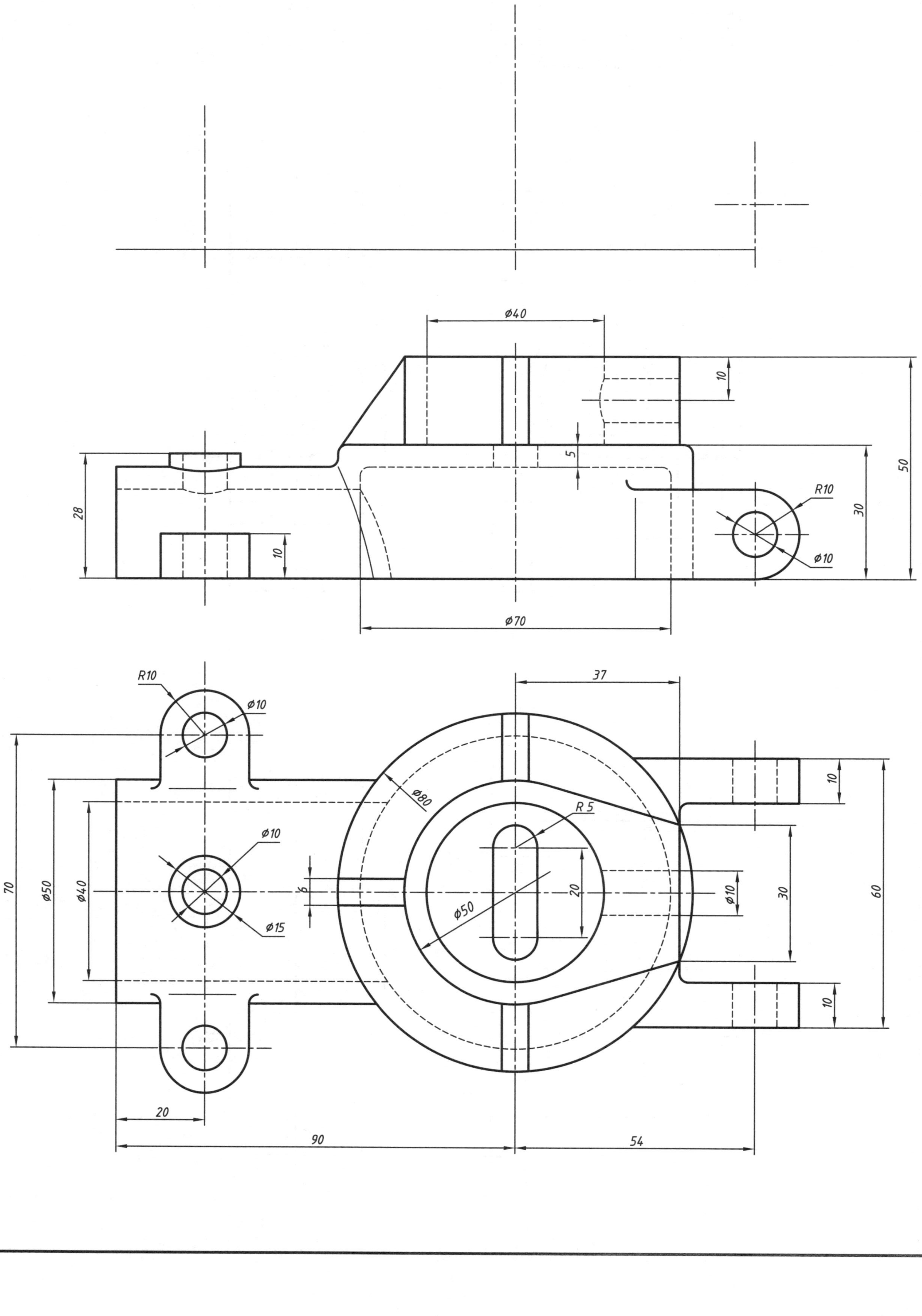

6-17 将主、俯视图改画成适当的剖视图。

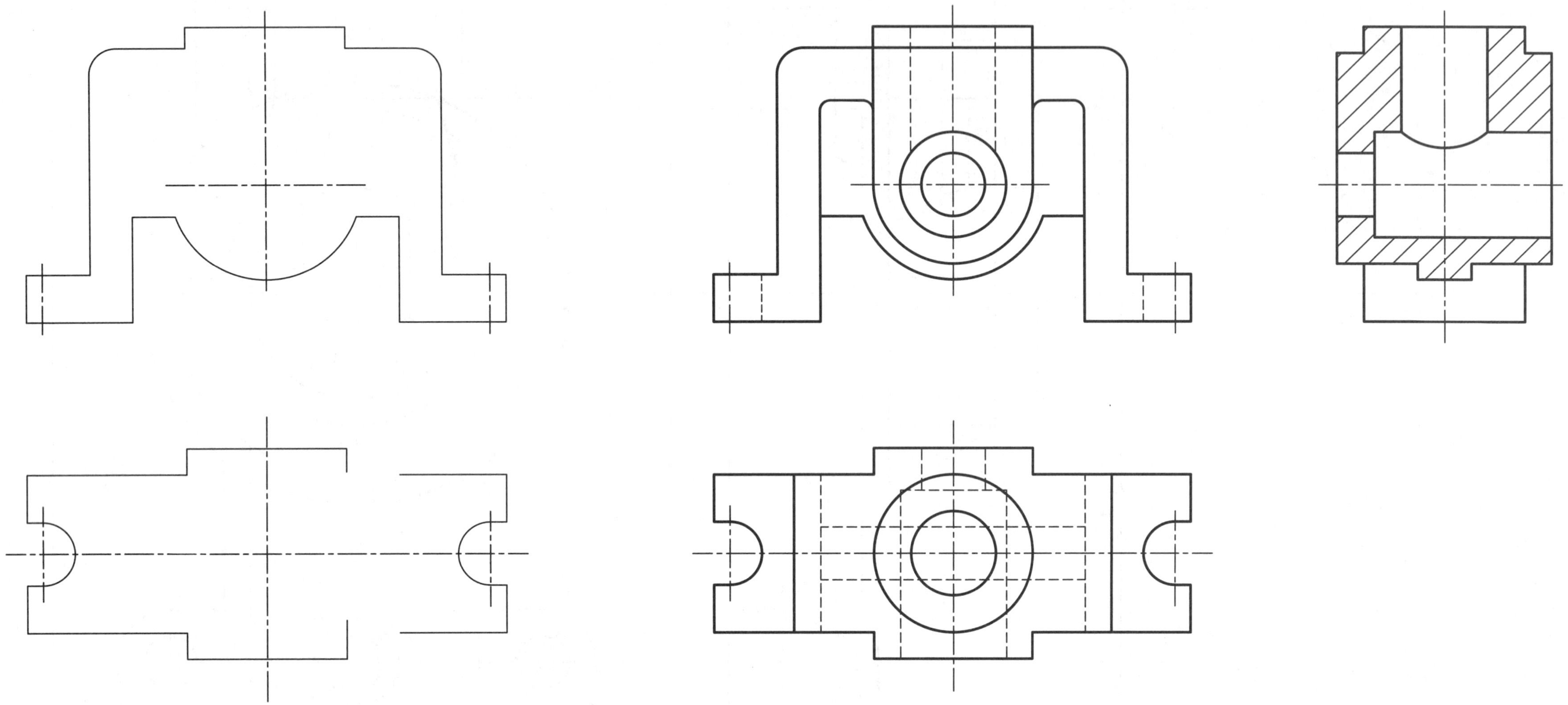

6−18 画出用指定的相交剖切平面剖切得到的剖视图。

1.

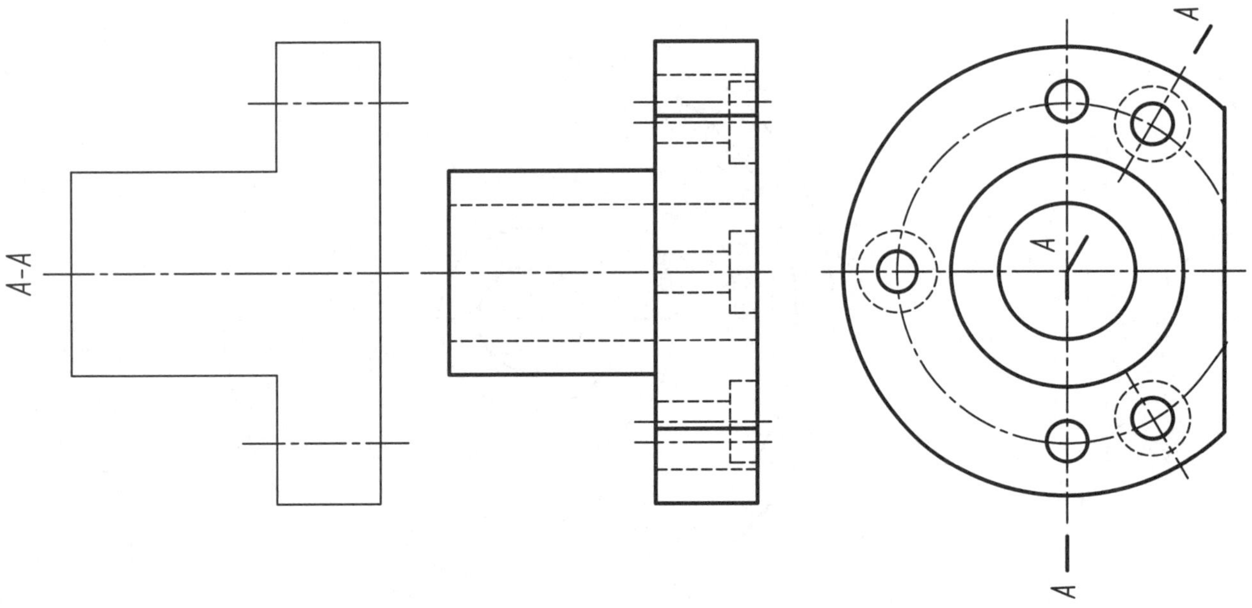

2.

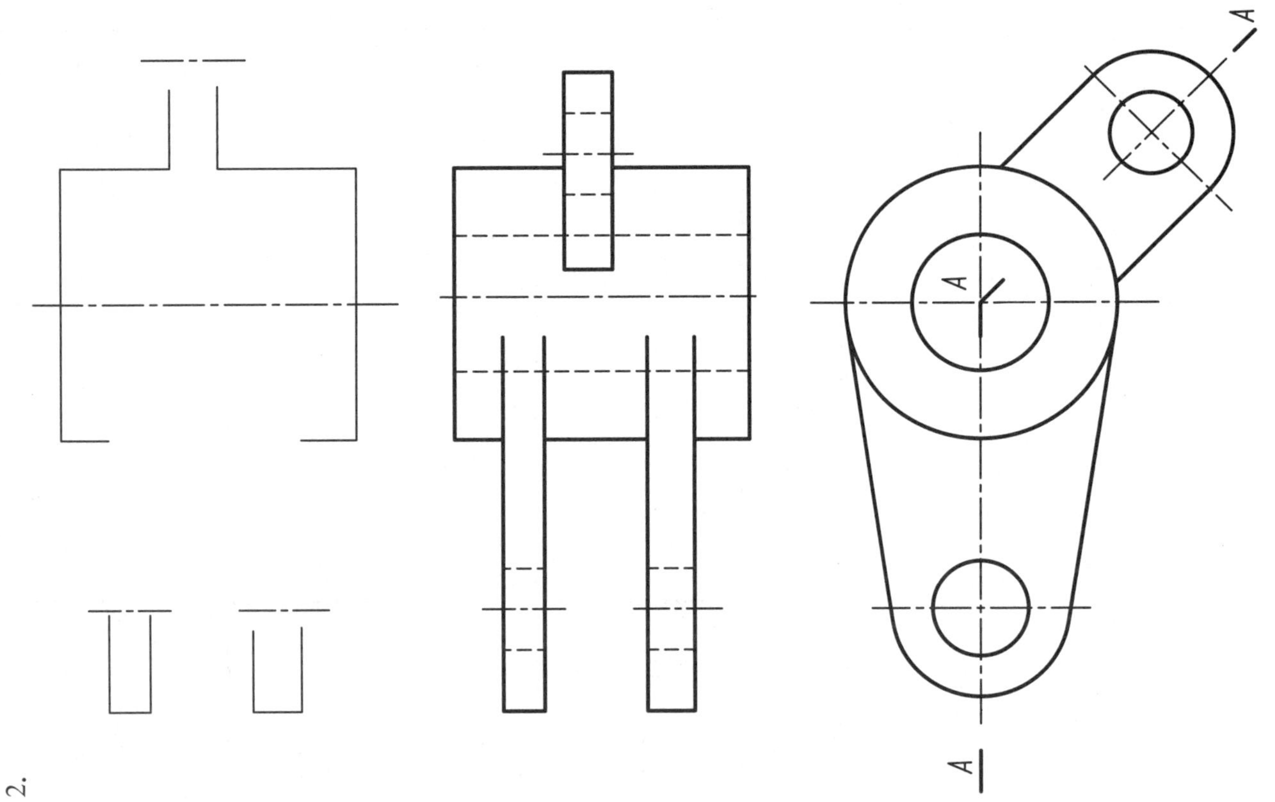

3.

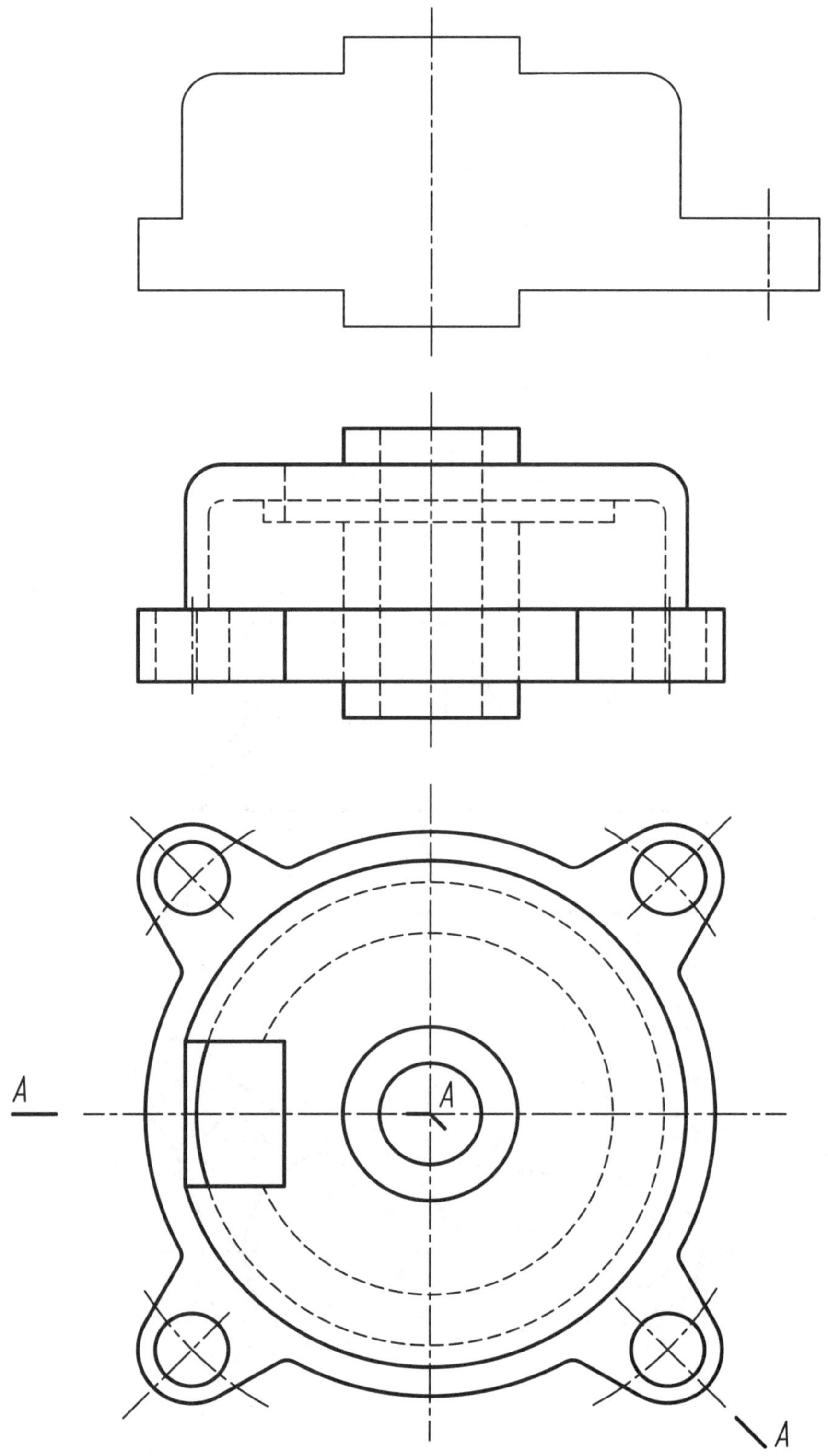

6-19 用相交剖切平面剖切的方法将主视图改画成剖视图。

1.

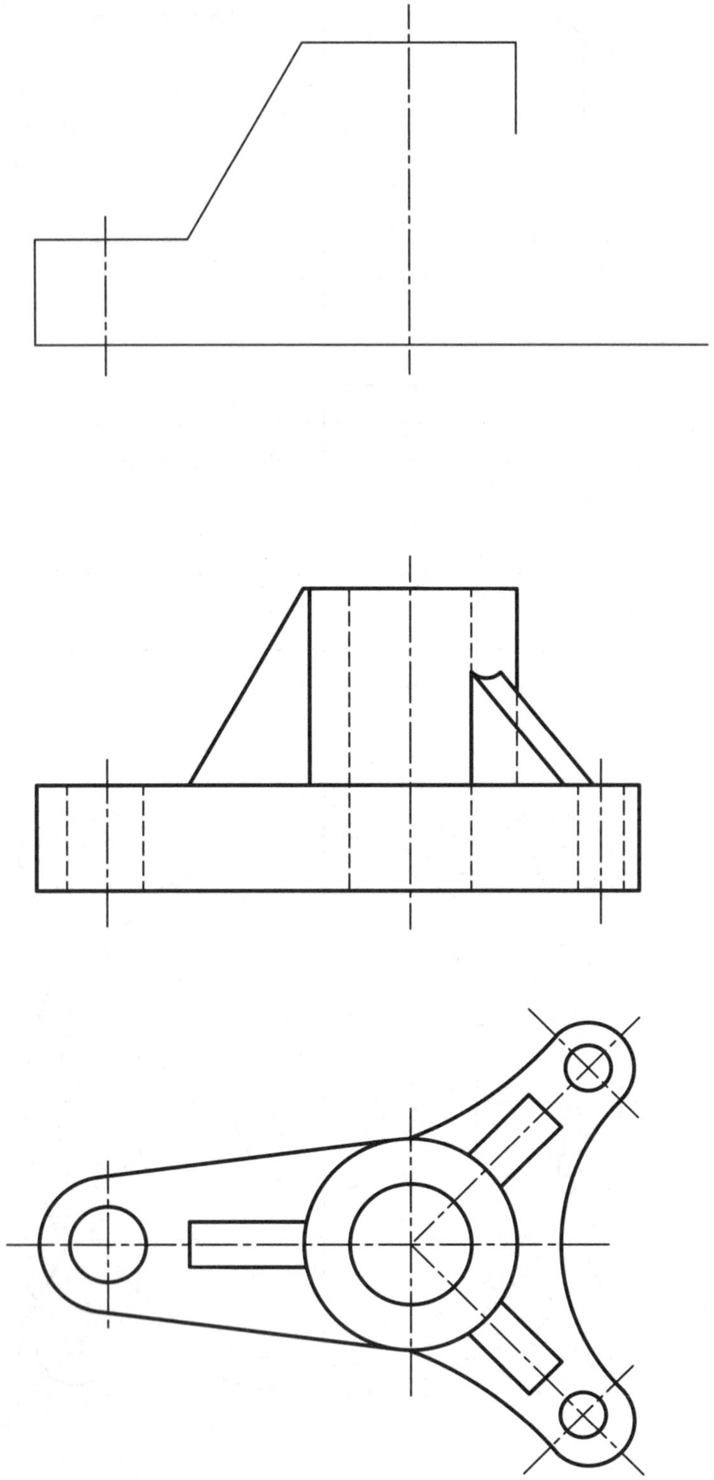

2.

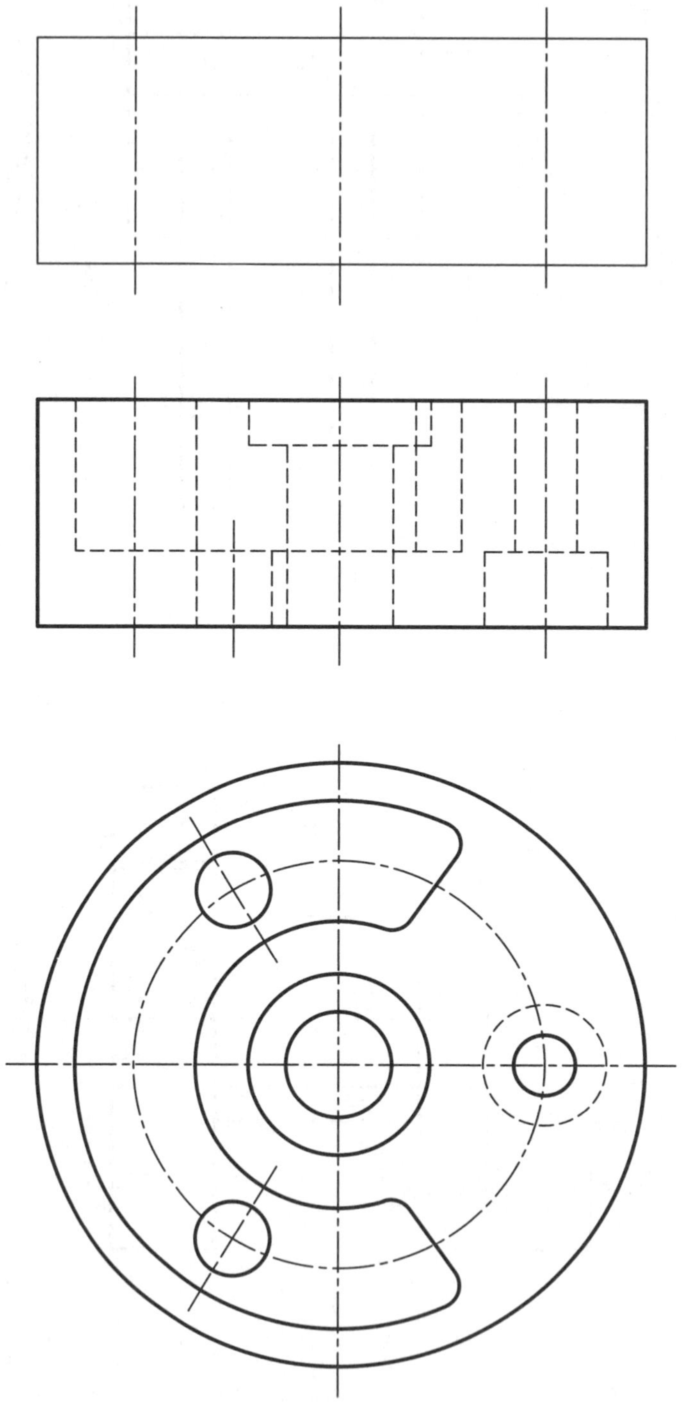

6-20 在主视图上画出用指定的平行剖切平面剖切得到的剖视图。

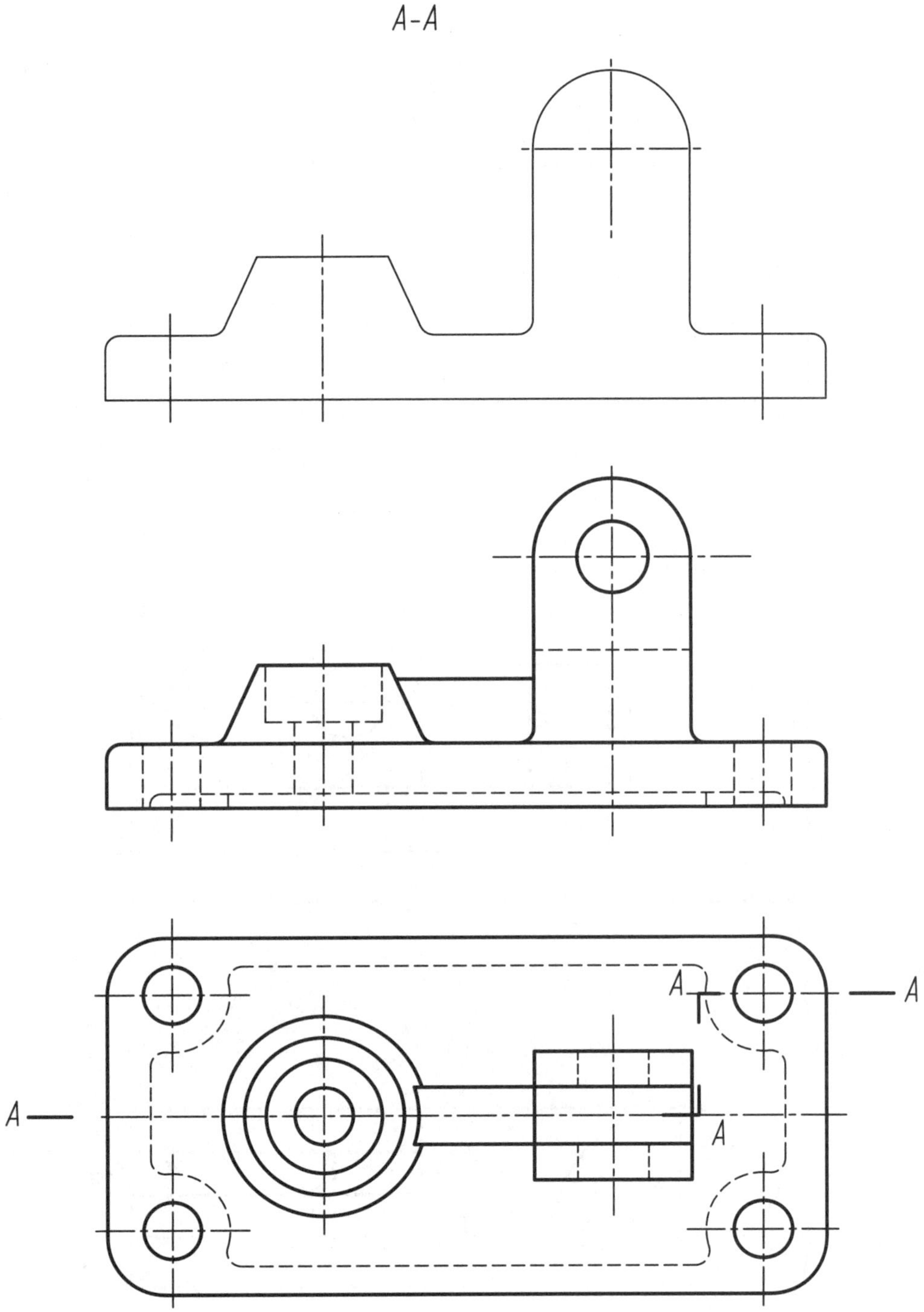

6-21 在指定位置画出$A-A$剖视图和$B-B$剖视图。

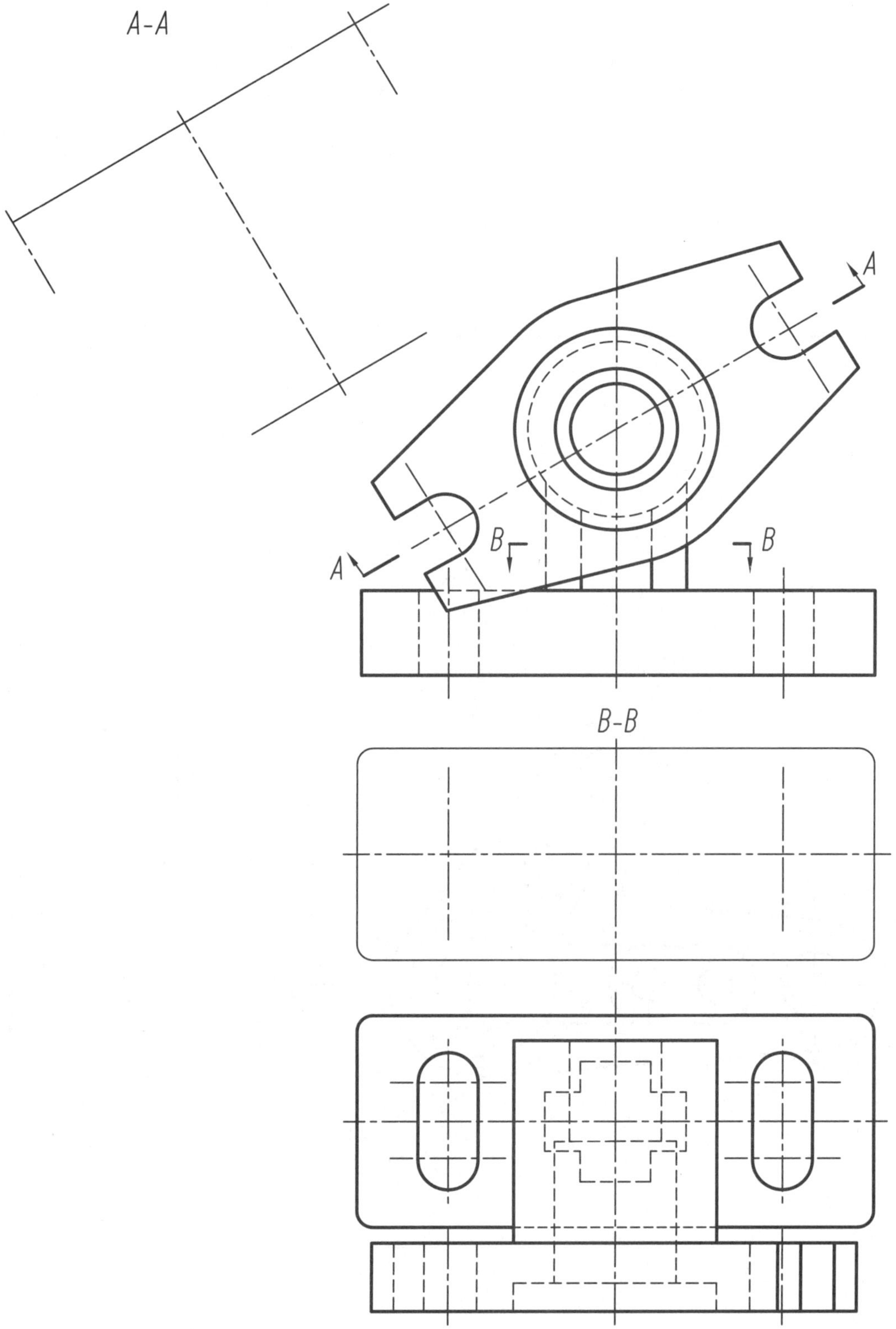

6-22 用*A*-*A*、*B*-*B*剖视图代替左视图。

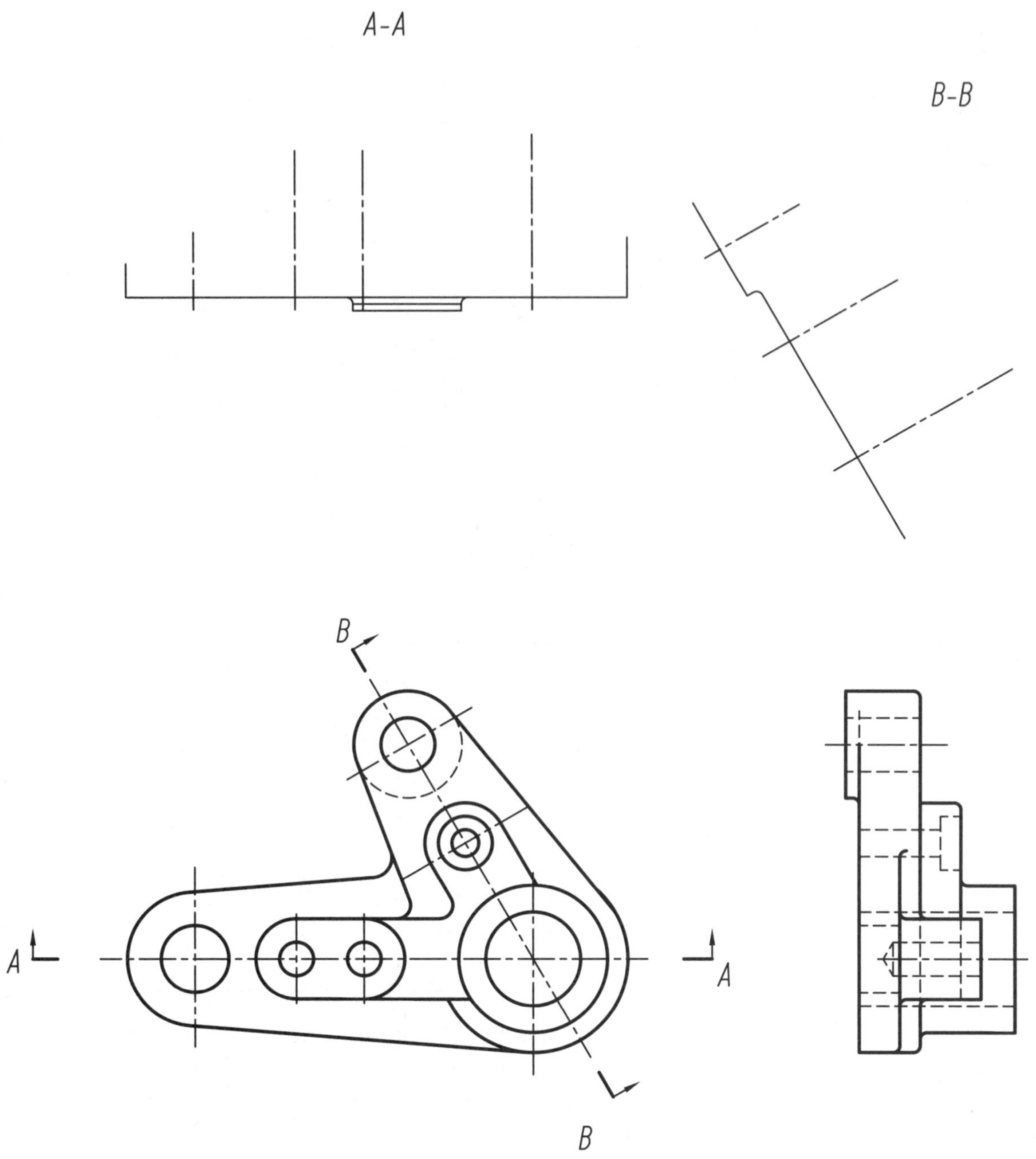

6-23 在主视图上画出指定的复合剖视图。

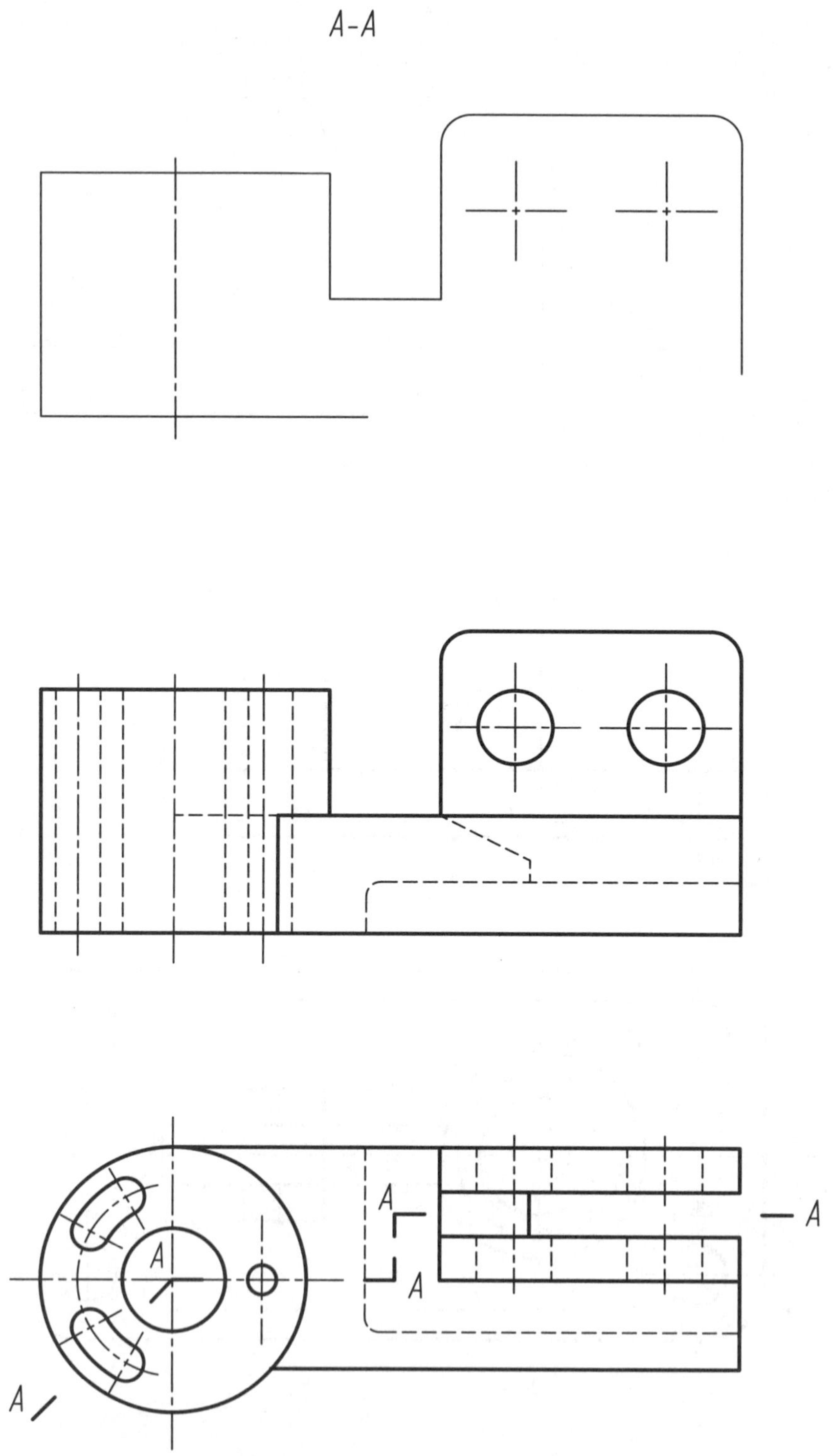

6-24 画出左视图，并在主、左视图上选用适当的剖视。

6–25 用$C-C$剖视图和D向视图代替俯视图。

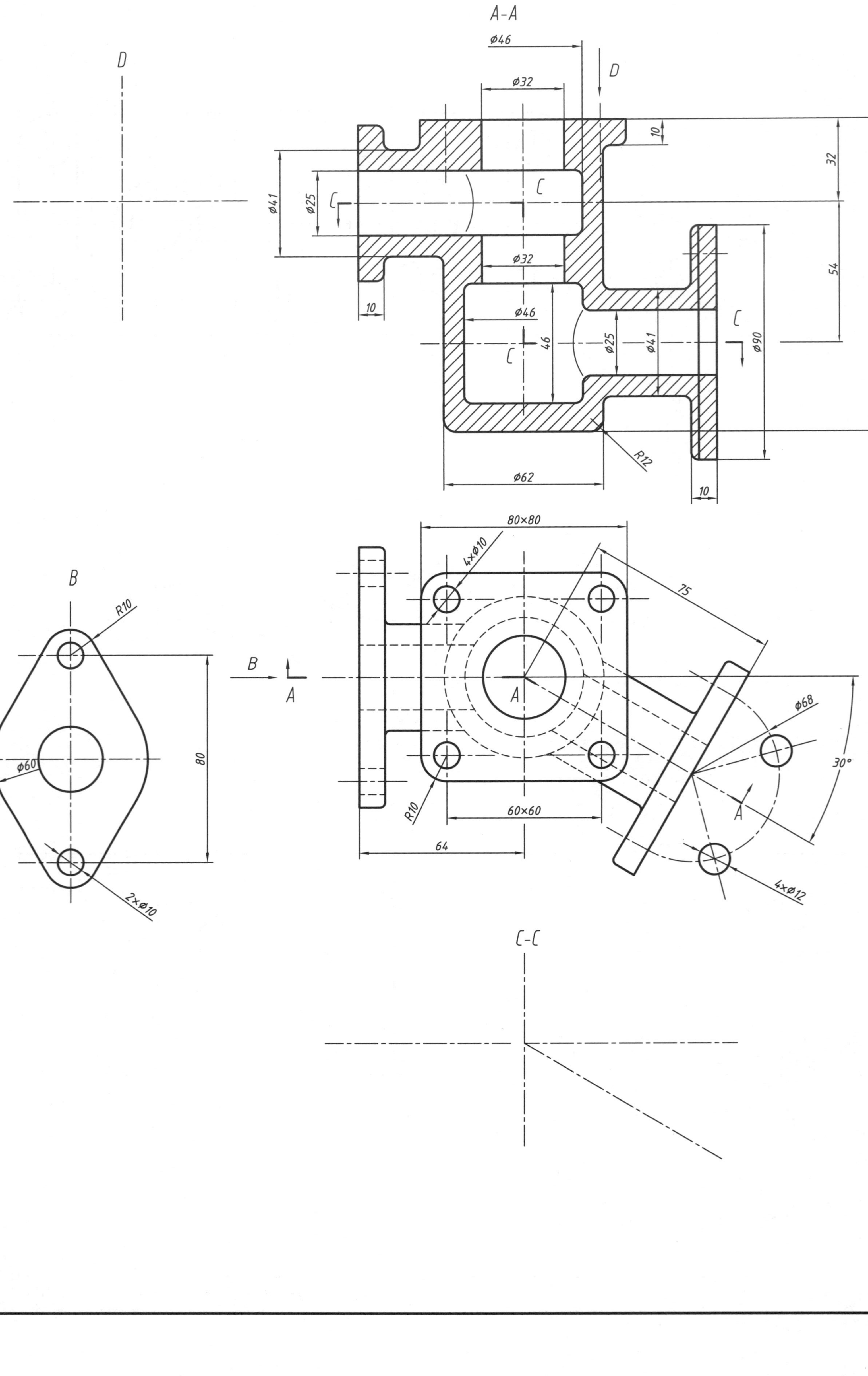

6-26 找出正确的断面图形。

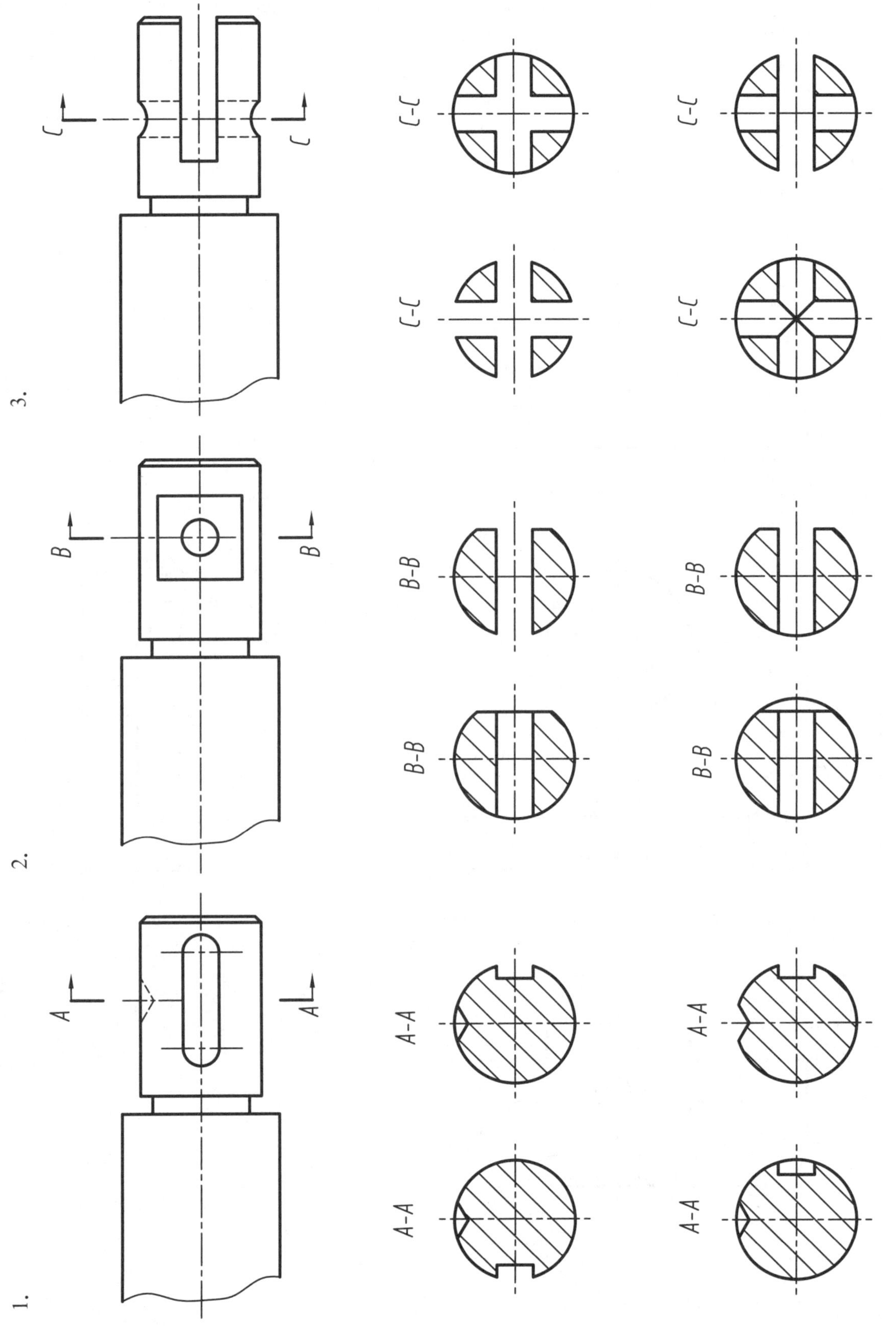

6-27 画出指定位置的断面图。

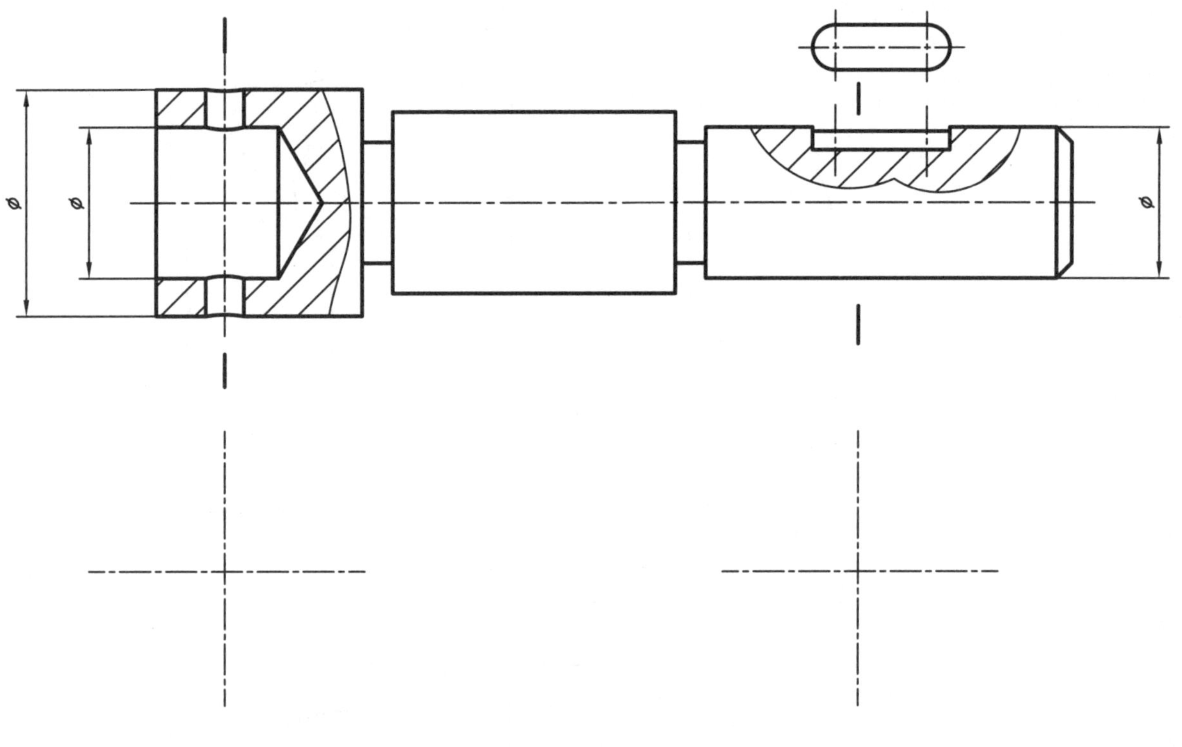

6-28 画出轴上指定位置的断面图。（左面键槽深4 mm,右面键槽深3 mm）

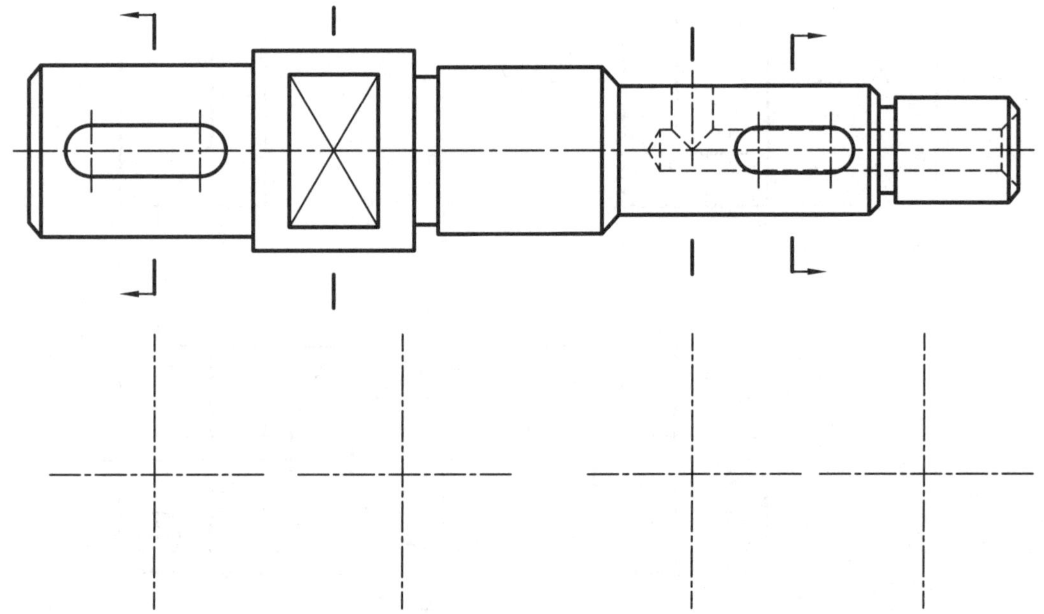

6-29 将主视图改画成适当的剖视图，并画出A—A断面图。

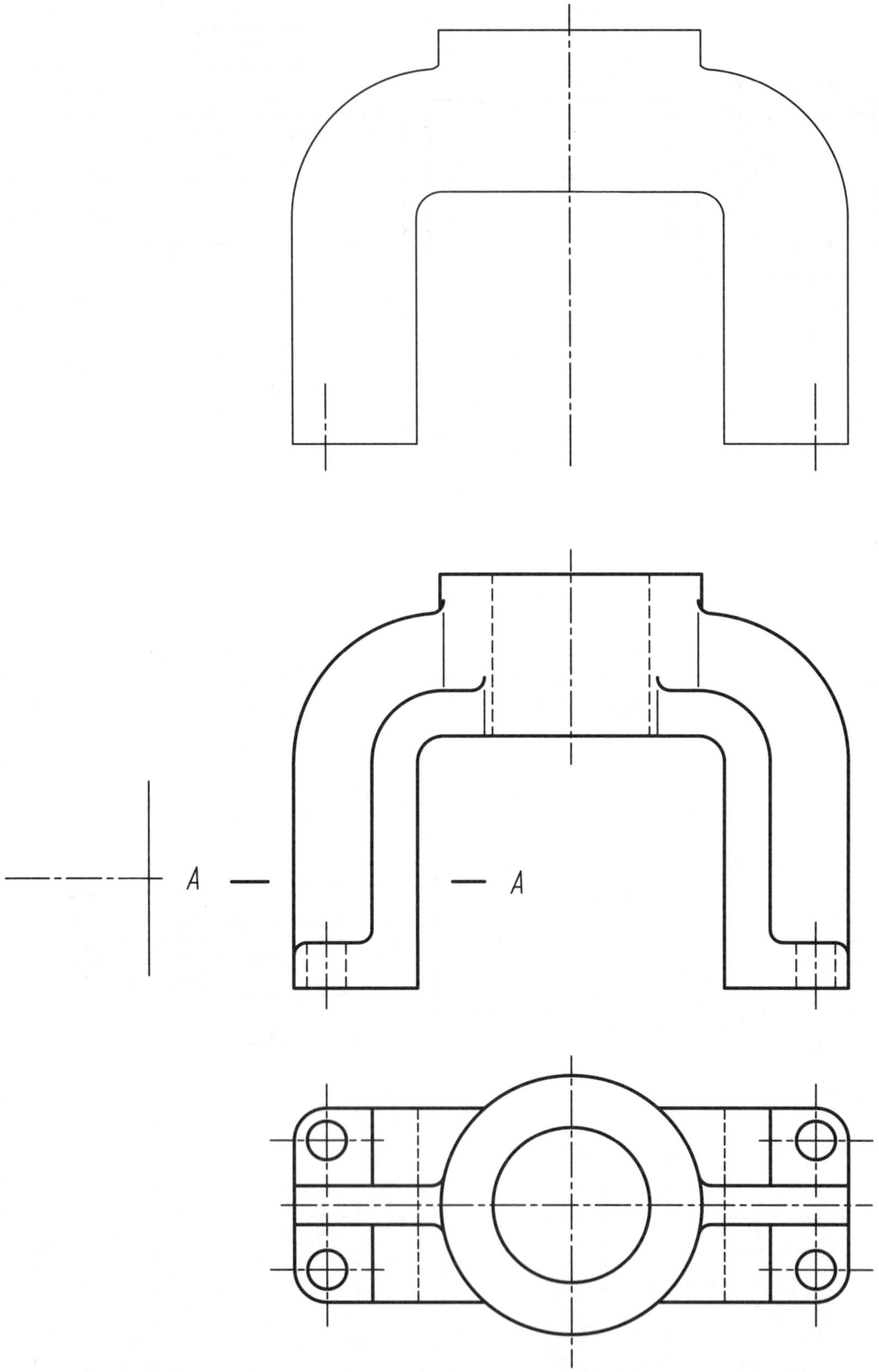

6-30 将主、左视图改画成适当的剖视图，并画出A—A断面图。

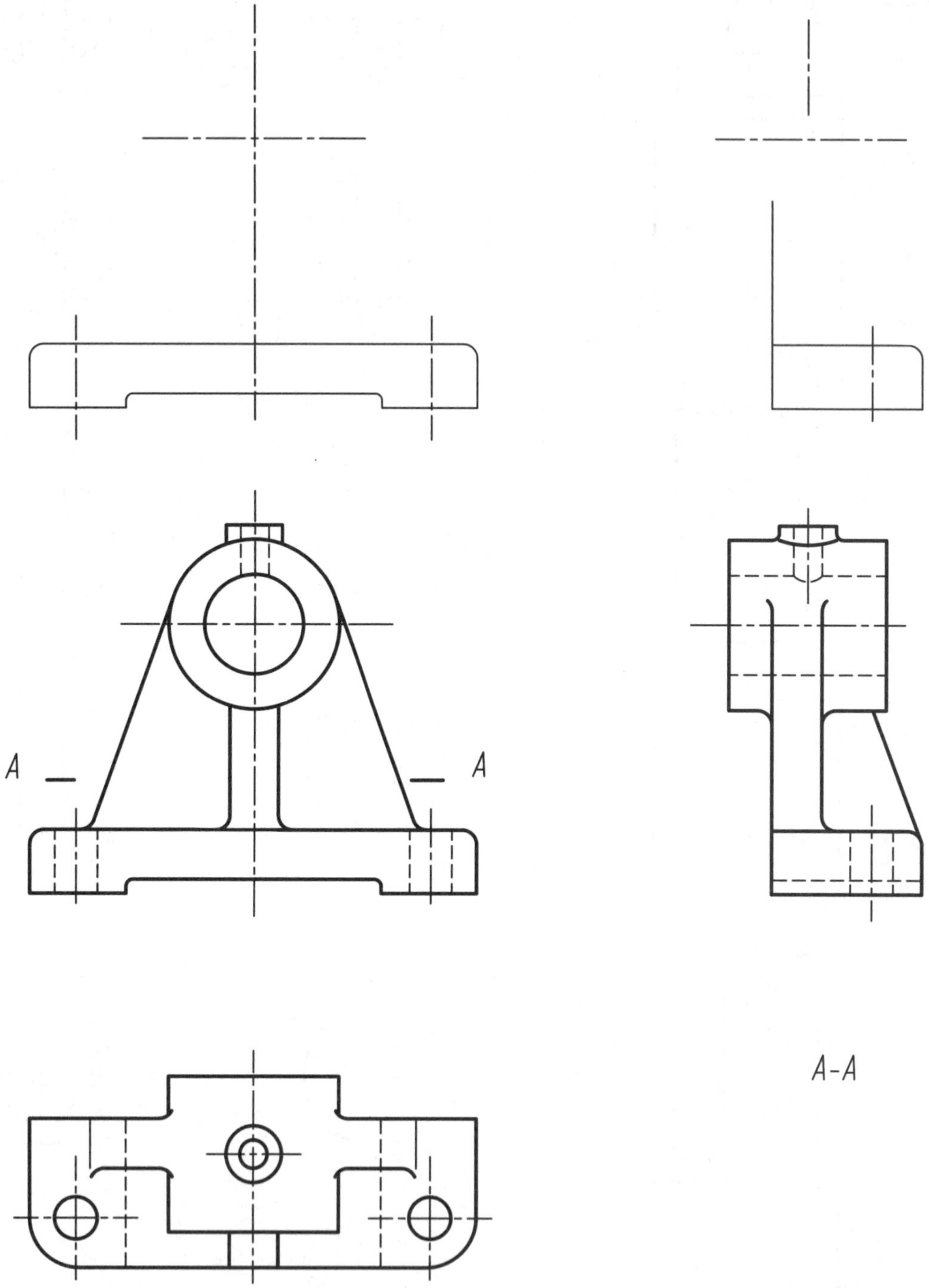

6−31 画出肋板的移出断面图。

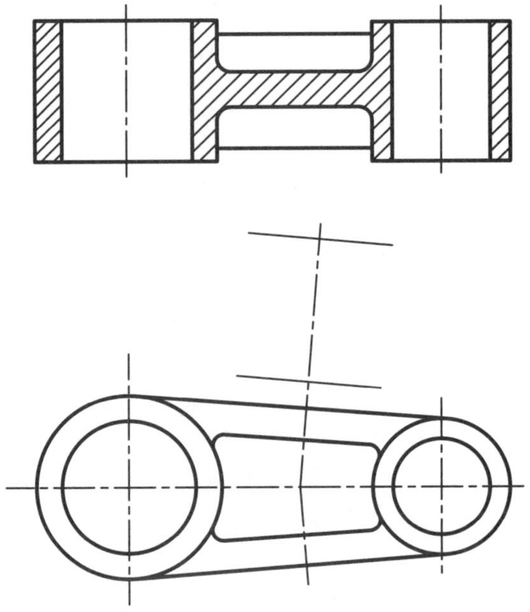

6−32 画出肋板的重合断面图。

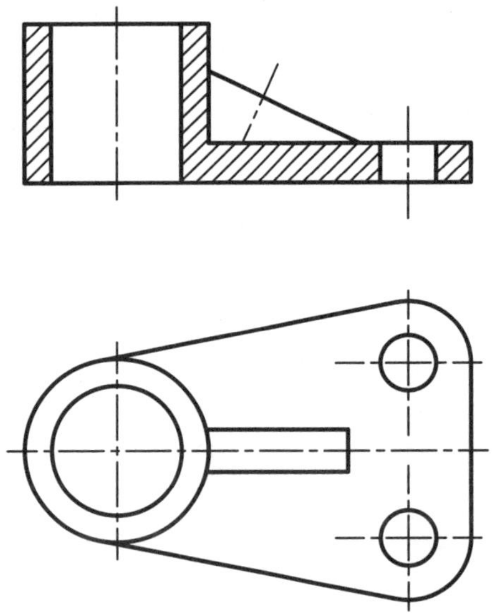

6−34 在指定位置画出正确的全剖视图。

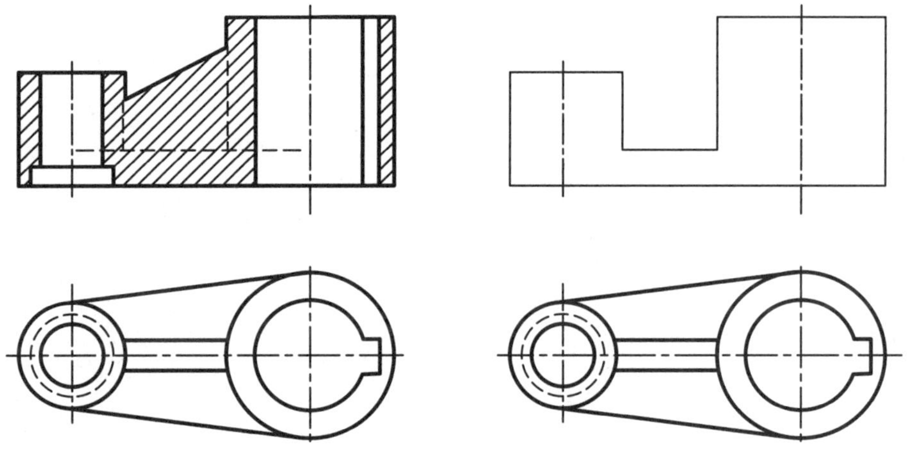

6−33 画出指定位置的断面图。

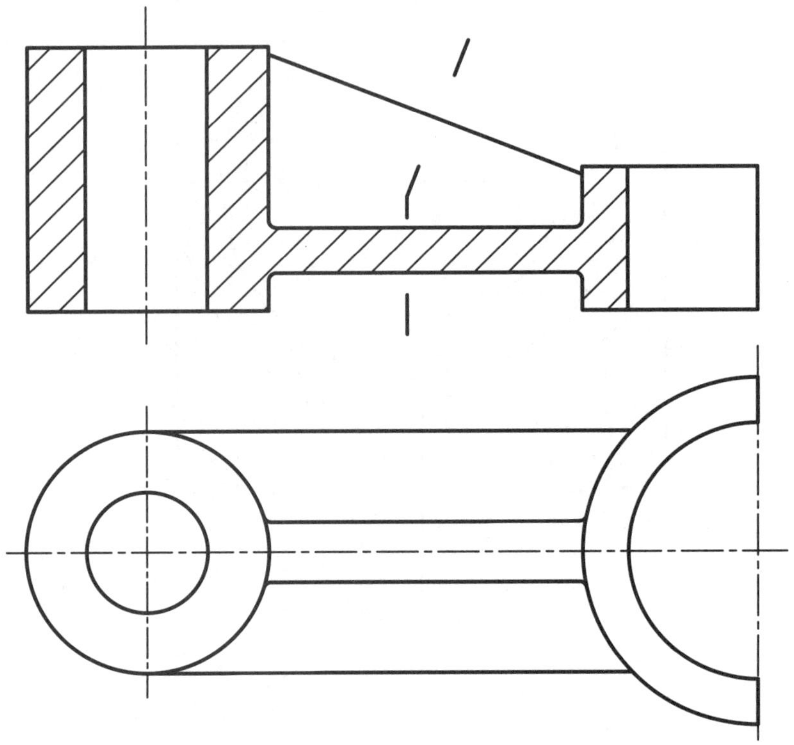

6−35 按剖视的简化画法，在指定位置将机件的主视图改画成全剖视图。

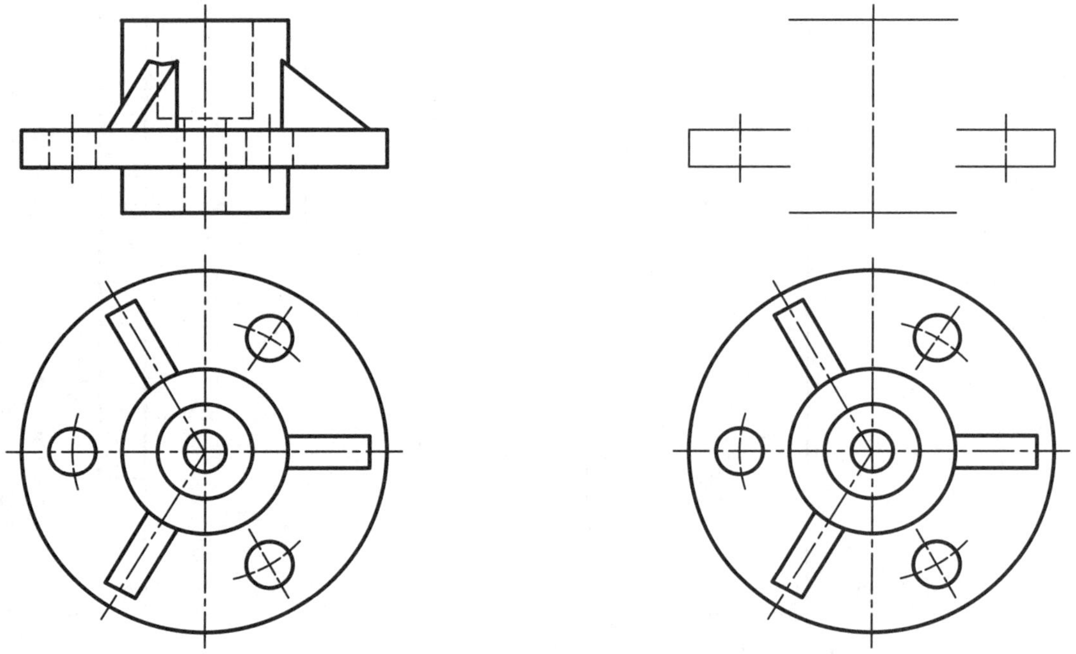

6-36 将主视图改画成适当的剖视图（注意兼顾内形和外形），并画出左视图。（虚线不画）

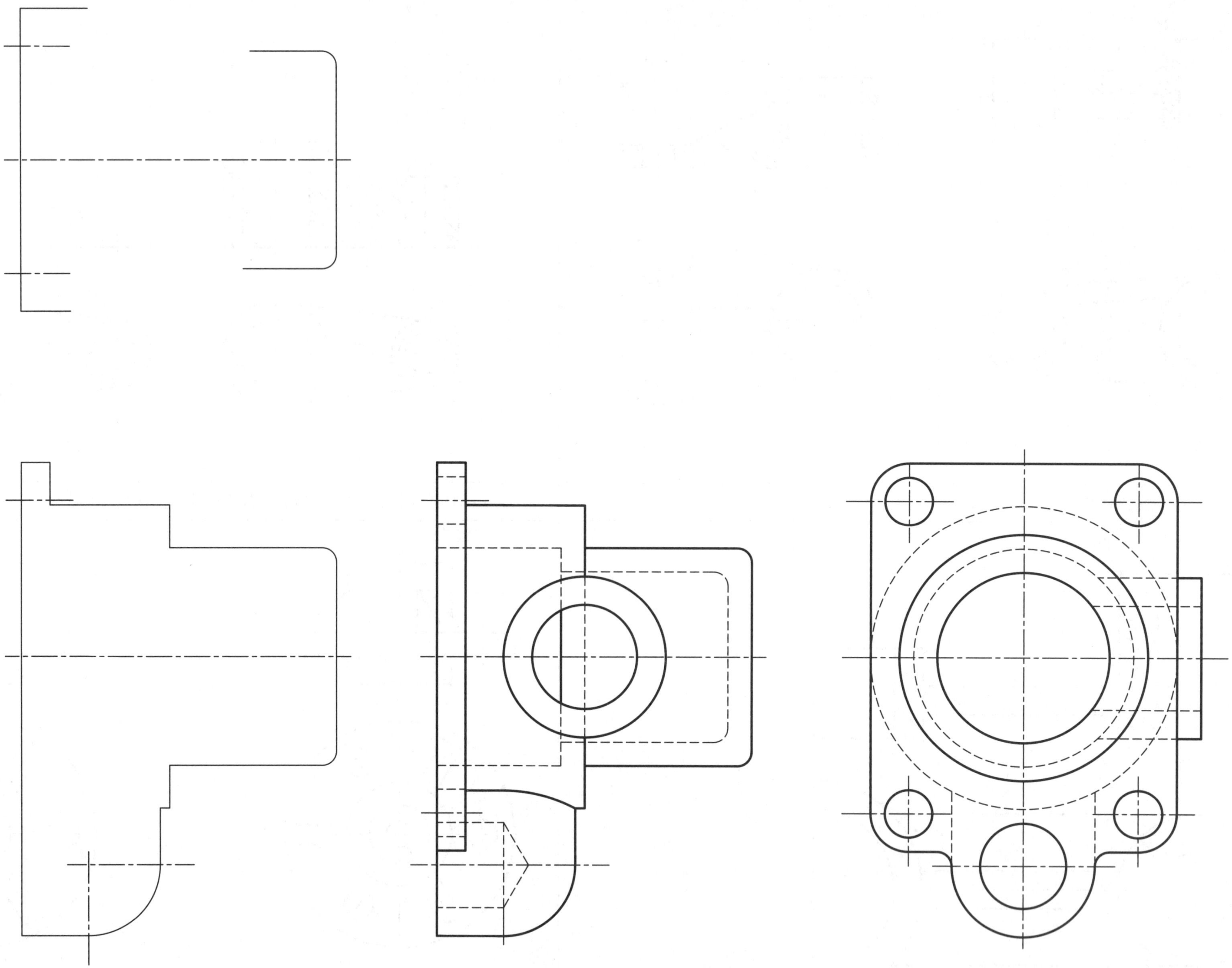

6-37 在指定位置，将主视图改画成全剖视图，并补画半剖的左视图。

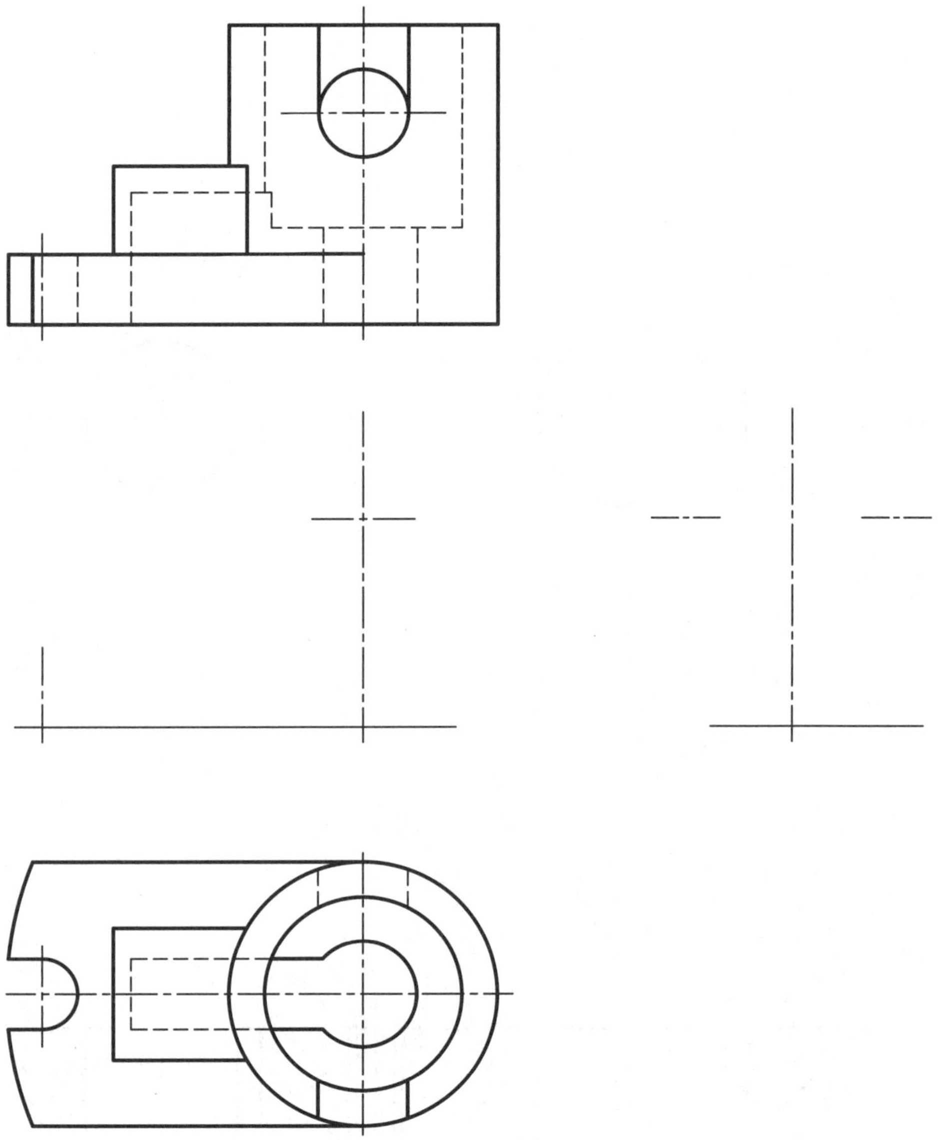

6-38 在指定位置，将主视图改画成半剖视图，并画全剖的左视图。

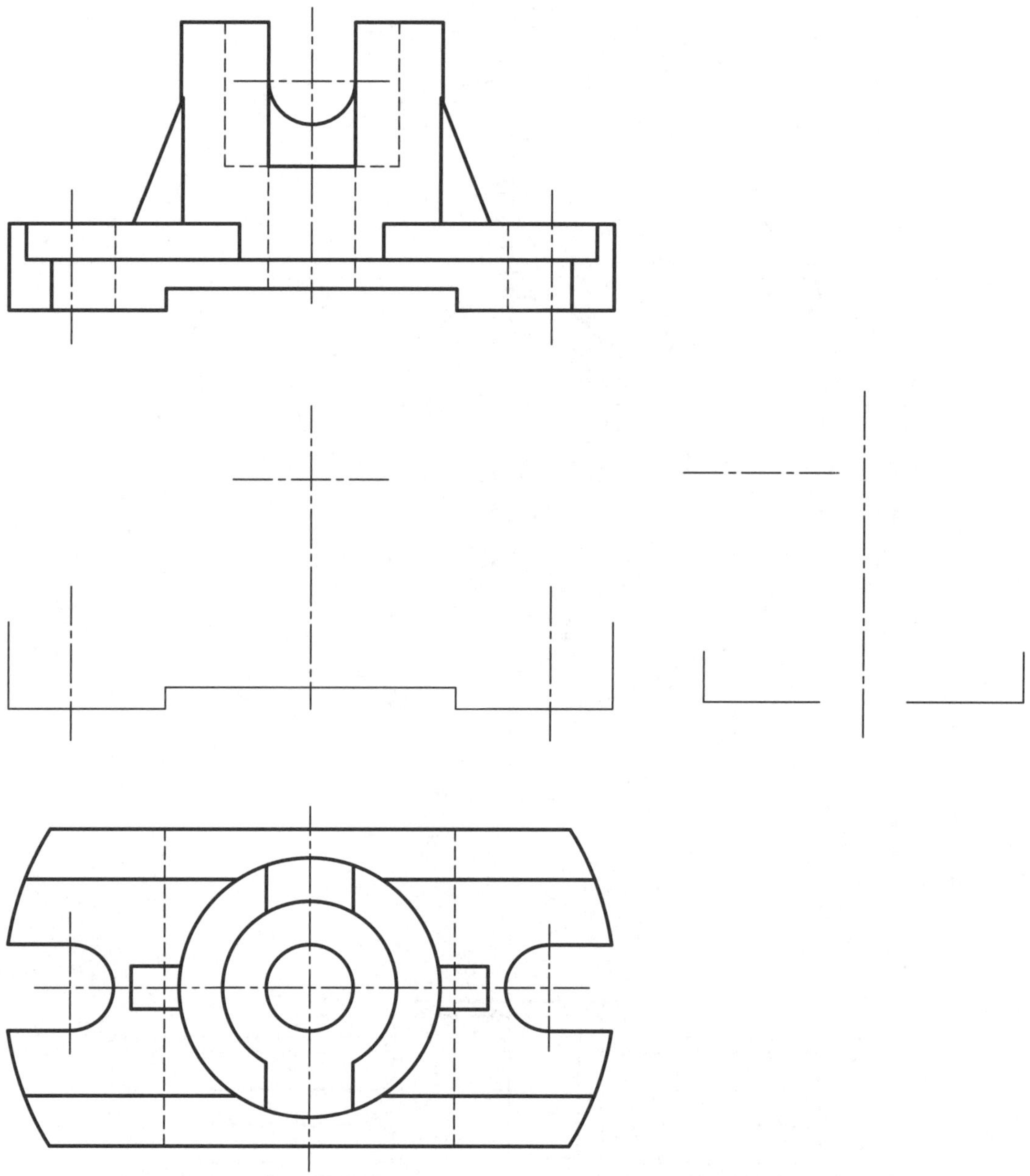

7-1　直齿圆柱齿轮的模数m=2.5，齿数z=42，齿形角为20°，试计算分度圆、齿顶圆和齿根圆直径，按1∶1完成两视图。

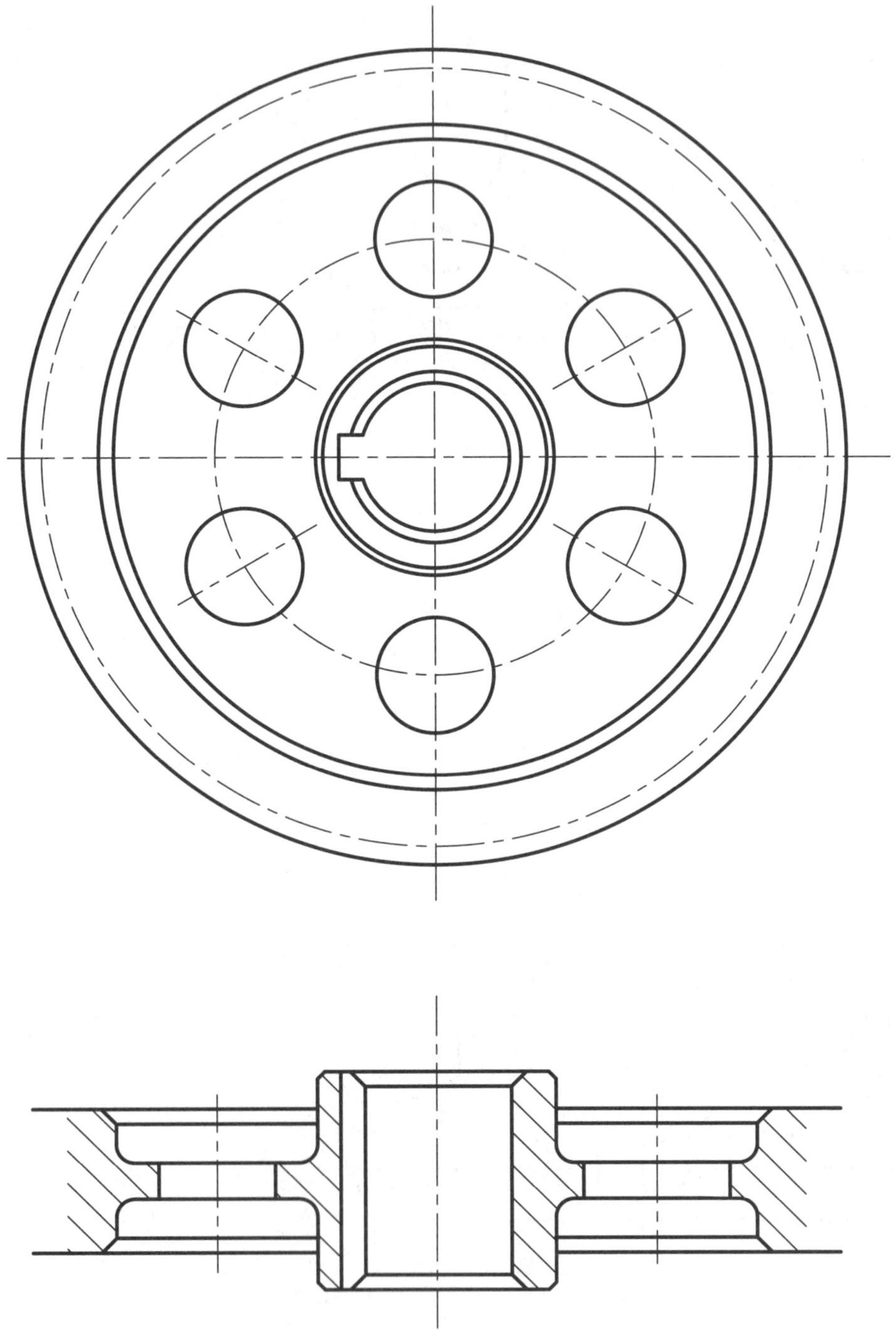

7-2　画出直齿圆柱齿轮的啮合图（全剖的主视图），其主要参数：模数m=3，齿数z_1=18，z_2=22，带有平键槽的轴孔直径D_1=20 mm，D_2=25 mm。

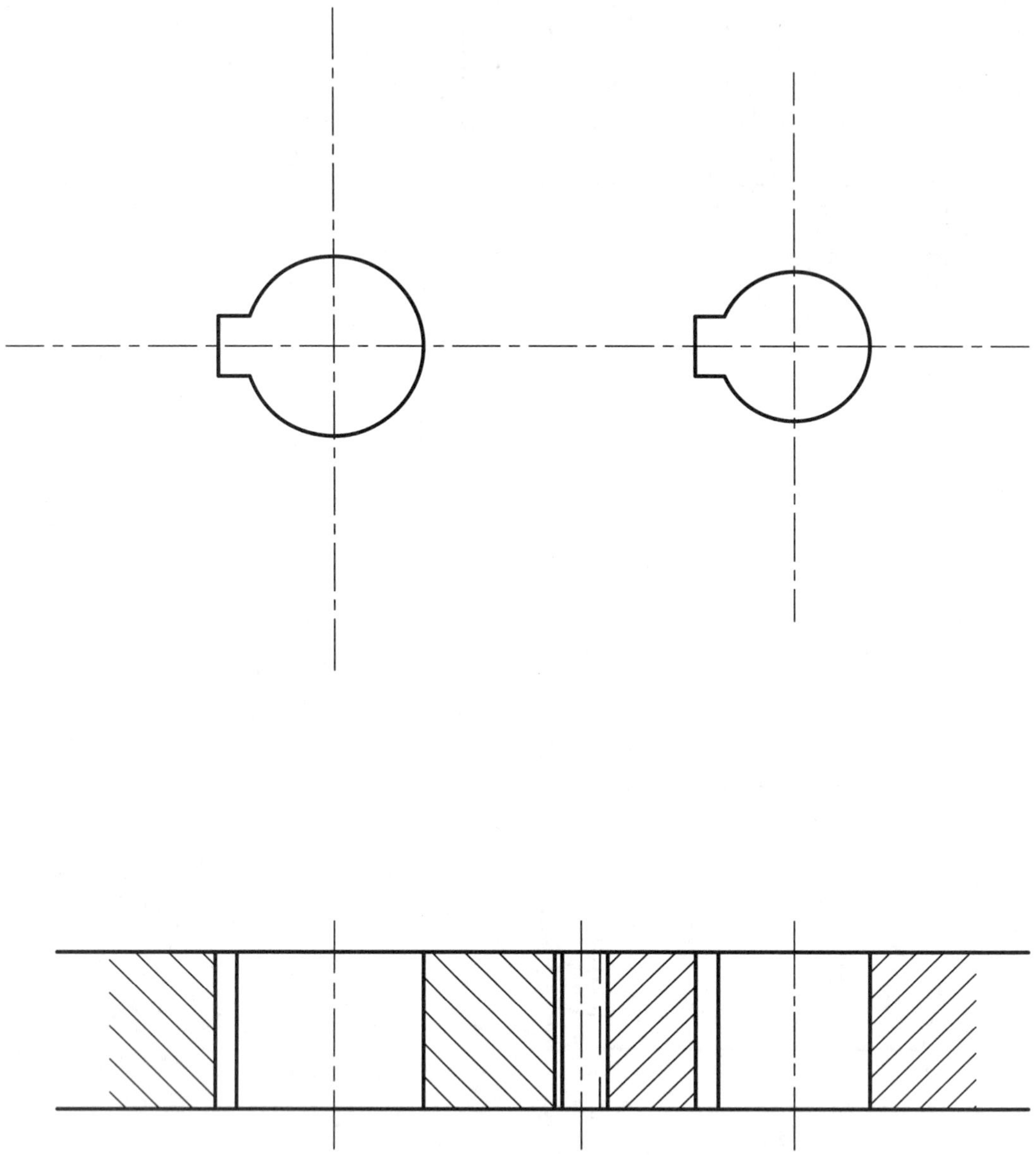

7-3 已知轴承代号6407，用规定画法1∶1画出其轴向剖视图，并标注D、d、B尺寸。

7-4 已知轴承代号30310，用规定画法1∶1画出其轴向剖视图，并标注D、d、T、B、C尺寸。

7-5 已知螺旋压缩弹簧外径D=45 mm，簧丝直径d=8 mm，节距t=12 mm，有效圈数n_1=6，支撑圈数n_2=2.5，右旋，用1∶1画出弹簧的全剖视图，并标注尺寸。

7-6 按螺纹标记将所表示的内容填入各栏。

螺纹标记	螺纹种类	内、外螺纹	大径/mm	螺距/mm	导程/mm	线数	旋向	公差带代号	
								中径	顶径
M20−5g6g									
M20×1.5−6H									
Tr22×10(P5)LH−7e									
Tr32×6−7H									
G1A									
Rc1/4									
Rp2									
R1/2									

7-7 按给定条件标注下列各螺纹尺寸。（单位：mm）

1. 普通螺纹，大径为20，螺距为1.5，单线，左旋，螺纹长30。

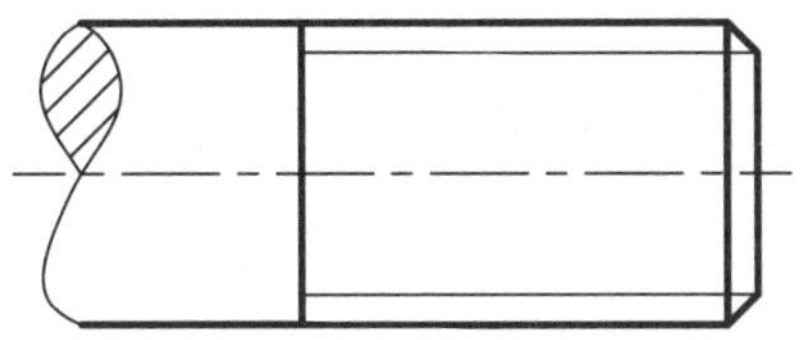

2. 普通螺纹，大径为20，螺距为2.5，单线，右旋，螺纹深25，孔深35。

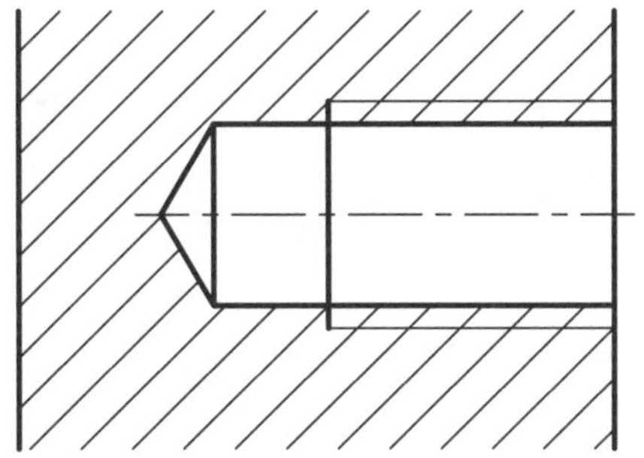

3. 梯形螺纹，大径为20，螺距为5，单线，左旋。

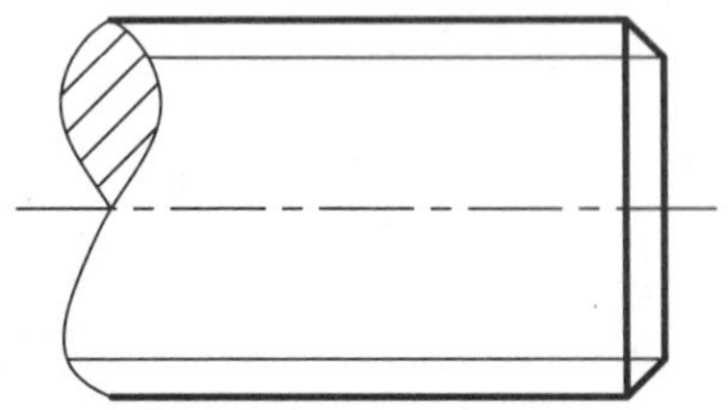

4. 圆柱管螺纹，尺寸代号为3/4英寸，螺纹长30。

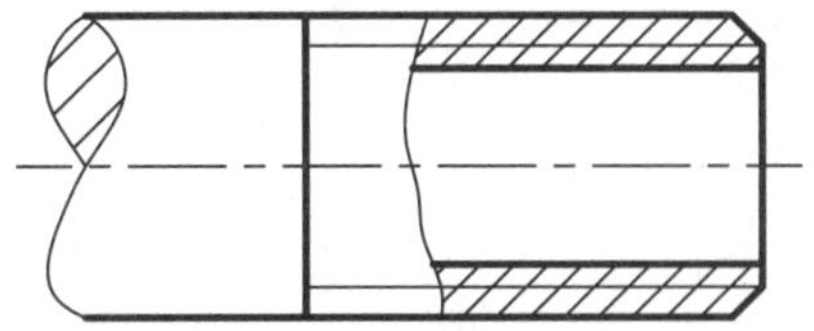

7-8 查表，在图上标出下列螺纹连接件的尺寸，并写出规定的标记。

1. 六角头螺栓：螺纹规格d=M10，公称长度l=45 mm，性能等级为8.8级，表面氧化，A级。

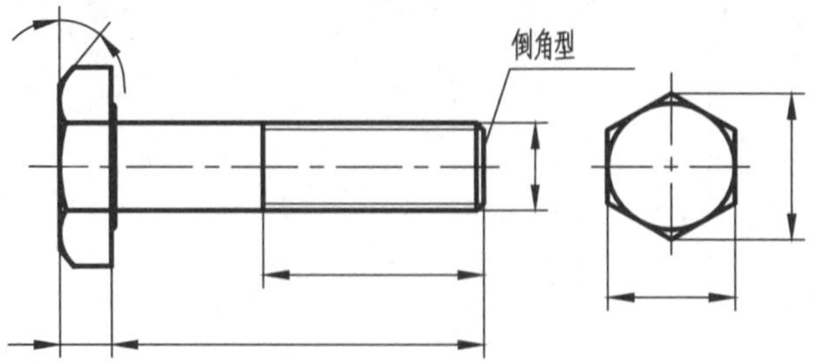

标记 ____________________

2. 平垫圈−A级：公称尺寸d=12 mm，性能等级为140HV级，不经表面处理。

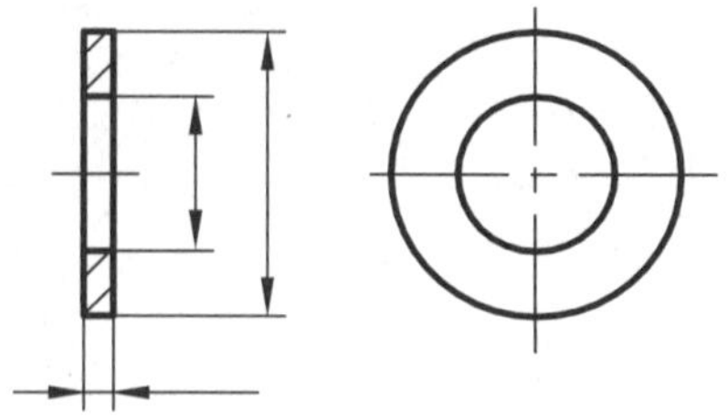

标记 ____________________

3. 开槽圆柱头螺钉：螺纹规格d=M10，公称长度l=40 mm，性能等级为4.8级，不经表面处理。

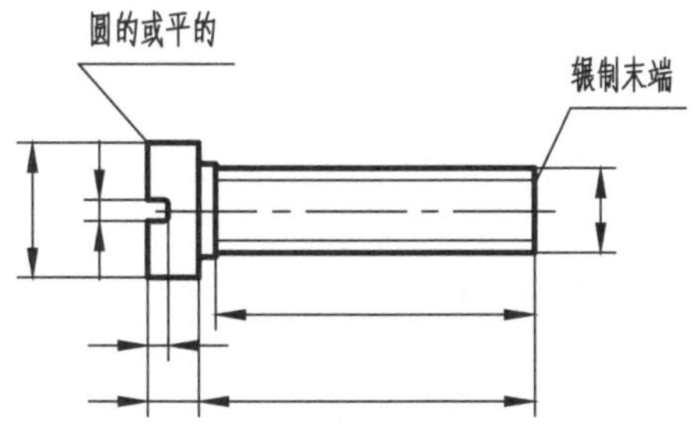

标记 ____________________

4. Ⅰ型六角螺母：螺纹规格D=M20，性能等级为10级，不经表面处理，A级。

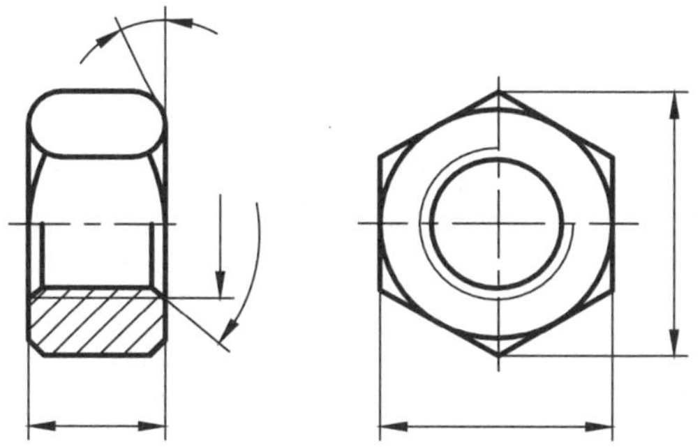

标记 ____________________

5. 双头螺柱：两端均为粗牙普通螺纹，d=12 mm，l=60 mm，性能等级为4.8级，不经表面处理，B型，b=1.5d。

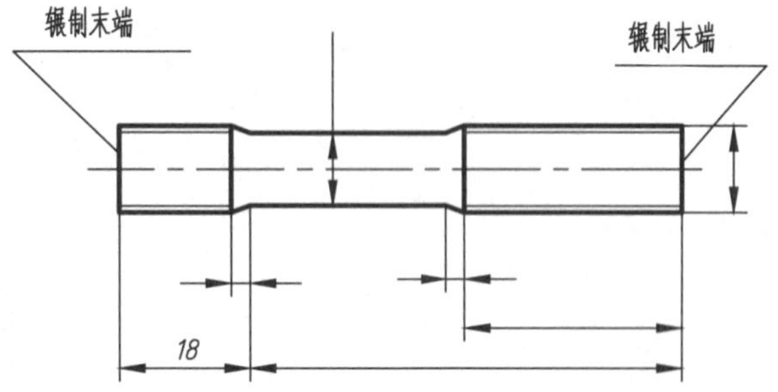

标记 ____________________

6. 开槽平端紧定螺钉：螺纹规格d=M12，公称长度 l=40 mm，性能等级为14H级，表面氧化。

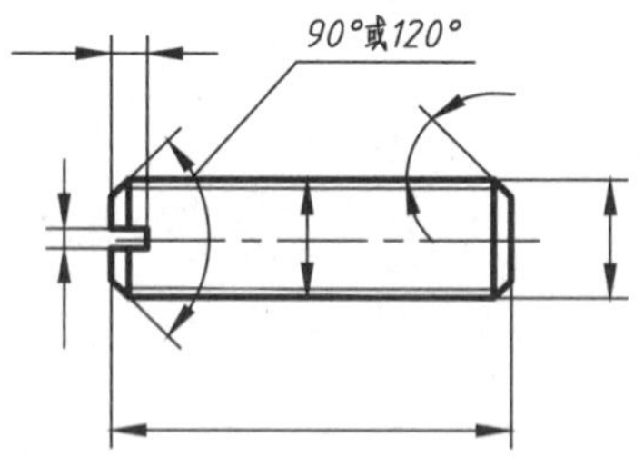

标记 ____________________

7-9 分析下列螺纹及其连接画法的错误，在指定位置画出正确的视图。

1.

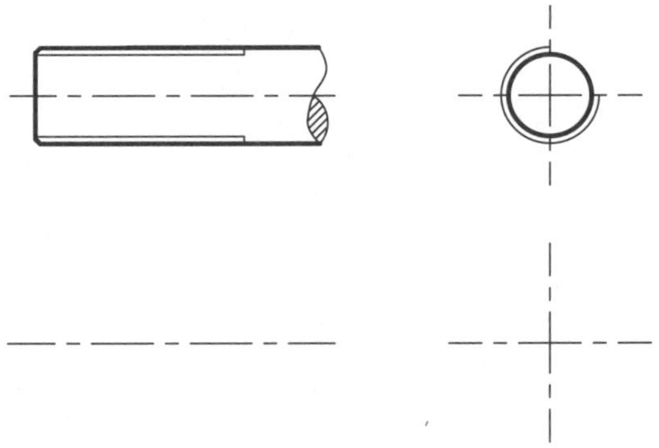

2.

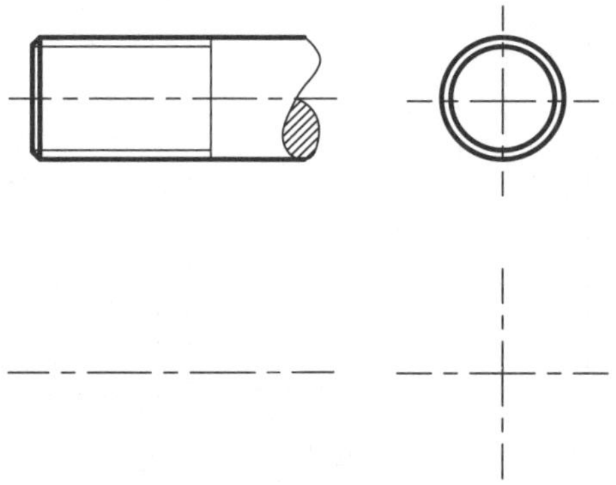

3.

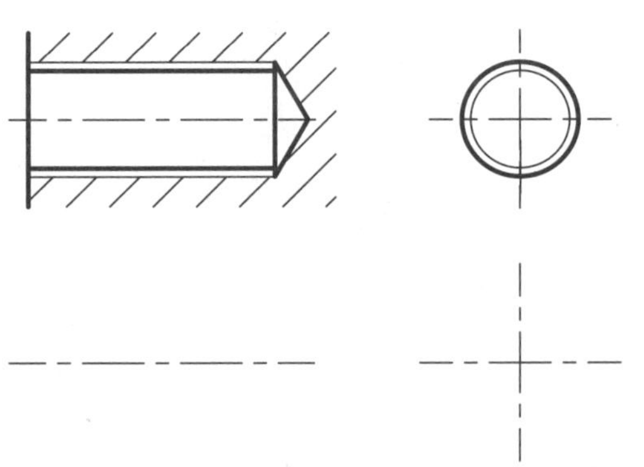

4.

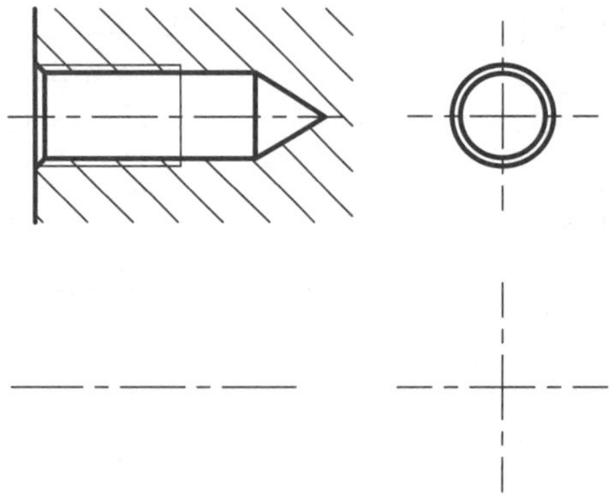

5.

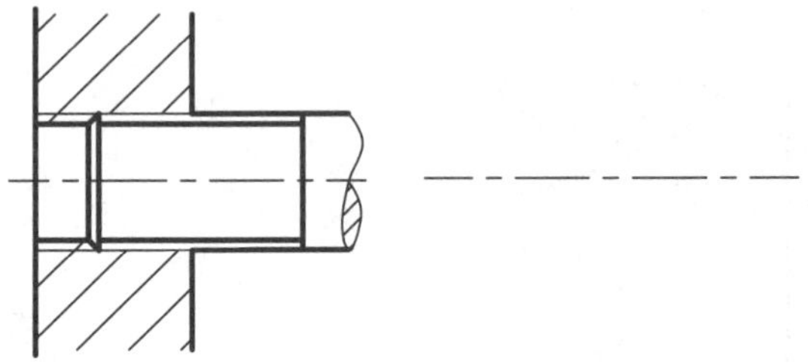

6.

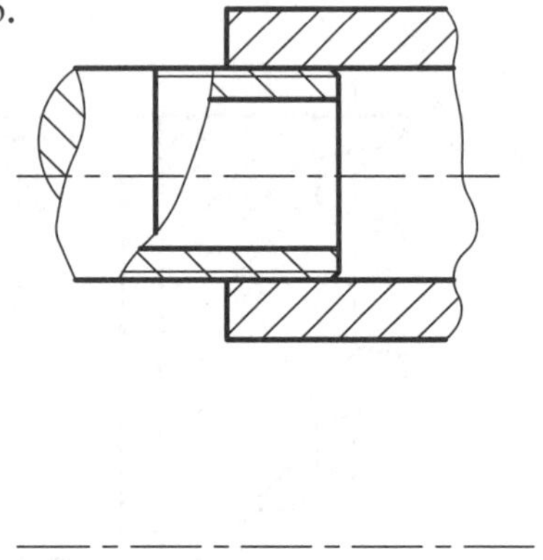

7-10 分析下列螺纹连接件画法的错误，在指定位置画出正确的视图。

1. 螺钉连接

螺钉　GB/T 68—2016 M10×35

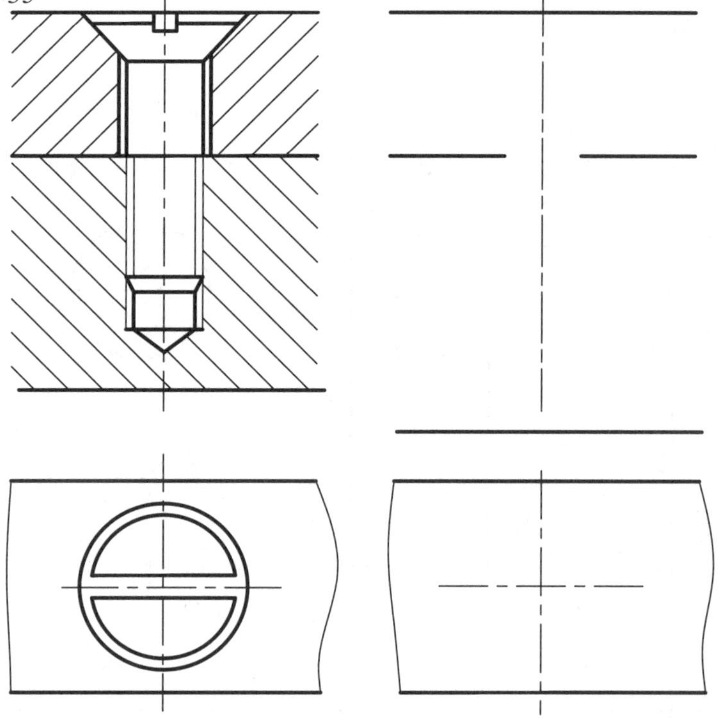

2. 双头螺柱连接

螺柱　GB 898—88 M10×30

螺母　GB/T 6170−2015 M10

垫圈　GB 93−87 10

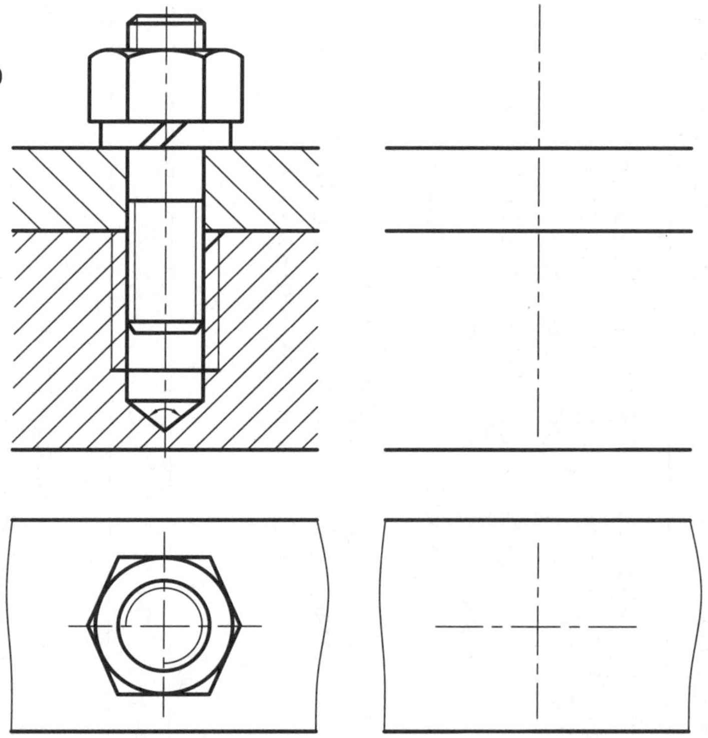

7-11 按下列数据在A3图纸上作螺栓、双头螺柱和螺钉连接的三视图。(提示：螺栓、双头螺柱与螺钉的长度*L*作图初定后，查表取标准值)

(1) 螺栓连接，上板厚20 mm，下板厚40 mm。
螺栓 GB/T 5782—2016 M20×L
螺母 GB/T 6170—2015 M20
垫圈 GB/T 97.1—2002 20-140HV
(2) 螺柱连接，上板厚20 mm，下板无穷厚。
双头螺柱 GB 899—88 M20×L
螺母 GB/T 6170—2015 M20
垫圈 GB 93—87 20
(3) 螺钉连接，上板厚20 mm，下板无穷厚。
螺钉 GB/T 68—2016 M20×L

7-12 说明下列标记的含义。

(1) 垫圈 GB 93—87 20
(2) 键 GB/T 1096—2003 B10×8×50
(3) 销 GB/T 117—2000 8×30
(4) 销 GB/T 91—2000 10×50

(1) ______________________

(2) ______________________

(3) ______________________

(4) ______________________

7-13 已知轴和轮用普通平键连接，轴和轮孔直径均为18 mm，键长20 mm，请查表标出轴和轮上键槽的尺寸。

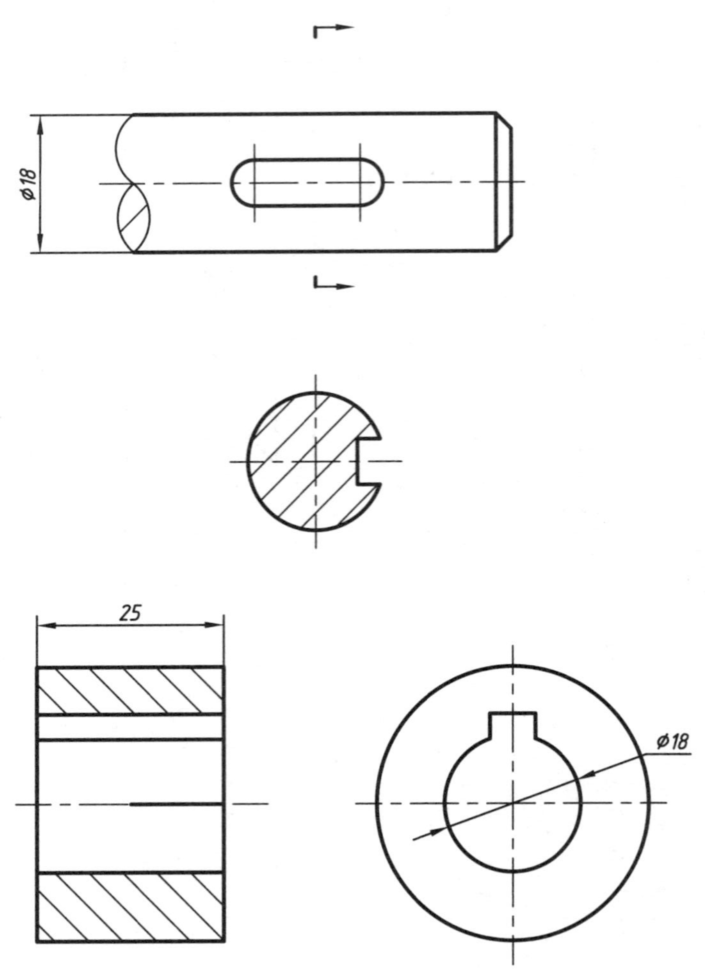

7-14 三角皮带轮和轴用平键连接，画出键连接图。（选用A型普通平键，查表取标准值）

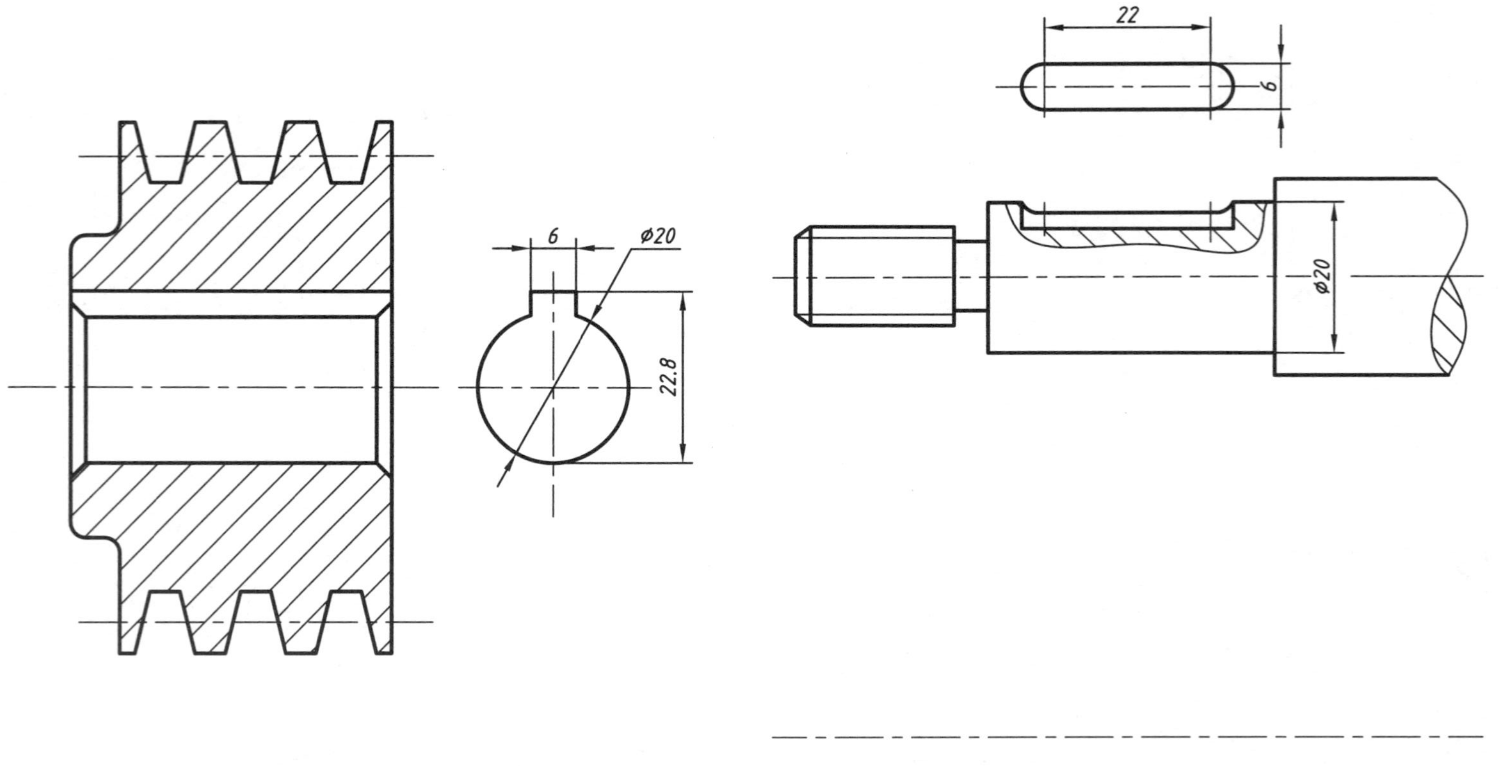

7-15 在A3图纸上按要求完成螺栓、双头螺柱和螺钉连接图。

一、作业内容

在图中按比例画法完成螺栓、双头螺柱、螺钉连接图。

二、作业目的及要求

掌握螺栓、螺柱、螺钉、螺母、垫圈的查表、选用及其连接的近似比例画法和规定标记的写法。

三、作业时数

大约4小时。

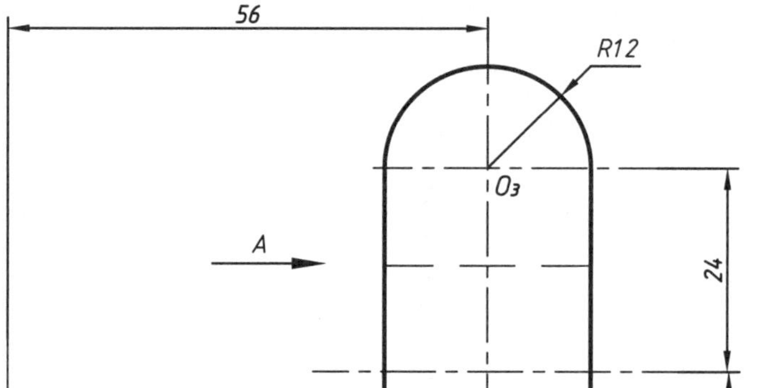

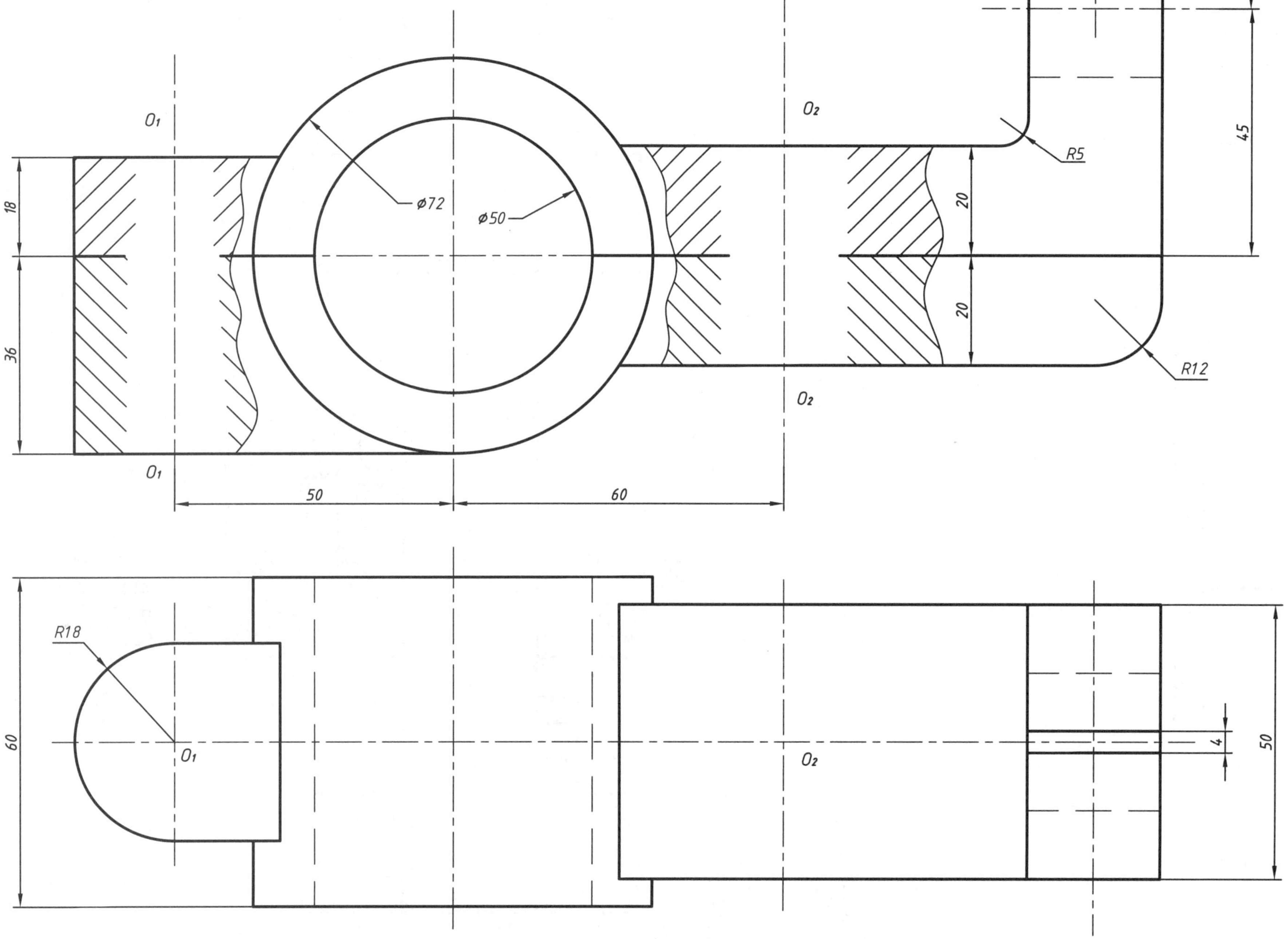

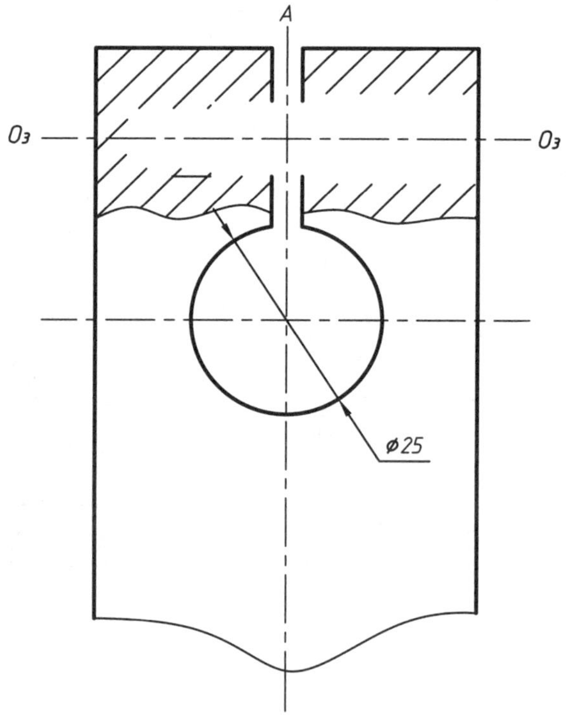

四、作业指示

1. 在O_1—O_1处画螺柱连接图：
   双头螺柱　GB 897—88　M12×35
   螺母　GB/T 6170—2015　M12
   垫圈　GB 93—87　12
   被连接零件的材料为45号钢。
2. 在O_2—O_2处画螺栓连接图：
   螺栓　GB/T 5782—2016　M20×65
   螺母　GB/T 6170—2015　M20
   垫圈　GB/T 97.1—2002　20
3. 在O_3—O_3处画螺钉连接图：
   螺钉　GB/T 65—2016　M10×35

7-16 由图中给定条件，补画齿轮与其他标准件的连接图。

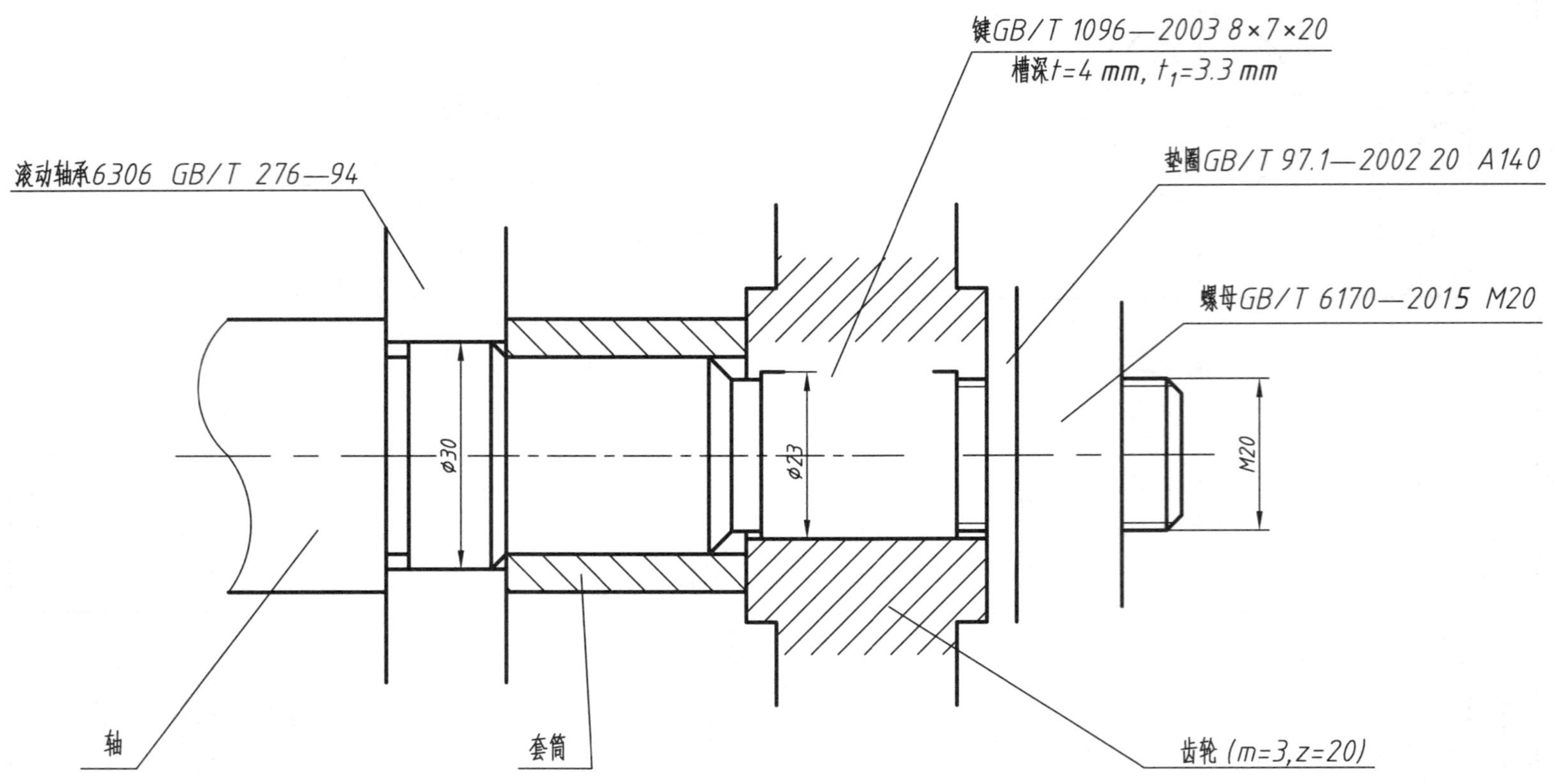

7-17 修改左图中的错误，并把正确的画在右图中。

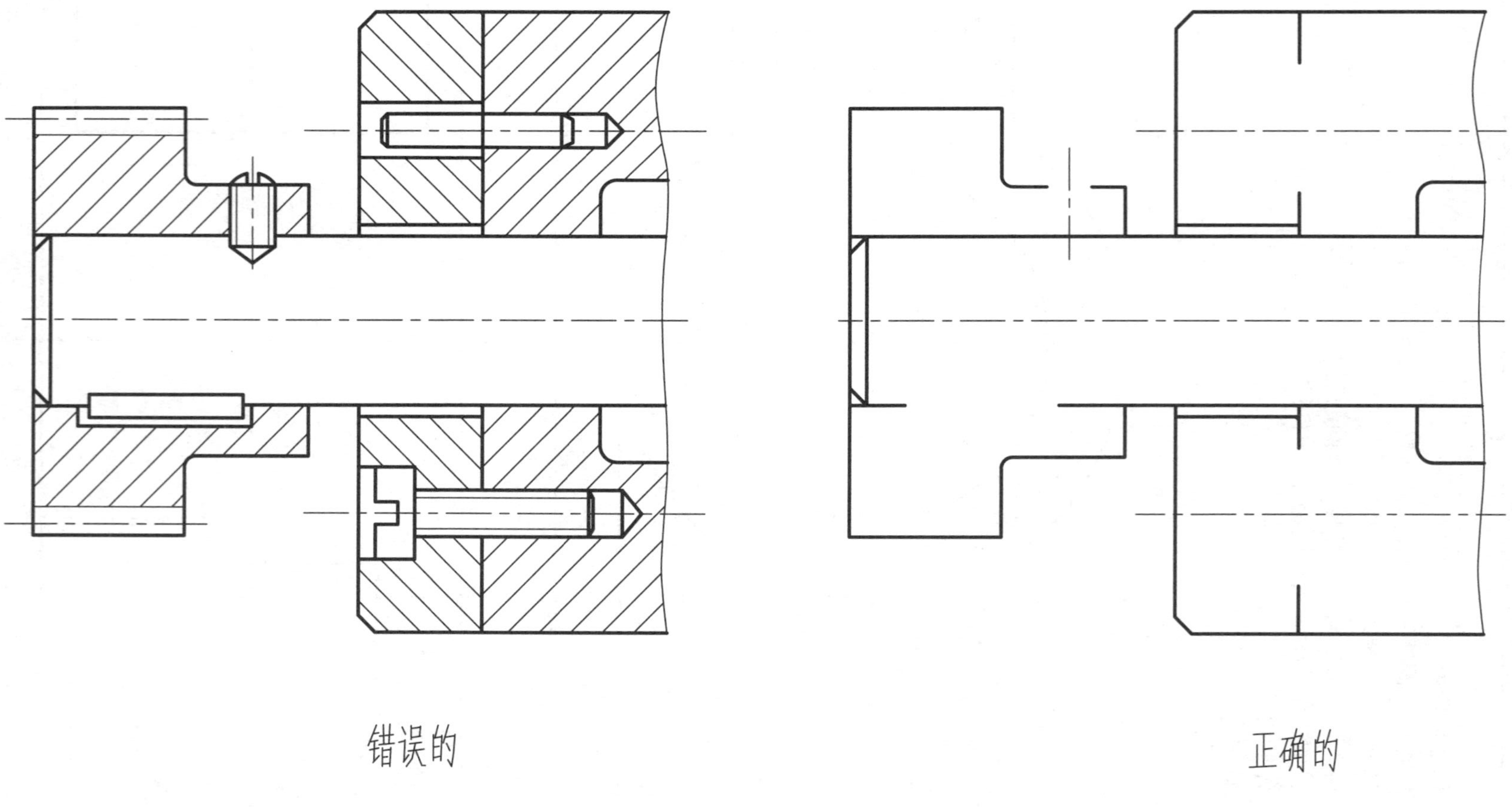

8-1　读零件图并回答问题。

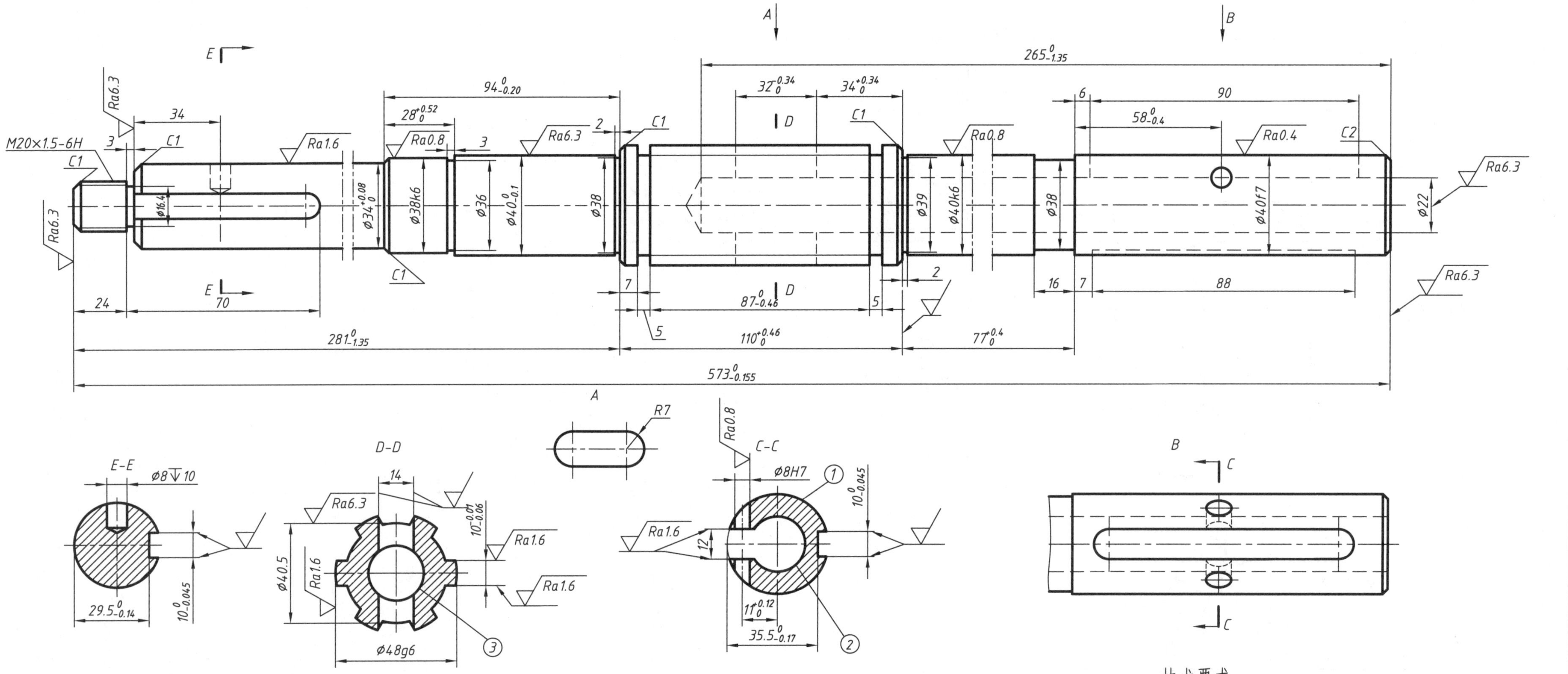

回答问题：

1. 零件的名称是________，数量是________，材料是________，绘图比例是________。
2. 该零件采用的视图有____________________；剖视有________，断面有________。
3. 主视图中距ϕ40f7圆柱左端为$58^{0}_{-0.4}$处小孔的直径等于________，其表面粗糙度为________，它的长度定位尺寸是________，高度定位尺寸是________。
4. 轴右端上部的键槽宽度为________，下部的键槽宽度为________。
5. 图中注有①处的直径为________，表面粗糙度为________；②处的直径为________，表面粗糙度为________；③处直径为________，表面粗糙度为________。
6. 右下图中 √=√Ra3.2 的含义为____。
7. 根据轴套类零件的结构特点，常用的表达方法归纳如下：

____

____。

技术要求

1. Ø40k6、Ø40f7对Ø38k6的同轴度误差不大于0.02。
2. 键槽对零件轴心线的平行度误差在长100 mm上不大于0.03。
3. 花键对零件轴心线的平行度误差在花键长度上不大于0.03。
4. 花键间距离的位置度误差不大于0.03。
5. Ø8H7的轴心线对零件轴心线的垂直度误差在长40 mm上不大于0.05。

√=√Ra3.2

√Ra12.5 (√)

	比例	件数	材料
进　　力　　轴	1:2	2	45

8−2 读套筒零件图，回答问题，并在指定位置分别画出B向视图和移出断面图。

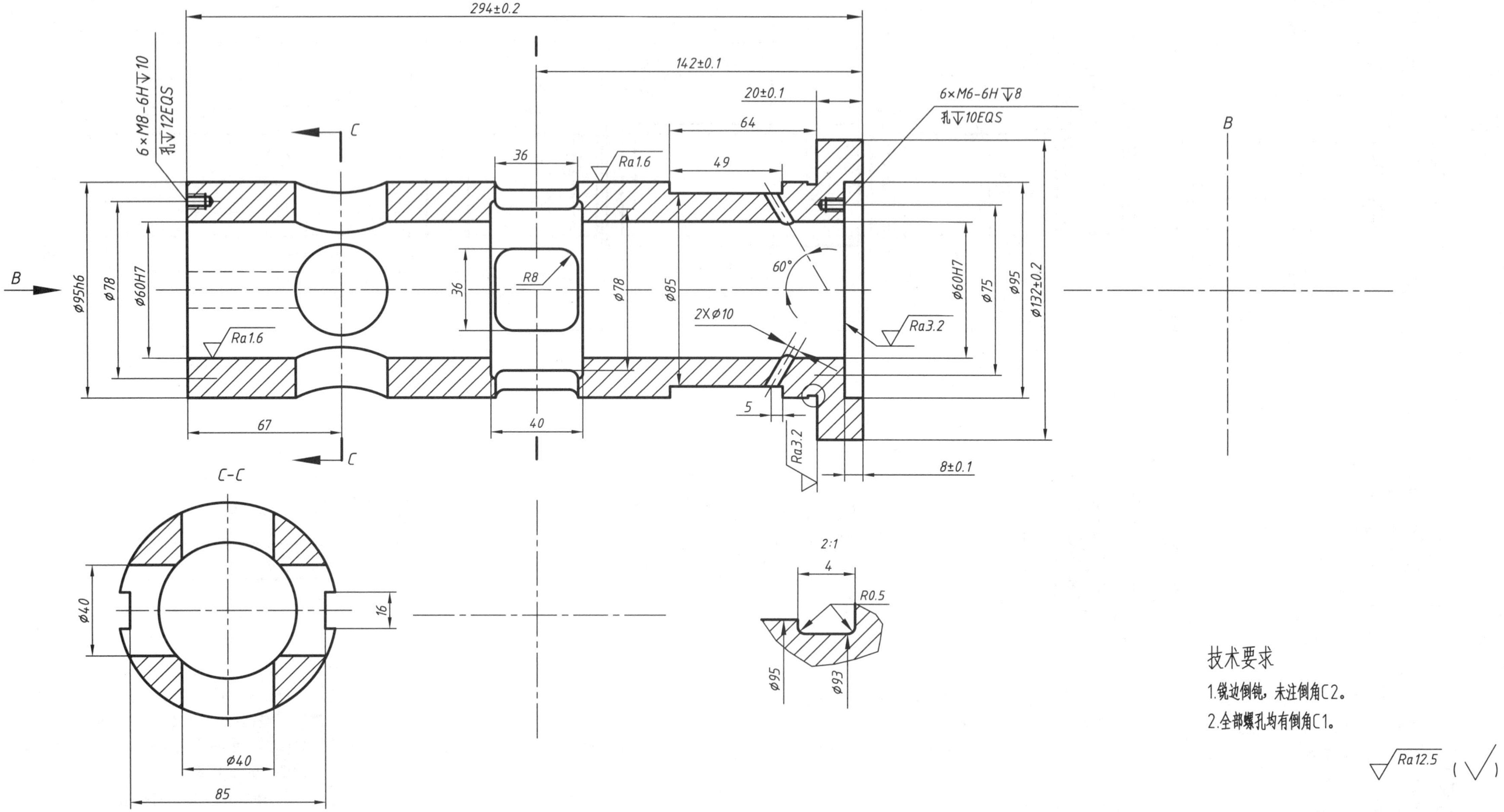

回答问题：

1. ϕ95h6写成有上、下极限偏差的注法是________,其尺寸公差是________。
2. 尺寸8±0.1的公称尺寸是________,上极限尺寸是________，下极限尺寸是________。
3. 6×M8−6H的定位尺寸是________。

套 筒			比例		(图号)
			件数		
制图			重量		材料
校对					
审核					

8-3 读端盖零件图，回答问题，并在指定位置画出右视图。

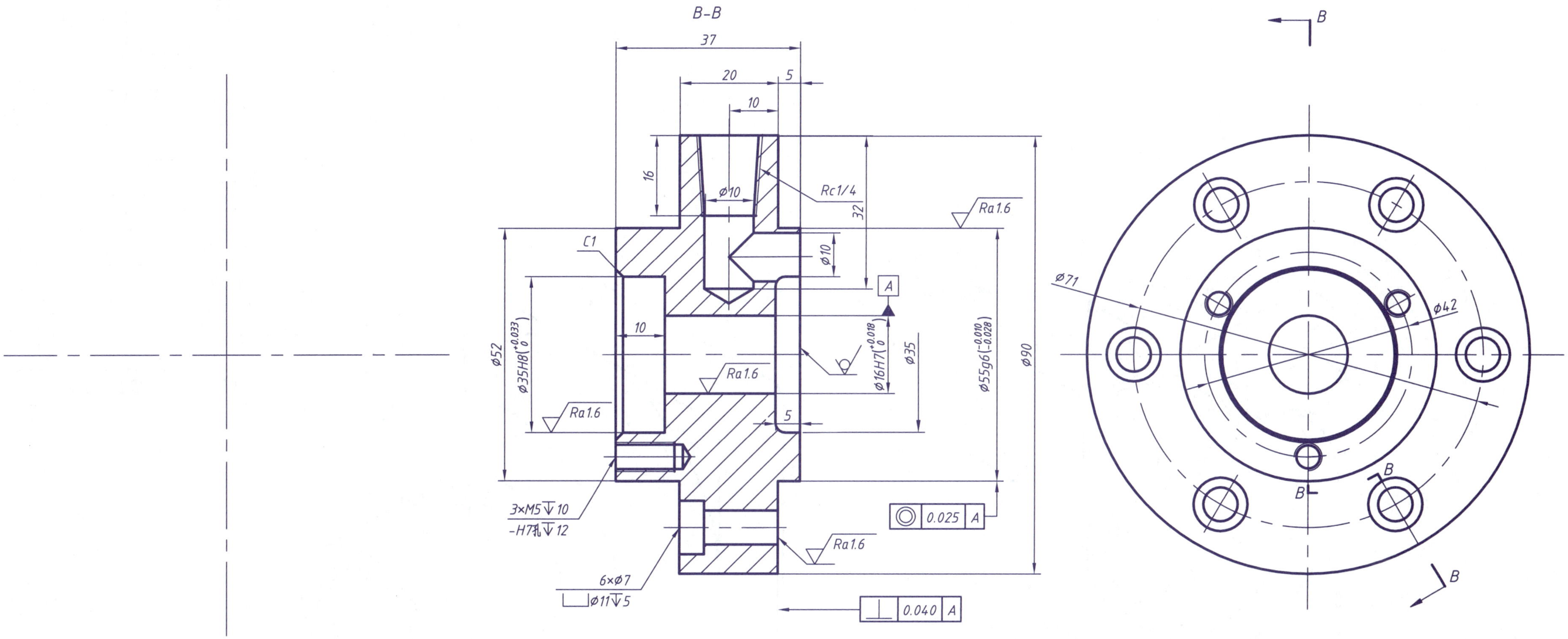

回答问题：

1. 主视图采用了__________剖视。
2. 在视图上用文字和指引线指出轴向尺寸基准和径向尺寸基准。
3. 用箭头和指引线标出垂直度和同轴度的测量基准。
4. 尺寸*Rc* 1/4中，*Rc*表示_________，1/4表示__________________。
5. $\dfrac{3\times \mathrm{M}5\downarrow 10}{-\mathrm{H}7\text{孔}\downarrow 12}$ 的含义是____；

   $\dfrac{6\times\phi 7}{⌴\phi 11\downarrow 5}$ 的含义是____。
6. 根据盘盖类零件的结构特点，常用的表达方法归纳如下：

____

____。

技术要求

1. 铸件不得有砂眼、裂纹。
2. 锐边倒角C1。

Ra6.3 (√)

端盖	比例	件数	材料
	1:1	2	HT150

8−4 根据箱体的轴测图和所注尺寸，按比例在右图中画出箱体的零件图。(图中ϕ40孔和ϕ90孔的倒角均为C2.5，箱体底部凹槽四周壁厚均为10)

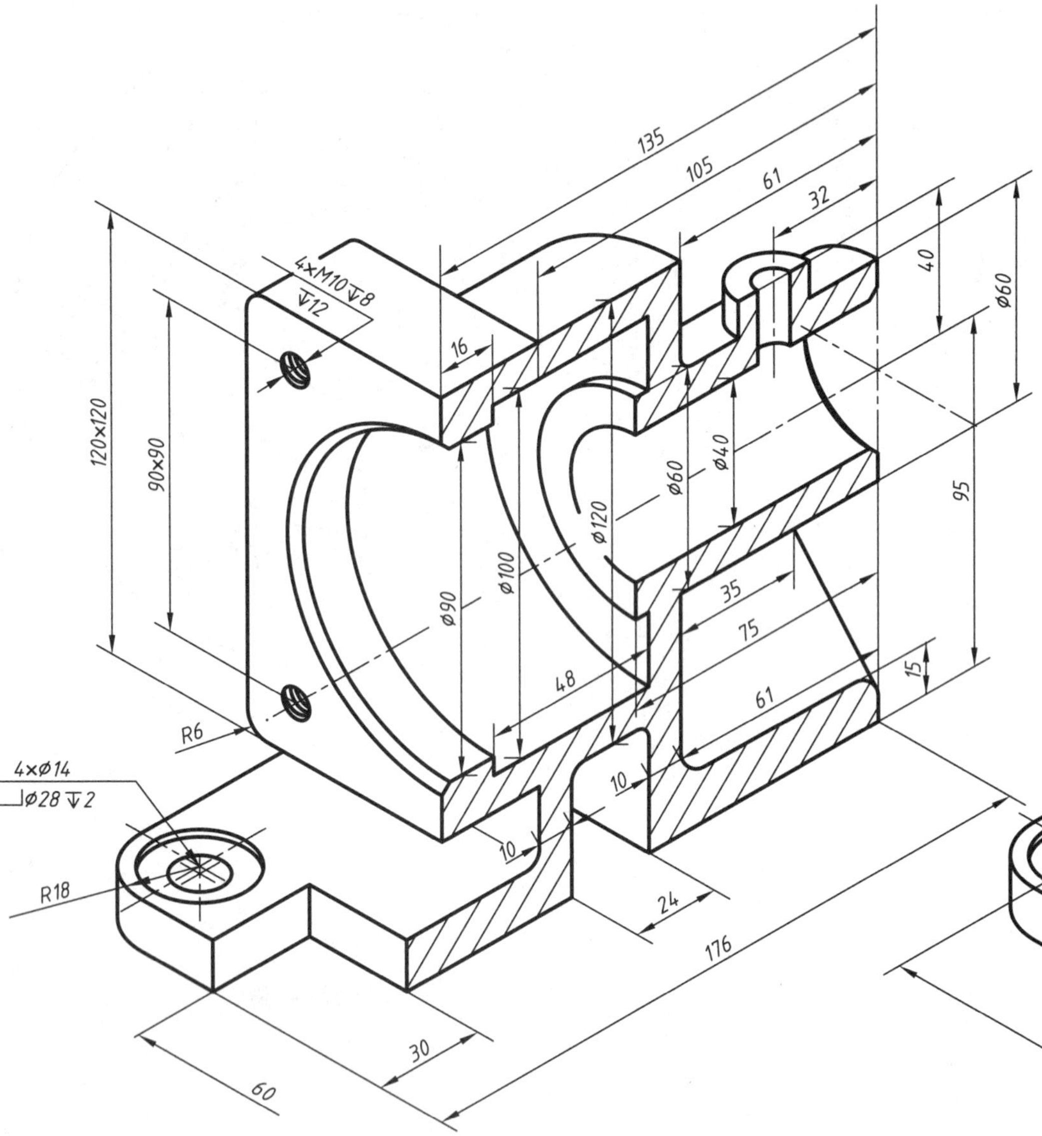

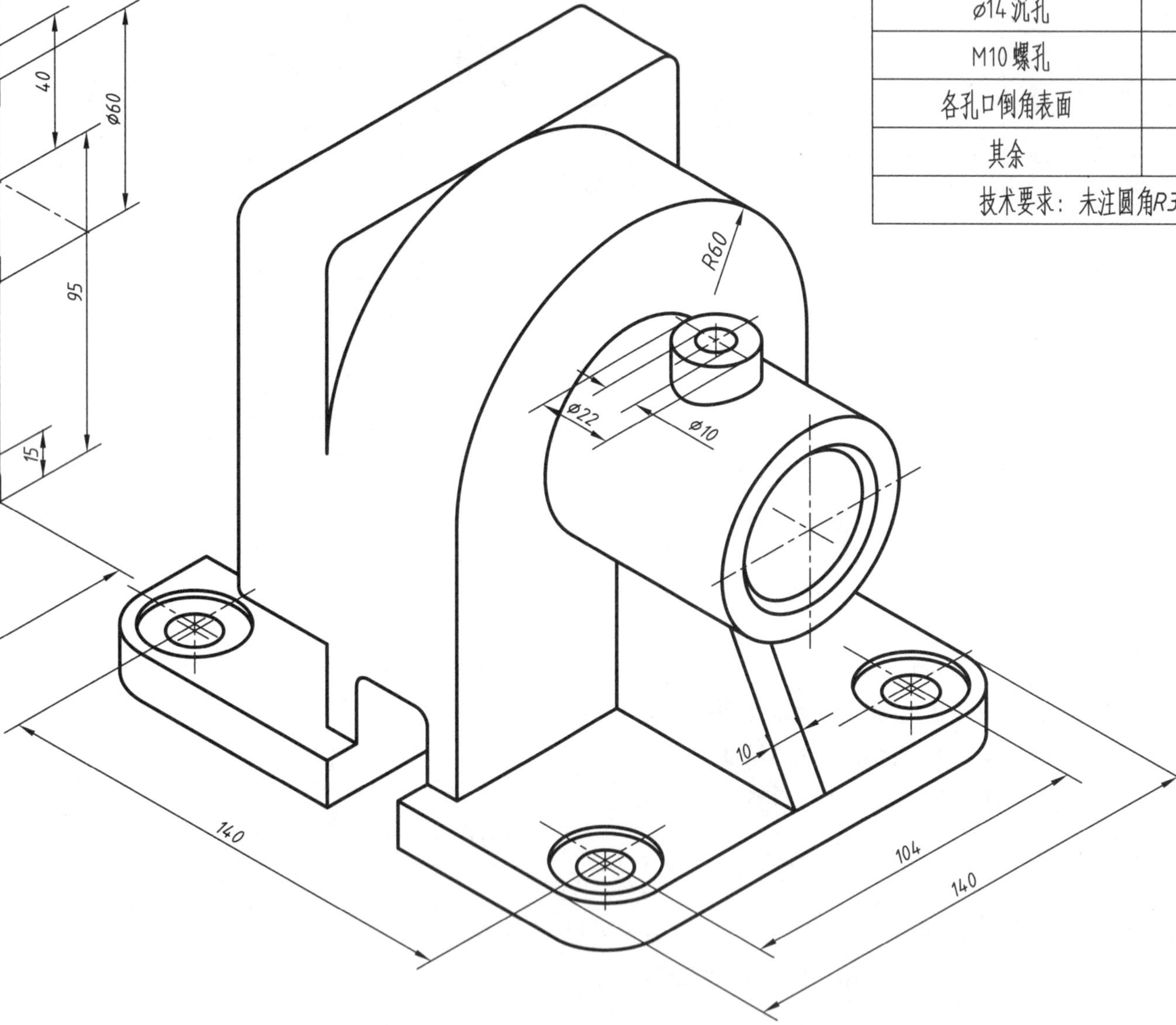

表面	Ra/μm
120x120端面	6.3
⌀60端面（左、右）	6.3
箱体底面	6.3
⌀40孔和⌀90孔	3.2
圆凸台顶面	6.3
⌀10小孔	12.5
⌀14沉孔	12.5
M10螺孔	12.5
各孔口倒角表面	12.5
其余	∀
技术要求：未注圆角R3~R4	

8-5 根据表中给定的表面粗糙度，将正确的标注在图上。

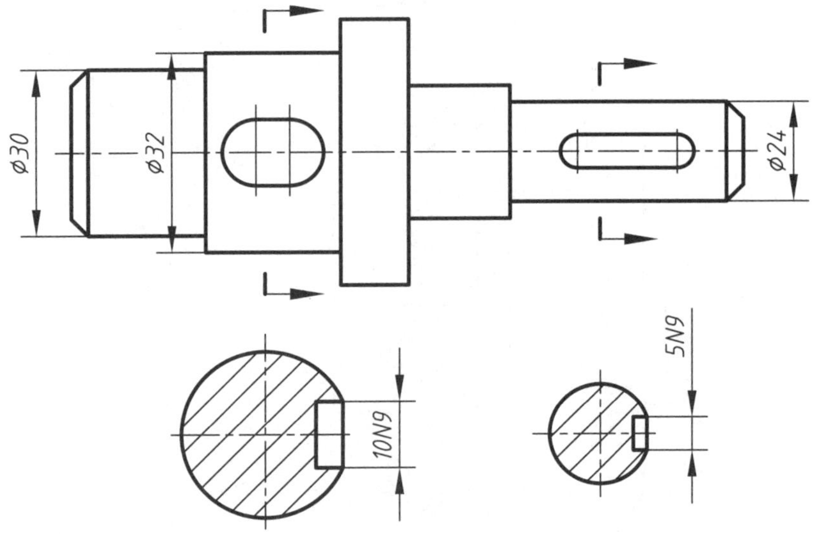

Ø30圆柱面	Ø32圆柱面	Ø24圆柱面	键槽两侧面	其余表面
Ra1.6	Ra1.6	Ra3.2	Ra6.3	Ra12.5

8-6 改正图(a)表面结构标注中的错误，并将正确的结果标注在图(b)中。

(a)

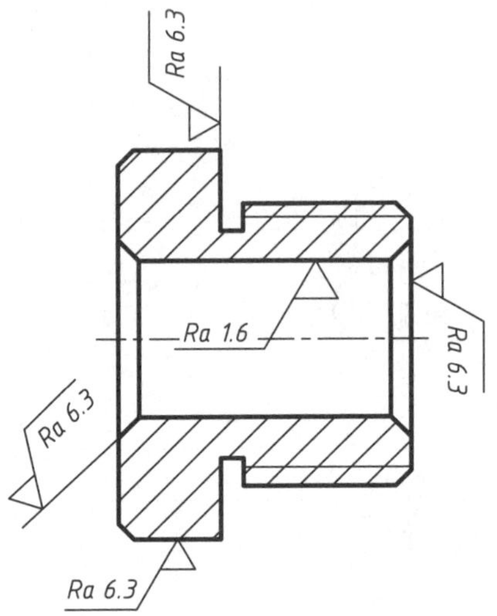

(b)

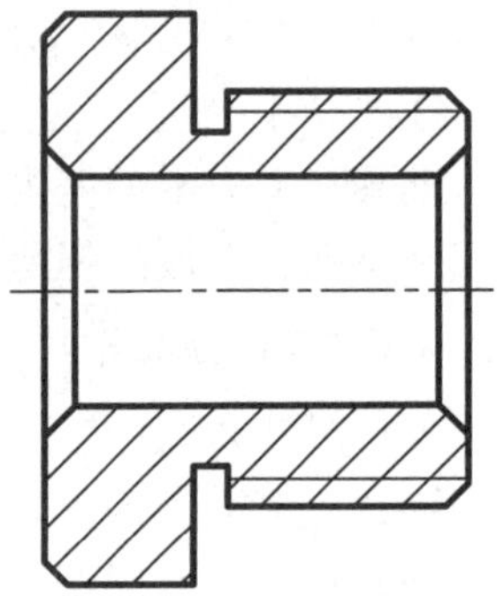

8-7 将指定表面粗糙度用代号标注在图上。

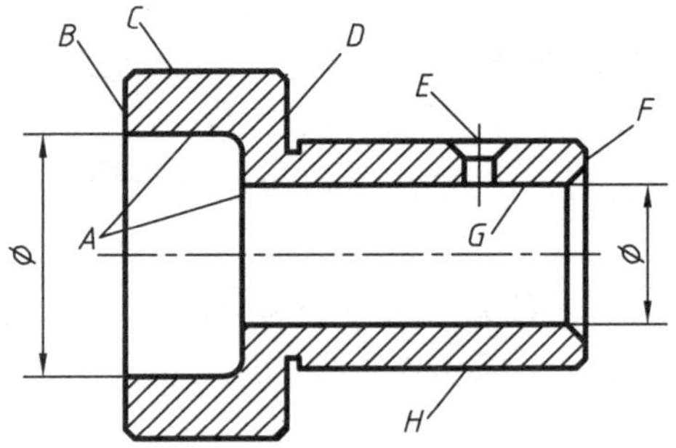

A面	Ra25
B面	Ra3.2
C面	Ra3.2
D面	Ra3.2
E孔面	Ra12.5
F面	Ra12.5
G面	Ra0.8
H面	Ra3.2
其余面	Ra25

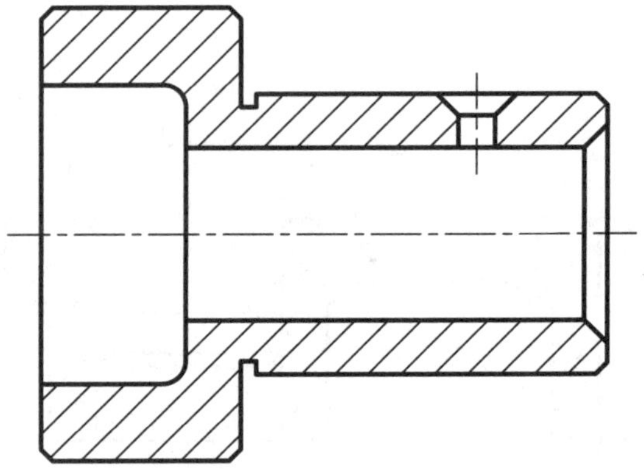

8-8 极限与配合基本概念填空题。

1. 尺寸公差带由______和______两部分组成。______确定公差带的位置，______确定公差带的大小。
2. 配合有______和______两种基准制。配合分成______、______和______三类。当孔公差带位于轴公差带之上时，是______配合；当孔公差带位于轴公差带之下时，是______配合；当孔公差带与轴公差带有交叠时，是______配合。
3. 基孔制的孔（基准孔）用符号______表示，其基本偏差为______偏差。基轴制的轴（基准轴）用符号______表示，其基本偏差为______偏差。基准孔和基准轴的基本偏差值均为______。
4. 国家标准规定的公差等级共有______，最高级为______，最低级为______。

8-9 根据已知零件的尺寸，在右图中标注配合代号并回答问题。

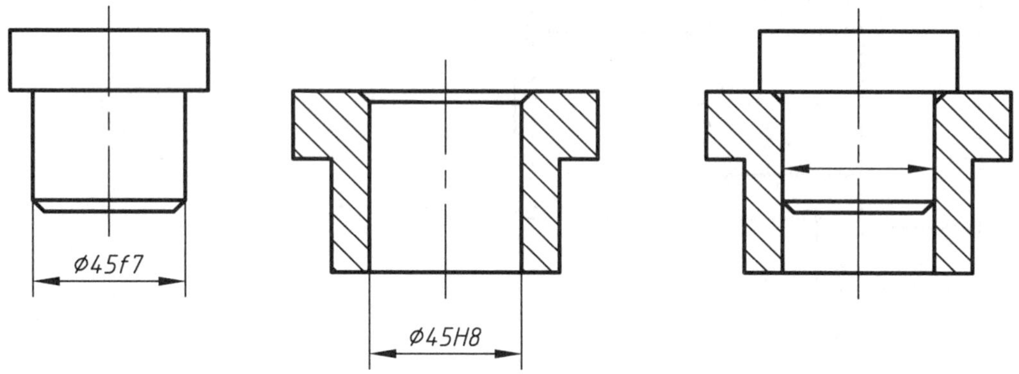

1. 两零件装配后，形成______制的______配合，配合代号为______。
2. 孔的上极限偏差为______，下极限偏差为______，基本偏差为______，公差等级为______。
3. 轴的上极限偏差为______，下极限偏差为______，基本偏差为______，公差等级为______。

8-10 解释配合代号的含义，并将查出的偏差值标注在零件图上。

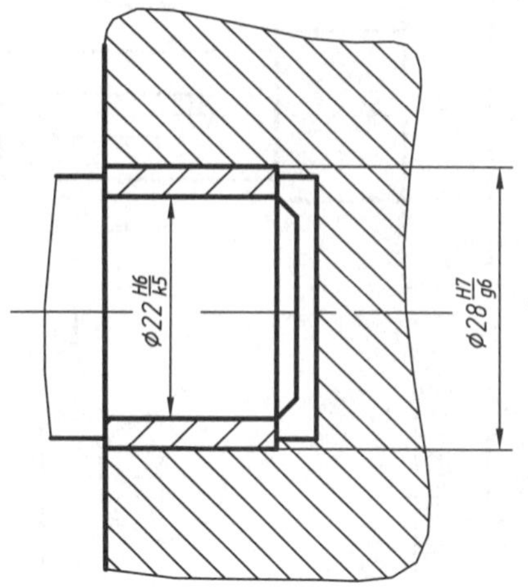

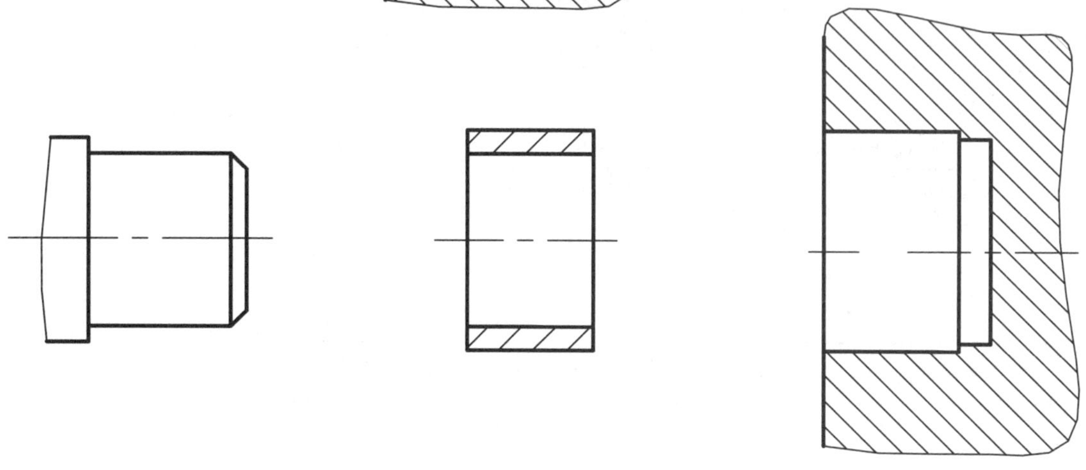

1. 轴套对泵体孔$\phi28\frac{H7}{g6}$

   公称尺寸为______，是基______制、______配合。

   轴套：上极限偏差为______，下极限偏差为______。

   泵体孔：上极限偏差为______，下极限偏差为______。

2. 轴套对轴径$\phi22\frac{H6}{k5}$

   公称尺寸为______，是基______制、______配合。

   轴套：上极限偏差为______，下极限偏差为______。

   轴径：上极限偏差为______，下极限偏差为______。

8-11 解释配合代号的含义，并将查出的偏差值标注在零件图上。

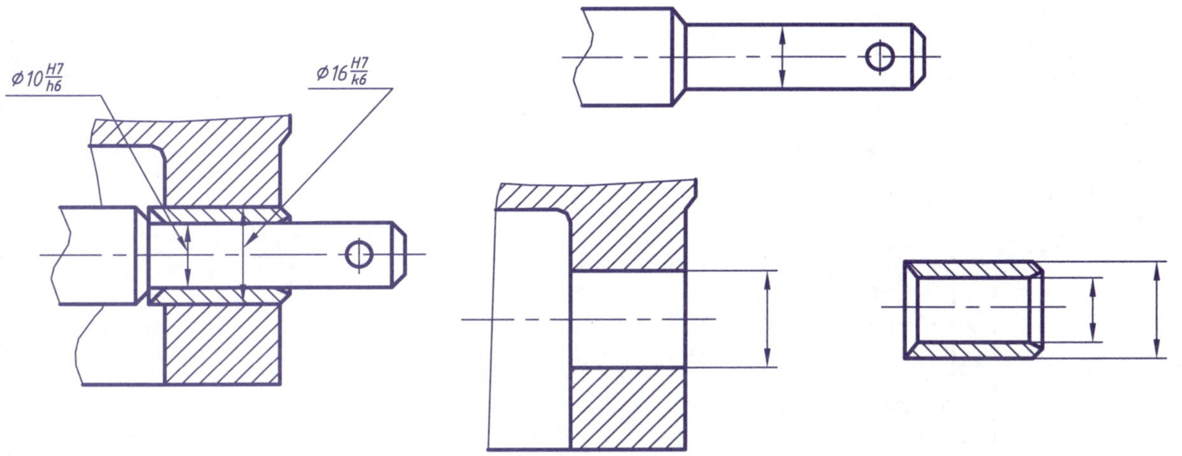

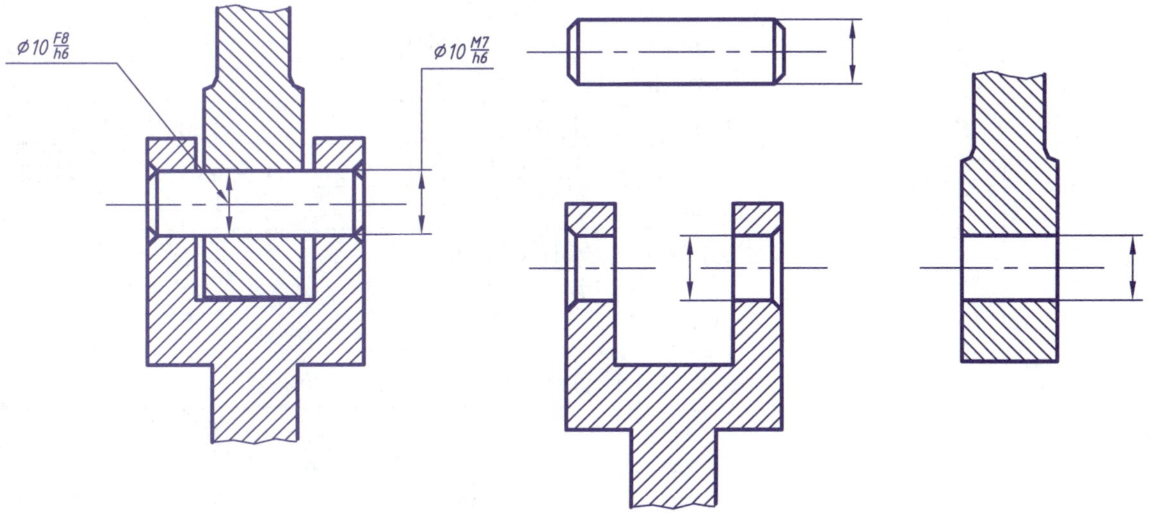

8-12 用形位公差代号标注下列各图。

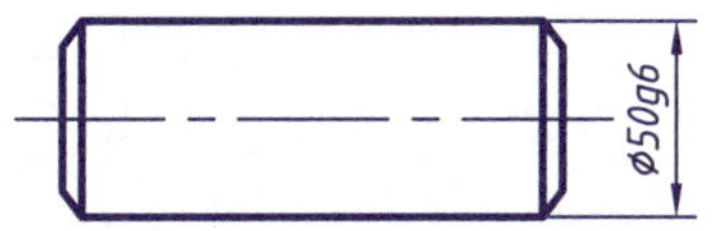

Ø50g6的圆柱度公差为0.01。

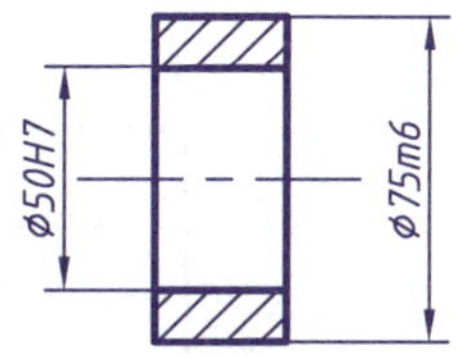

Ø75m6对Ø50H7的同轴度公差为0.025；
Ø50H7轴线对右端面的垂直度公差为0.04。

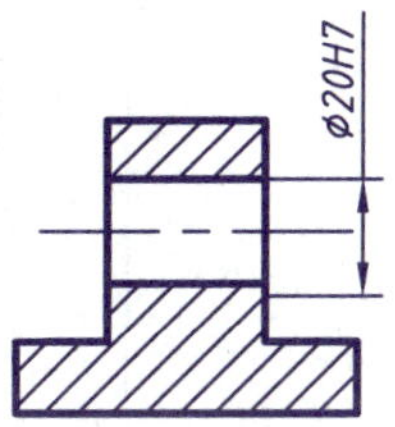

Ø20H7轴线对底面的平行度公差为0.02。

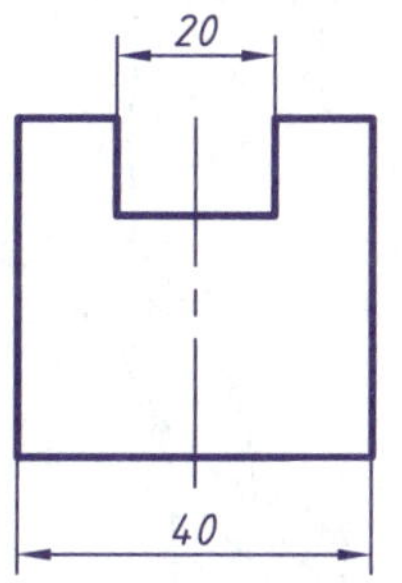

槽20两侧面的对称平面对槽40两侧面的对称度公差为0.06。

8-13 解释图中形位公差标注的含义。

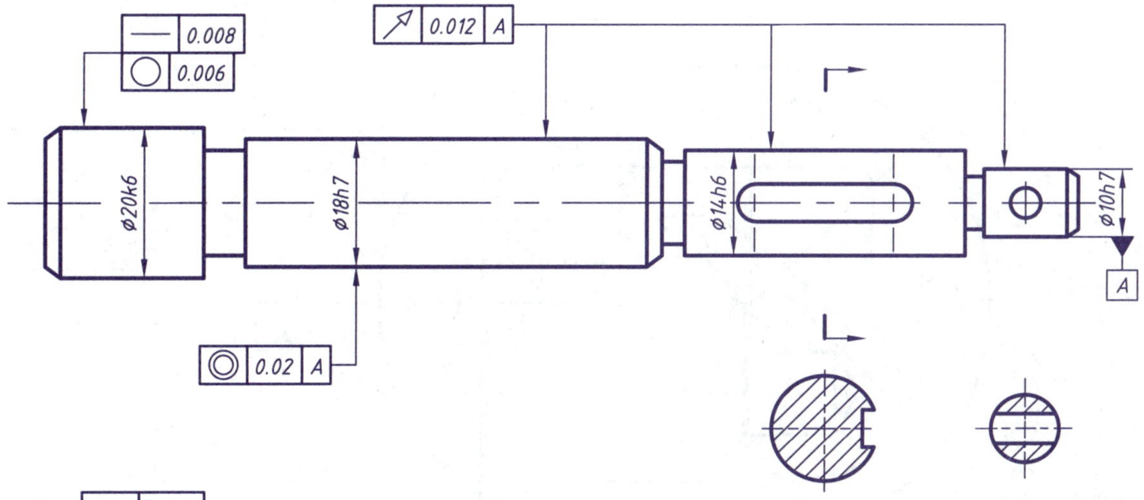

1. | — | 0.008 | ______________________

2. | ○ | 0.006 | ______________________

3. | ◎ | 0.02 | A | ______________________

4. | ↗ | 0.012 | A | ______________________

8−14 读阀盖零件图，回答问题并作图。

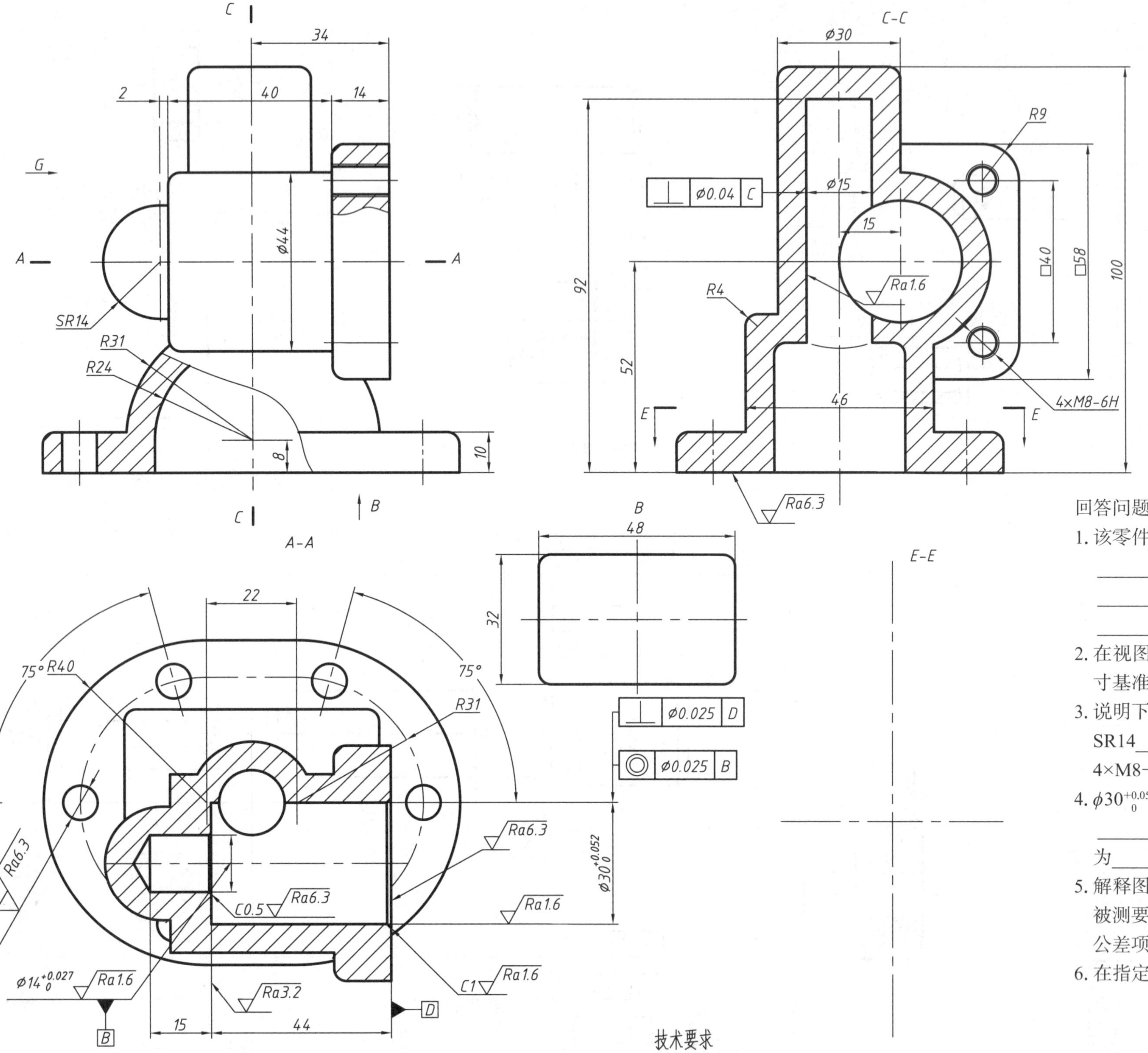

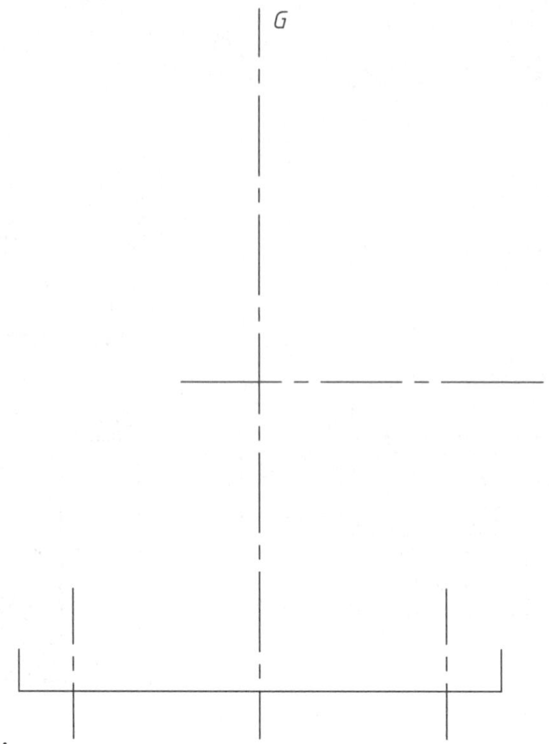

回答问题：

1. 该零件采用了哪些表达方法，各视图表达的重点是什么？

____

____

____

2. 在视图中标出该零件在长、宽、高三个方向上的主要尺寸基准。

3. 说明下列尺寸的意义：

SR14__________；$\phi 58$__________；

4×M8−6H______________________________。

4. $\phi 30^{+0.052}_{0}$：上极限尺寸为__________，下极限尺寸为__________，公差为__________；查表改写为公差带代号为______________________________。

5. 解释图中 [◎ ϕ0.025 B] 的含义：

被测要素为__________，基准要素为__________，

公差项目为__________，公差值为__________。

6. 在指定位置画出G向视图和$E-E$剖视图。

技术要求

1. 未注明铸造圆角为R3~R5。
2. 铸件不准有砂眼或缩孔。

√(√)

阀　盖		比例	1:1			
		数量	1			
制图		重量		材料	HT200	
描图		华东理工大学				
审核						

8−15 读阀体零件图，回答问题并作图。

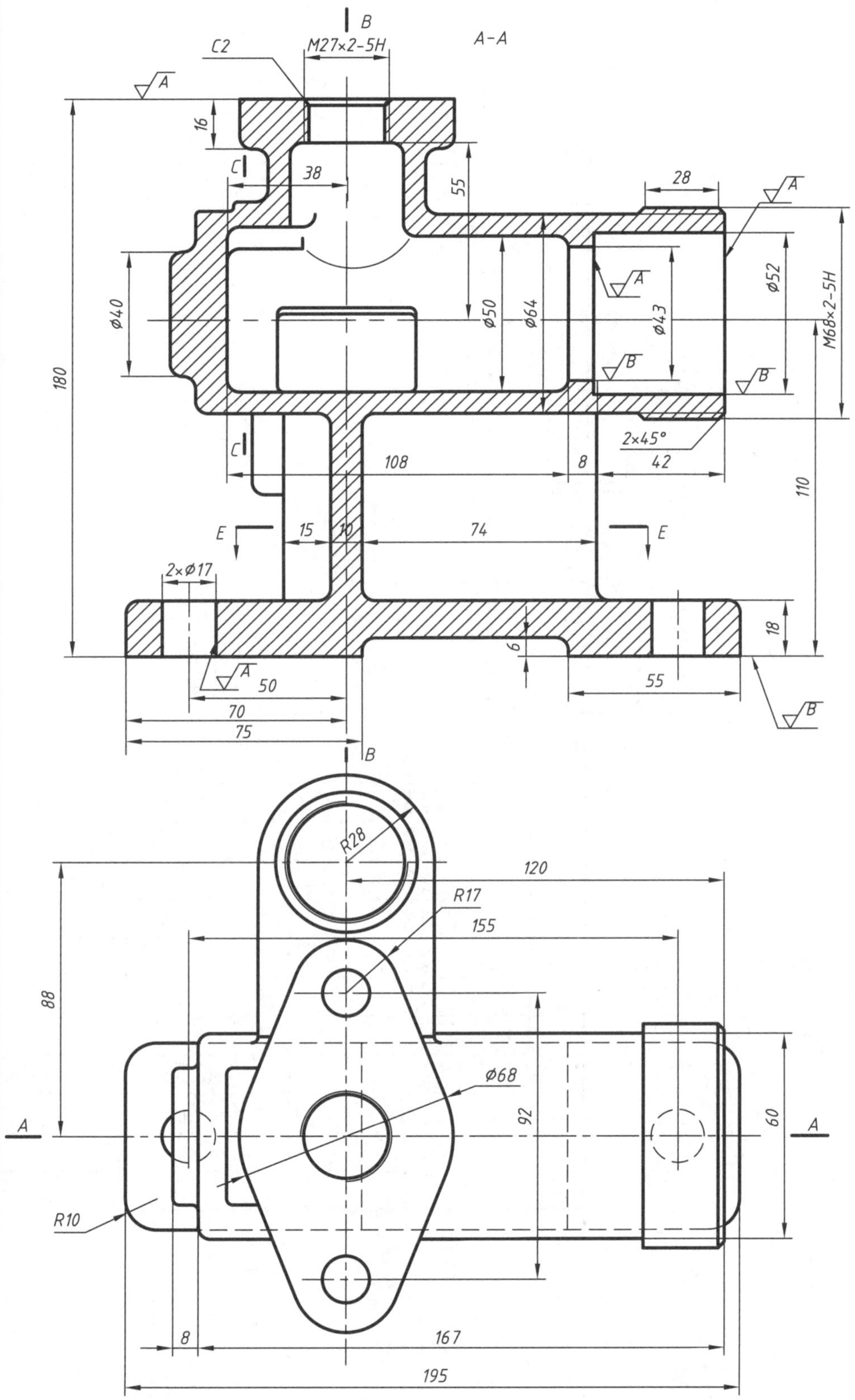

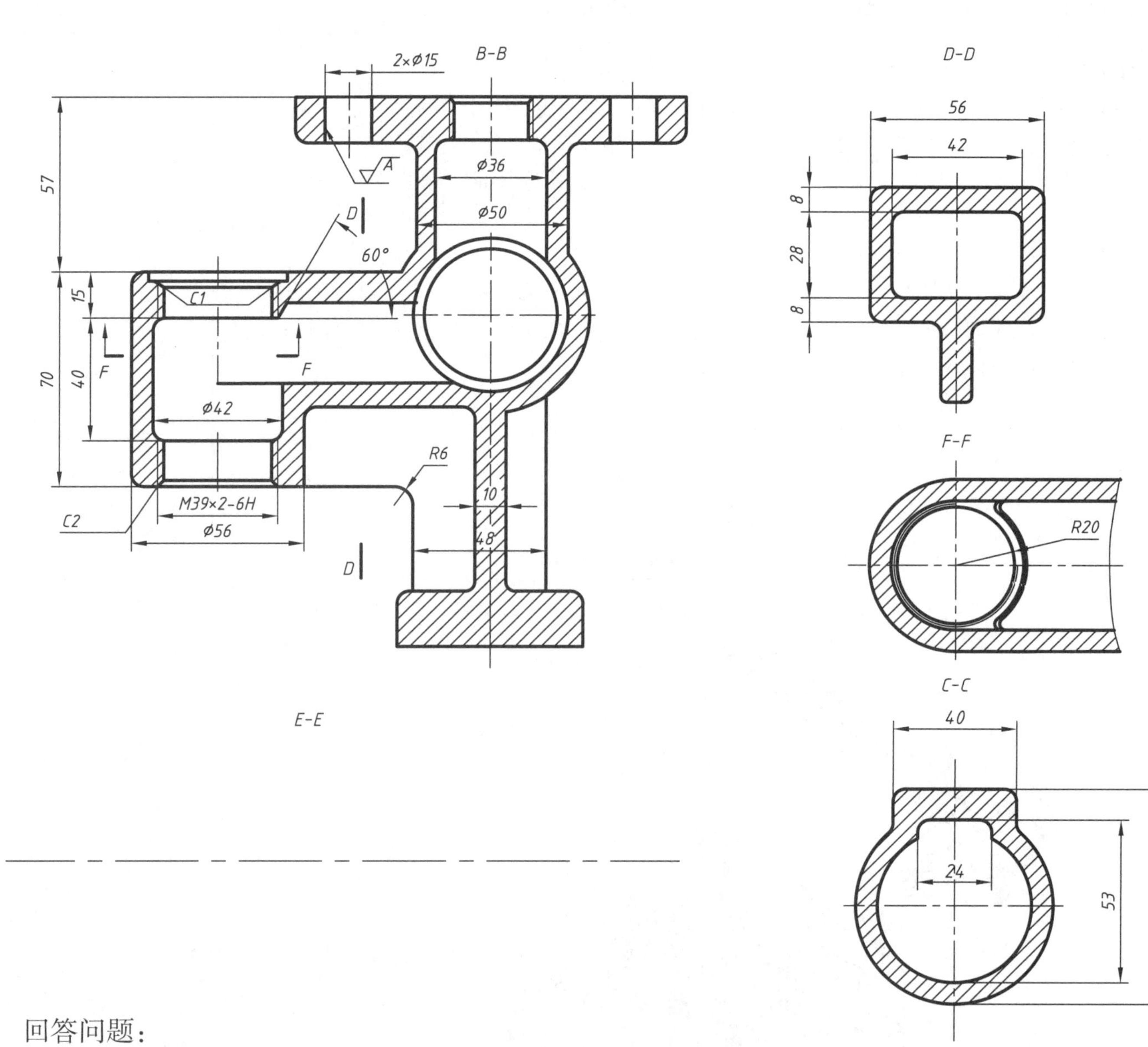

回答问题：

1. 该零件采用了________视图，______________________剖视，_________断面来表达形状和结构。
2. 在图中用文字和指引线标出长、宽、高三个方向上的主要尺寸基准。
3. M39×2−6H的含义是____。
   它与M27×2−5H螺孔的中心距为__________。
4. 在指定位置画出$E-E$剖视图，其主要表达的结构是_________。

技术要求

铸造圆角R3~R5。

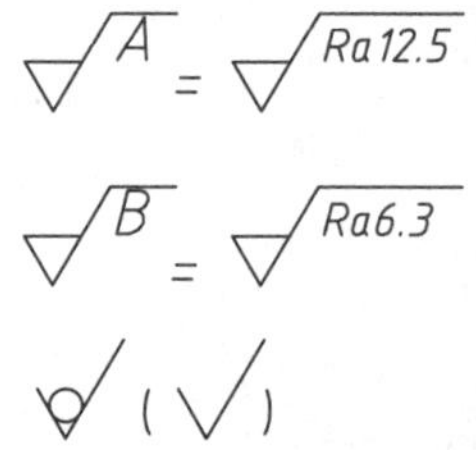

阀 体	比例	件数	材料
	1:2	1	HT200

9−1　拼画装配图：根据手压阀轴测图、示意图和零件图拼画装配图。

一、作业目的和要求

1. 仔细阅读每张零件图(附后)，根据给出的手压阀零件图，想象每个零件的形状，并根据示意图和工作原理，按尺寸找出零件之间的相互关系，弄清手压阀的原理和功用。

2. 在A3图纸上画出手压阀的装配图。认真选定表达方案，确定比例，合理布置图面，留出标注尺寸和零件序号的空间。

二、工作原理

手压阀是吸进或排出液体的一种手动阀门。当握住手柄向下压紧阀杆时，弹簧受力压缩，使阀杆向下移动，液体入口与出口相通；当手柄向上抬起时，由于弹簧自身的力的作用，阀杆向上压紧阀体，使液体入口与出口不通。

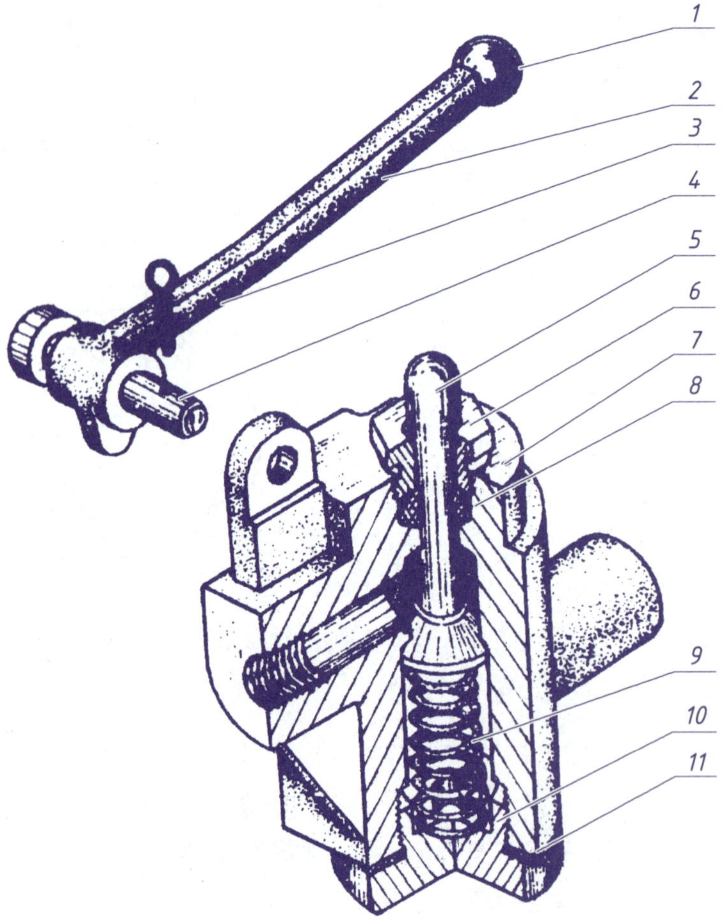

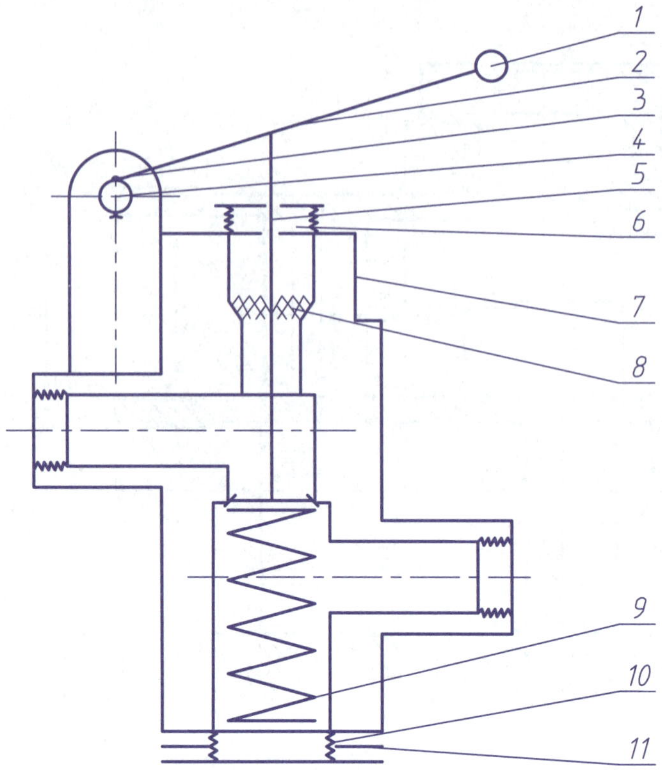

序号	名称	数量	材料	备注
11	胶垫	1	橡胶	
10	调节螺母	1	Q235	
9	弹簧	2	65Mn	
8	填料		石棉	
7	阀体	1	HT150	
6	锁紧螺母	1	Q235	
5	阀杆	1	45	
4	销钉	1	20	
3	开口销 4×16	1	Q235	GB/T 91—2000
2	手柄	1	20	
1	球头	1	胶木	

手 压 阀		比例		
		数量		
制图		重量		共 张 第 张
描图		华东理工大学		
审核				

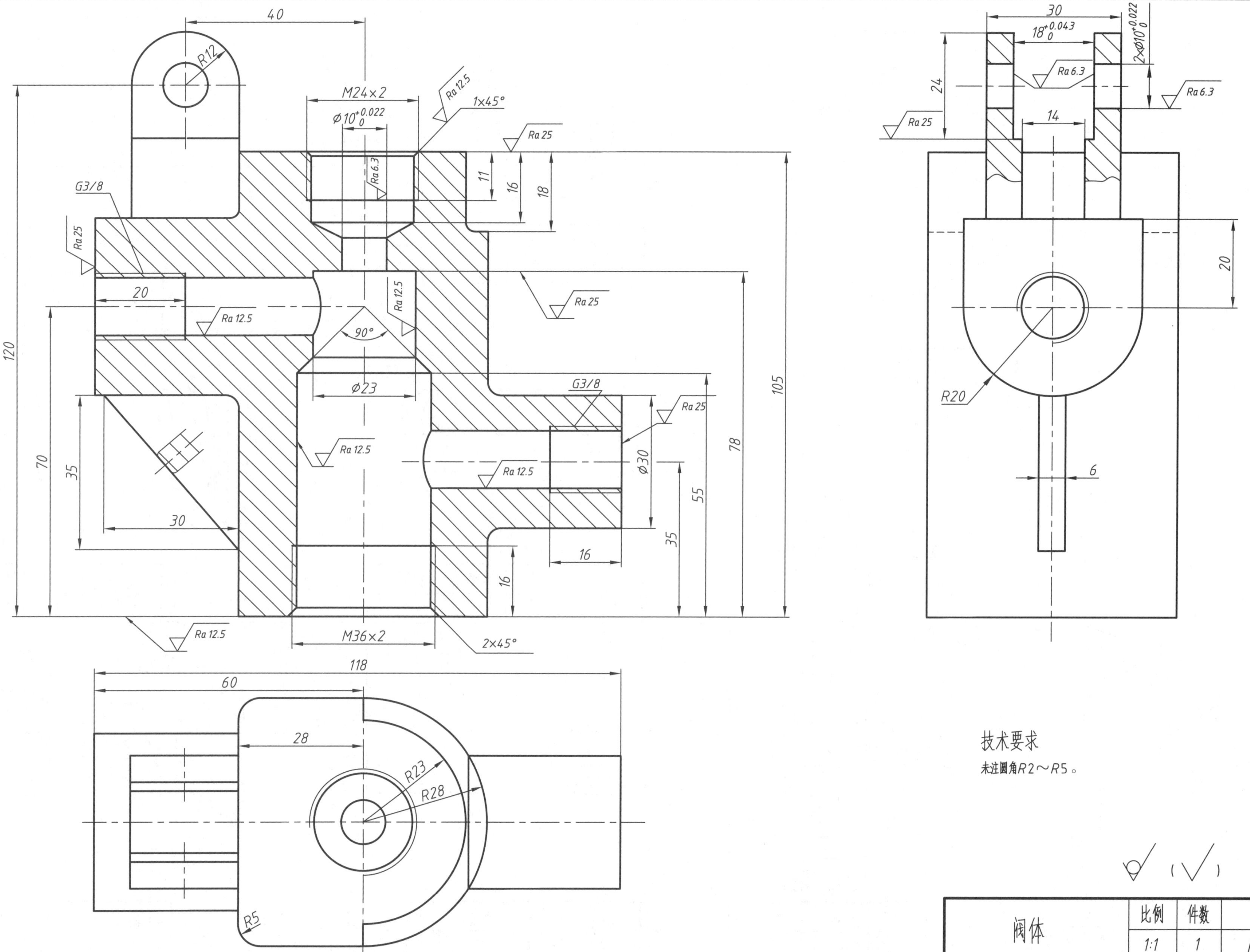

技术要求

未注圆角R2～R5。

阀体	比例	件数	材料
	1:1	1	HT150

9-1续 手压阀零件图二

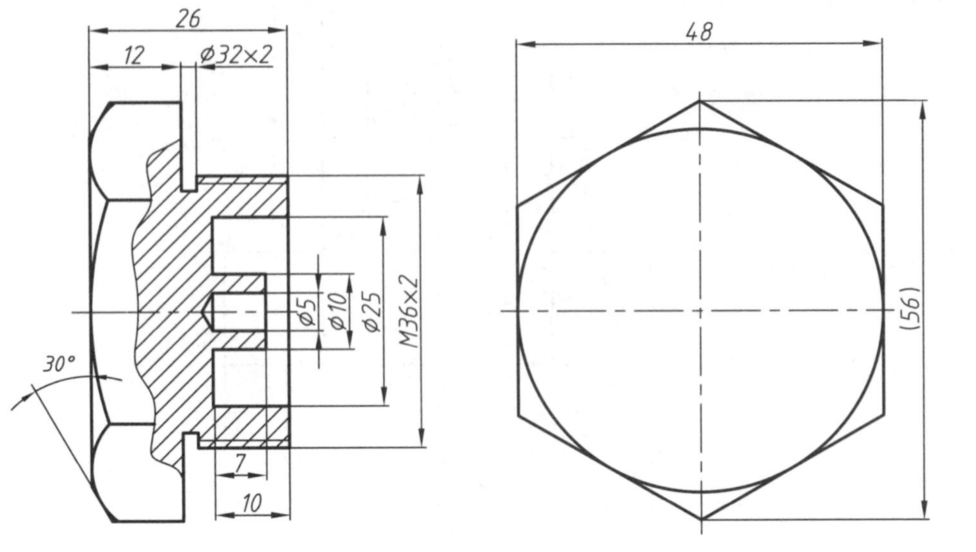

Ra 12.5 (√)

调节螺母	比例	件数	材料
	1:1	1	Q235

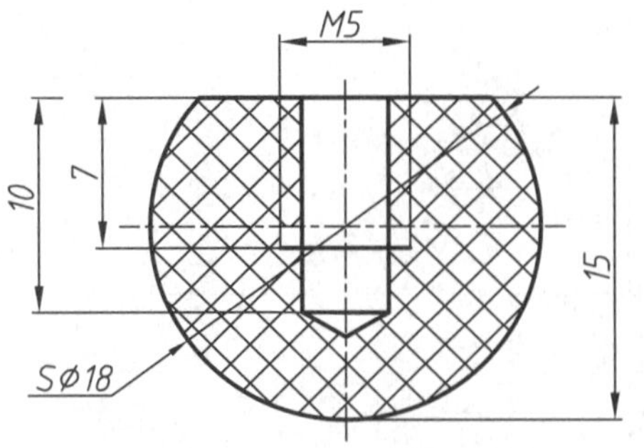

球头	比例	件数	材料
	2:1	1	胶木

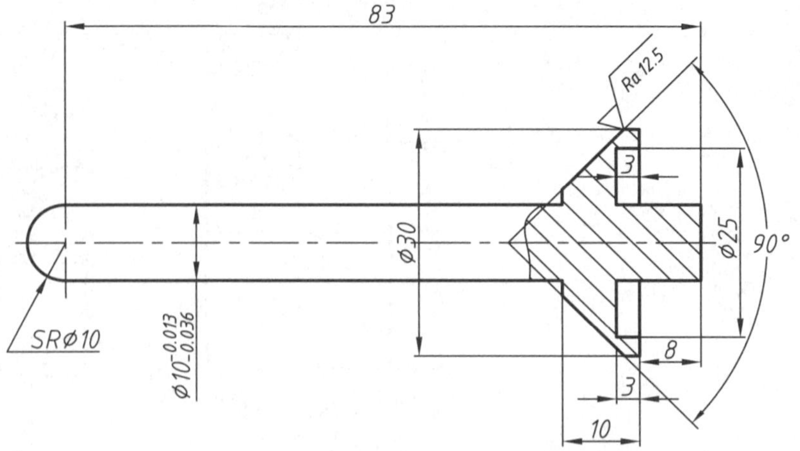

Ra 25 (√)

阀杆	比例	件数	材料
	1:1	1	45

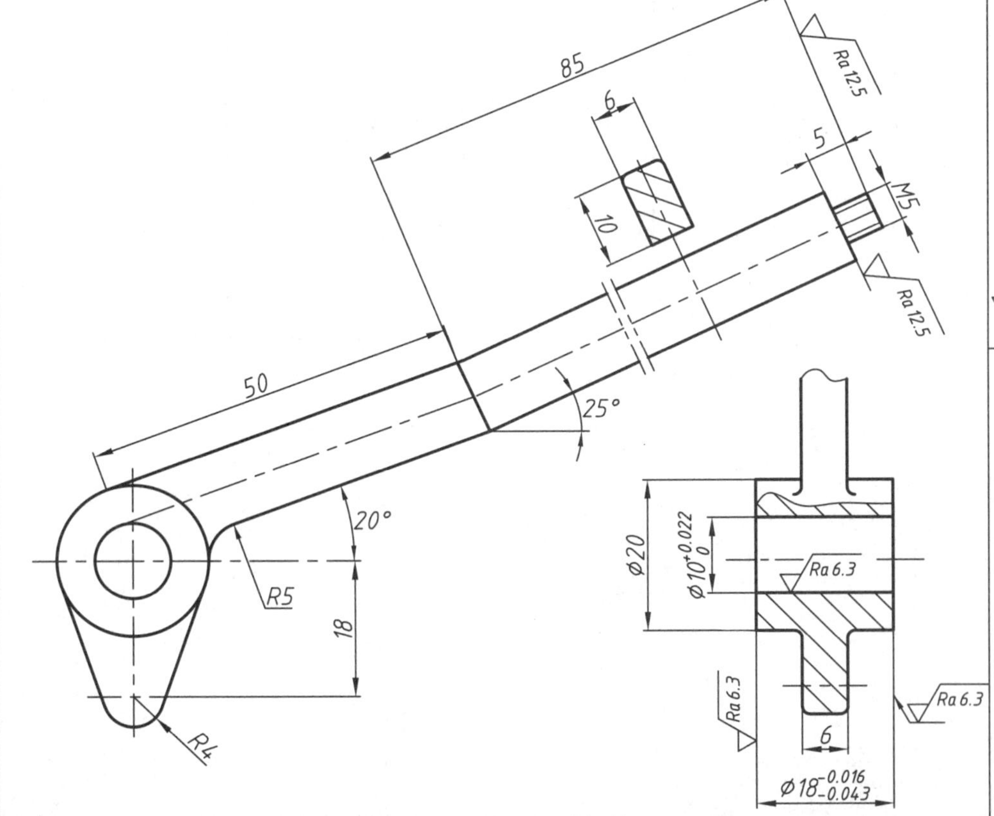

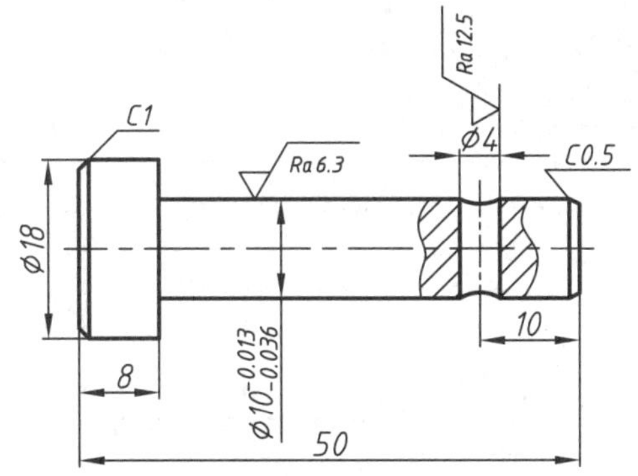

Ra 25 (√)

销钉	比例	件数	材料
	1:1	1	20

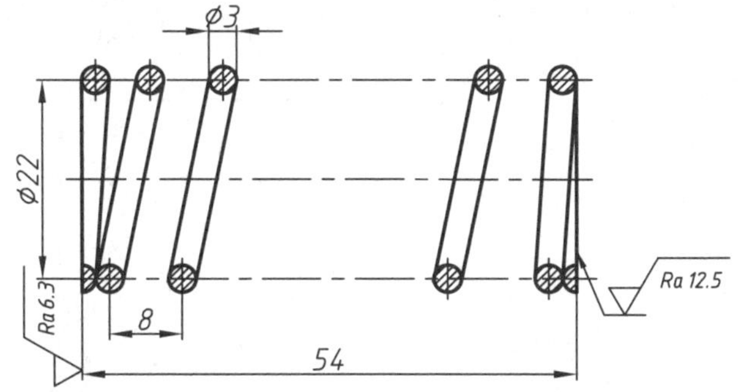

(√)

弹簧	比例	件数	材料
	1:1	2	60Mn

Ra 25 (√)

手柄	比例	件数	材料
	1:1	1	20

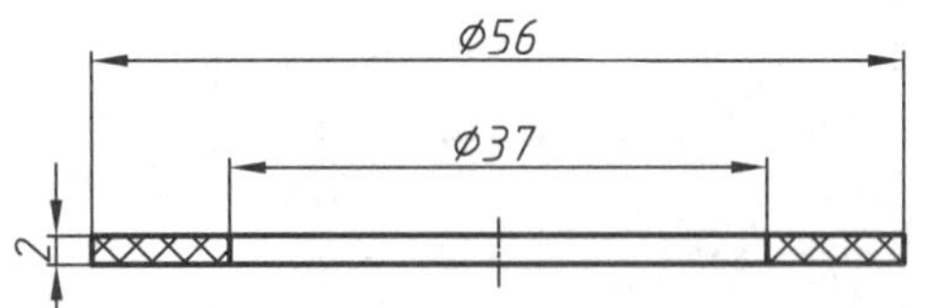

胶垫	比例	件数	材料
	1:1	1	橡胶

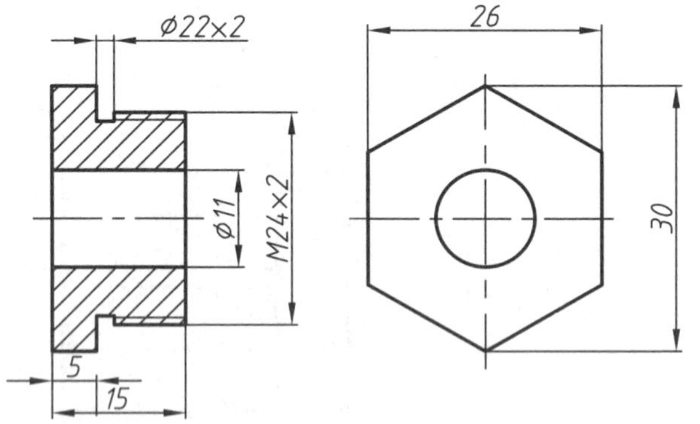

Ra 12.5 (√)

锁紧螺母	比例	件数	材料
	1:1	1	Q235

9-1续 根据手压阀的示意图和零件图拼画装配图。

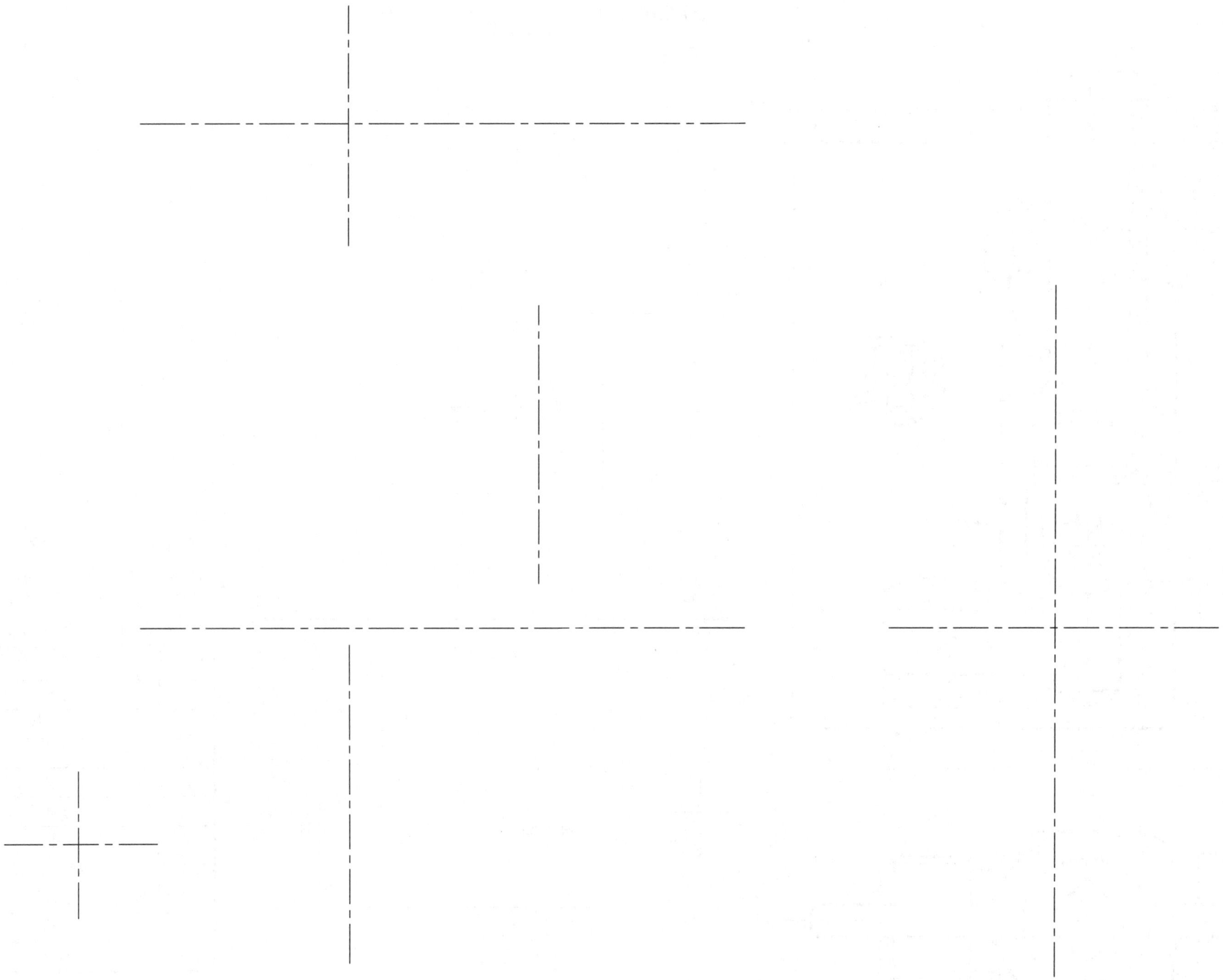

9−2 读下面阀门的装配图，并回答以下问题：(1) 分析零件之间的装配关系，说明活门(件2)的拆卸次序；(2) 图中$\phi42\,\dfrac{H11}{c11}$表示什么含义？(3) 读懂各零件的形状，分别画出壳体(件1)、活门(件2)、轴(件4)和压盖螺母(件8)的视图(用合适的表达方法表示形体，尺寸从图上直接量取，尺寸标注、表面粗糙度代号等省略)。

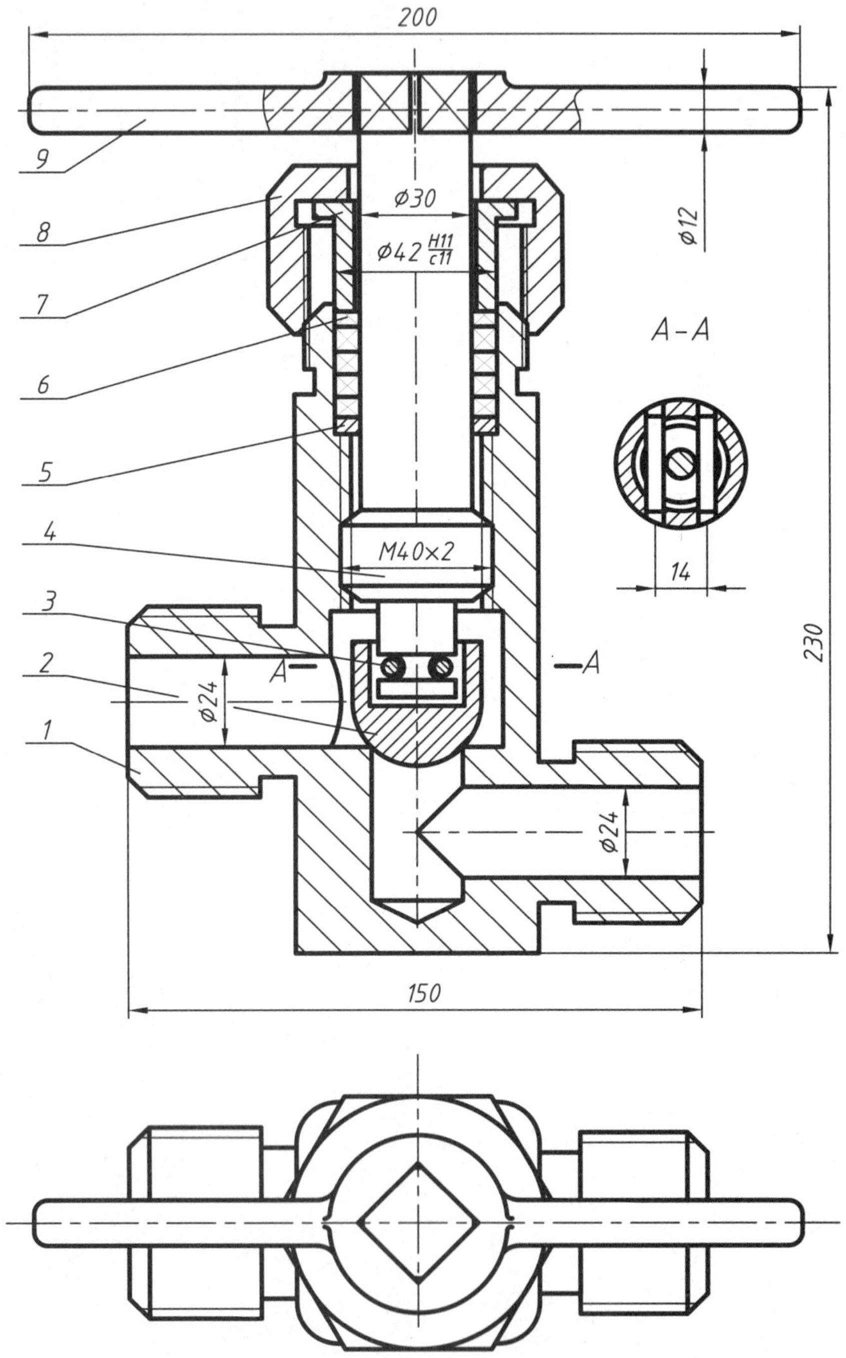

(3) 绘制视图

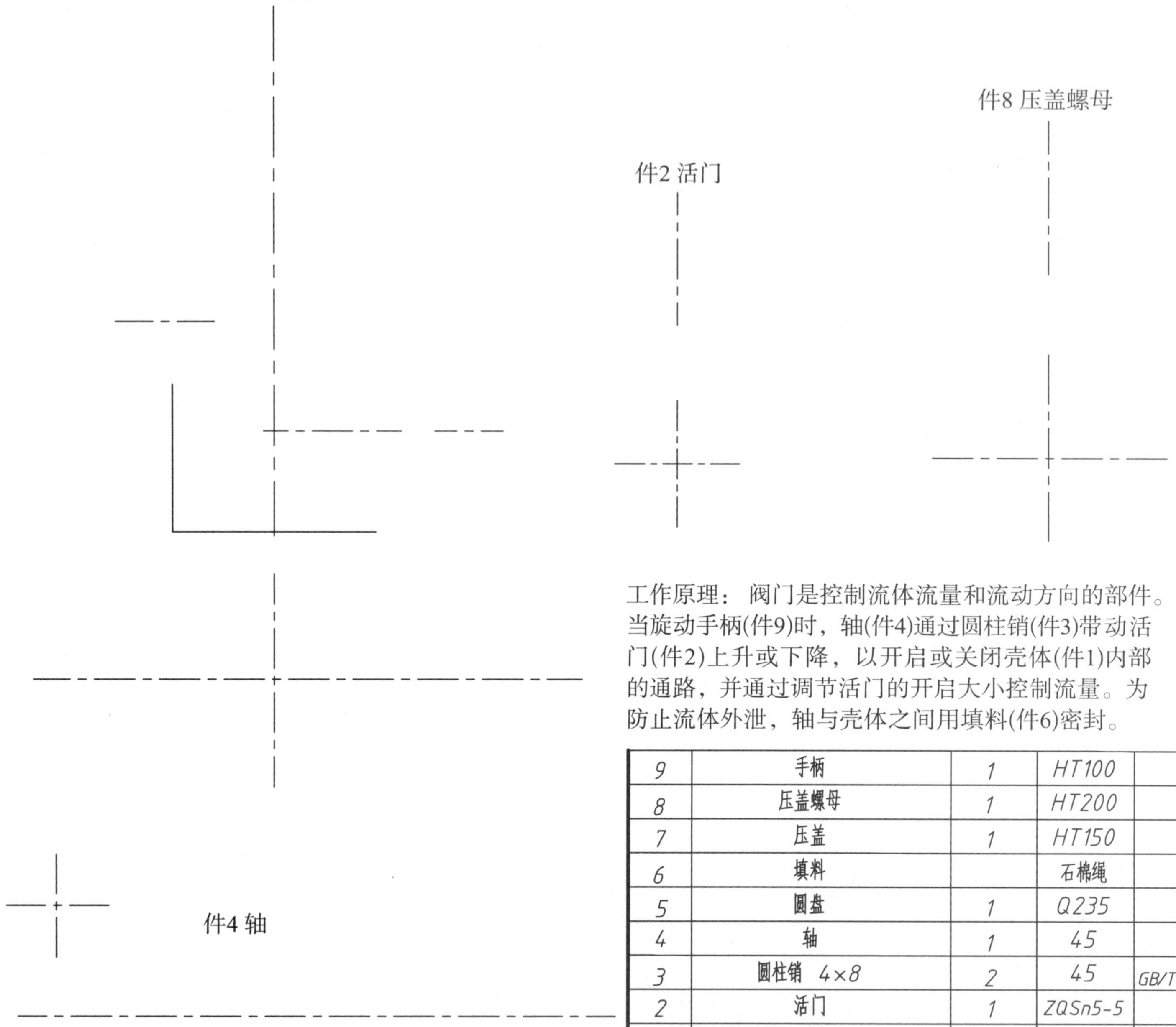

工作原理：阀门是控制流体流量和流动方向的部件。当旋动手柄(件9)时，轴(件4)通过圆柱销(件3)带动活门(件2)上升或下降，以开启或关闭壳体(件1)内部的通路，并通过调节活门的开启大小控制流量。为防止流体外泄，轴与壳体之间用填料(件6)密封。

序号	名称	数量	材料	备注
9	手柄	1	HT100	
8	压盖螺母	1	HT200	
7	压盖	1	HT150	
6	填料		石棉绳	
5	圆盘	1	Q235	
4	轴	1	45	
3	圆柱销 4×8	2	45	GB/T 119.1—2000
2	活门	1	ZQSn5-5	
1	壳体	1	ZG35	

阀 门		比例	1:2	Z-01
		件数		
制图	日期	重量		共 张 第 张
描图	日期	华东理工大学		
审核	日期			

答：(1) ____。

(2) ____。

9-3 读下面齿轮泵的装配图，并完成后面的任务。

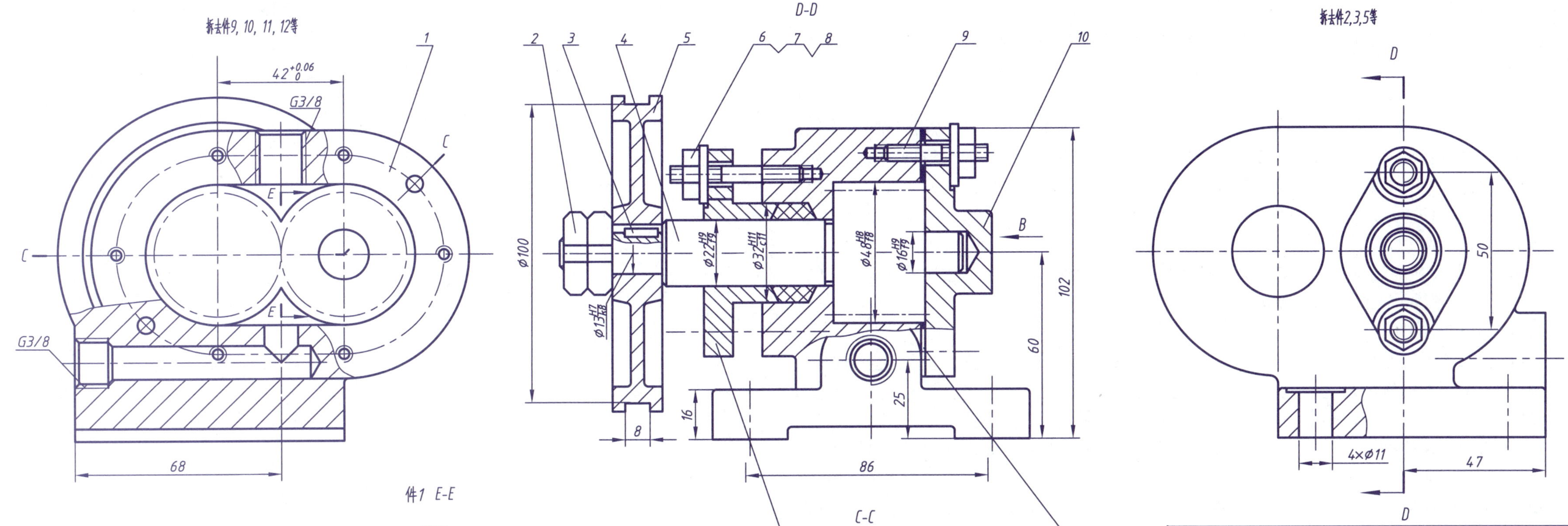

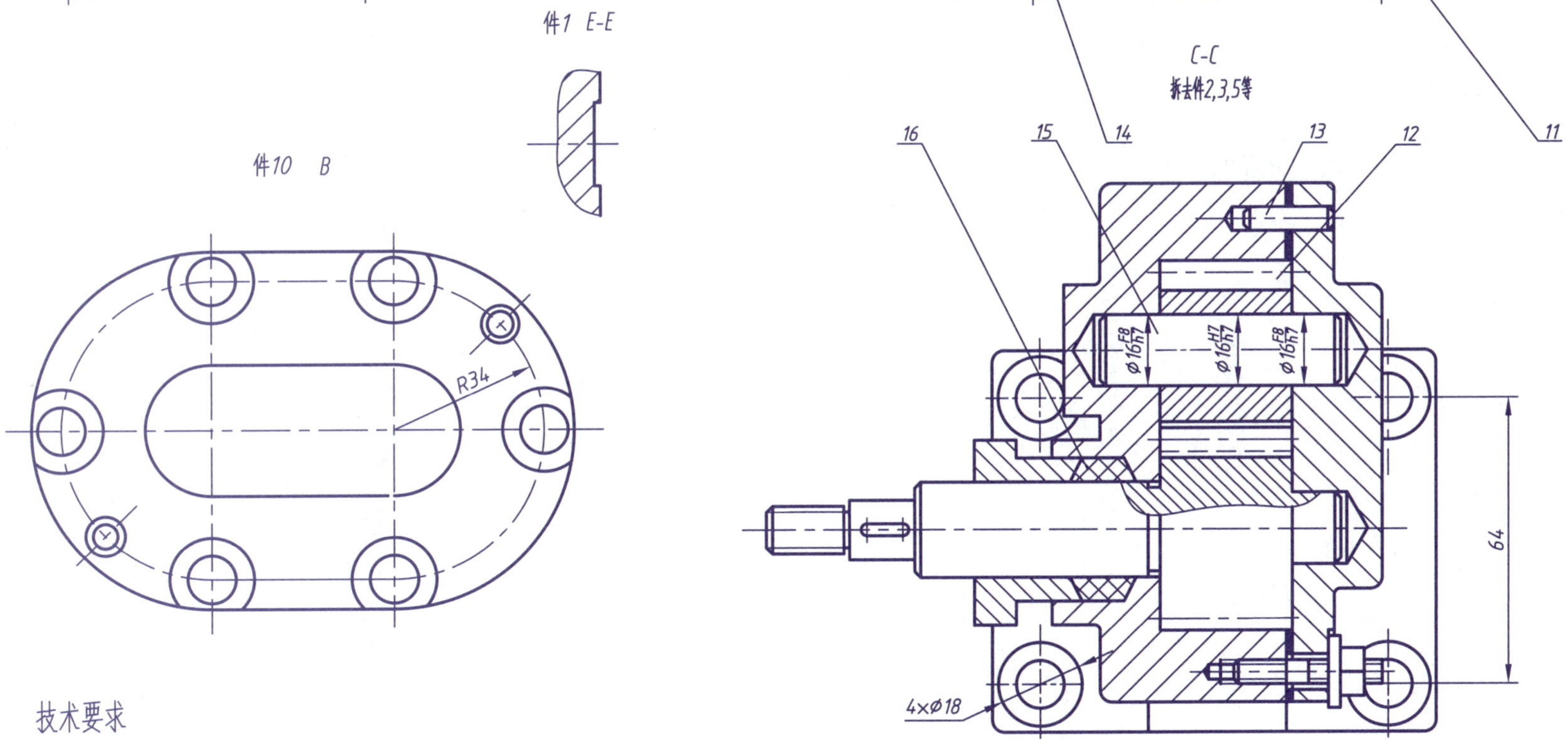

序号	名称	数量	材料	备注
16	填料	1	石棉	
15	小轴	1	35	
14	压盖	1	HT150	
13	销 A6×20	2	45	GB/T 119.1—2000
12	齿轮	1	45	m=3 z=14
11	垫片	1	工业用纸	
10	泵盖	1	HT150	
9	螺柱 AM8×22	6	Q235	GB/T 898—88
8	垫圈 8-100HV	8	Q235	GB/T 95—2002
7	螺柱 AM8×32	2	35	GB 898—88
6	螺母 M8	8	Q235	GB/T 6170—2015
5	皮带轮	1	HT150	
4	齿轮轴	1	45	m=3 z=14
3	键 5×5×12	1	45	GB/T 1096—2003
2	螺母 M12×1.25	2	Q235	GB 812—88
1	泵体	1	HT150	

齿轮泵		比例	1:1	
		件数		
制图		重量		共 张 第 张
描图		华东理工大学		
审核				

技术要求

1. 齿轮安装后，用手转动齿轮轴时应灵活。
2. 两齿轮轮齿的啮合长度应在齿长3/4以上。

一、作业目的

练习看装配图，提高读图能力。学习由装配图拆画零件图的方法和步骤，进一步提高画零件图的能力。

二、工作原理

齿轮泵是用来输送润滑油或压力油的一种装置，主要由泵体1、泵盖10、齿轮轴4、齿轮12、压盖14、填料16等组成。泵体下方是进油口，上方是出油口。当皮带轮5通过平键3带动齿轮轴旋转时，齿轮12随之转动，使泵体进口处的空气稀薄，内压力降低，油即被吸入泵内并以较高的压力沿齿间与泵体壁之间被送往出油口。

三、作业内容

读装配图并分析齿轮泵的表达方法；根据工作原理，弄清楚齿轮泵的用途、各零件之间的装配关系以及零件的主要结构和形状。

1. 读图并回答问题

(1) 齿轮泵的表达方案采用了__________________视图，以及__________________剖视。

(2) C−C剖视图的作用是____。

(3) ___________视图中采用了拆卸画法，拆去的零件是___________。

(4) 压盖14与泵体1用____________连接，两零件的端面未接触，是因为填料在装配图中按___________绘制。

(5) 齿轮12的模数等于_________，齿数等于_________，节圆直径等于_________mm，齿顶圆直径等于___________mm，齿根圆直径等于___________mm。

(6) 拆卸齿轮轴的步骤是____。

2. 根据装配图，画出泵体1、压盖14的零件图（要求用合适的表达方法表示形体，尺寸从装配图中量取，尺寸标注、表面粗糙度代号、尺寸公差等可以不标注）。

泵体1

压盖14

9–4 读下面柱塞泵的装配图，并完成后面的任务。

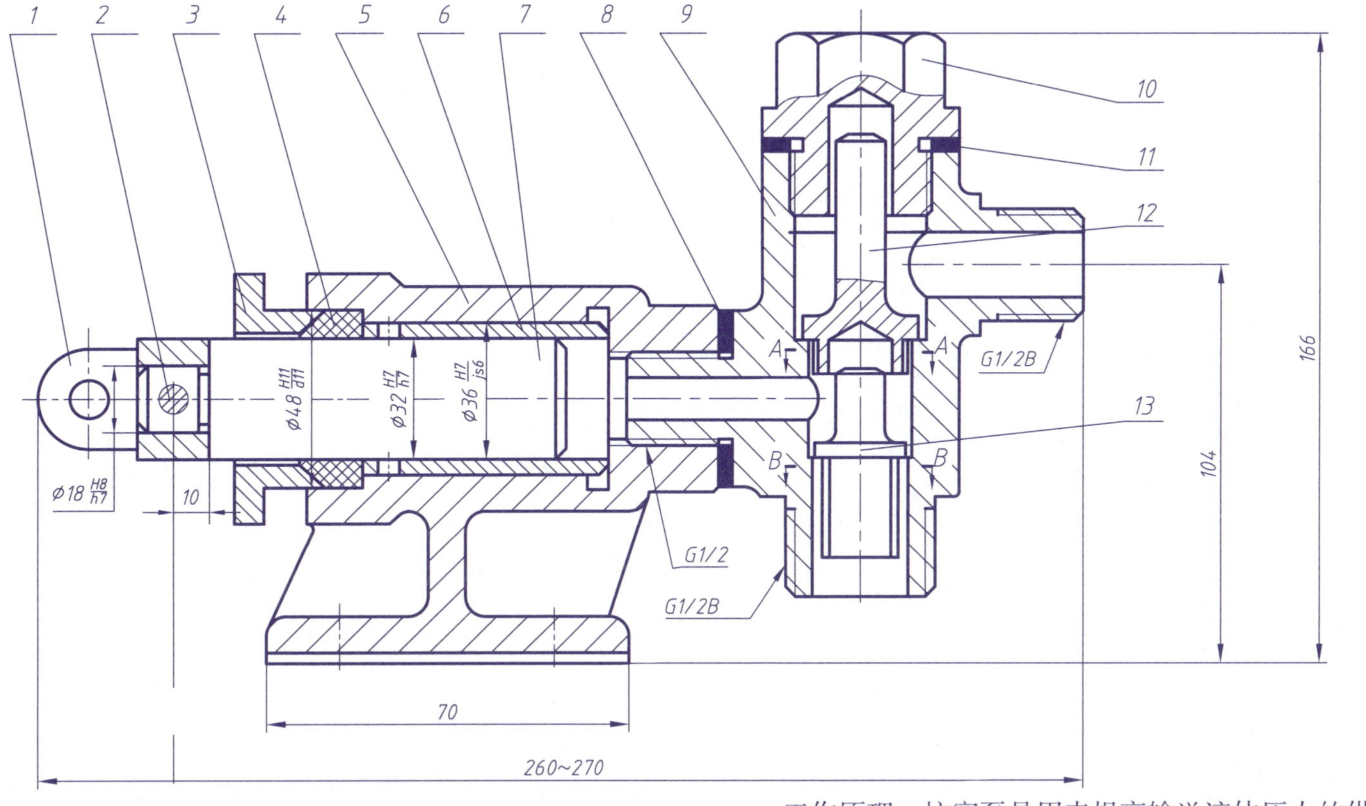

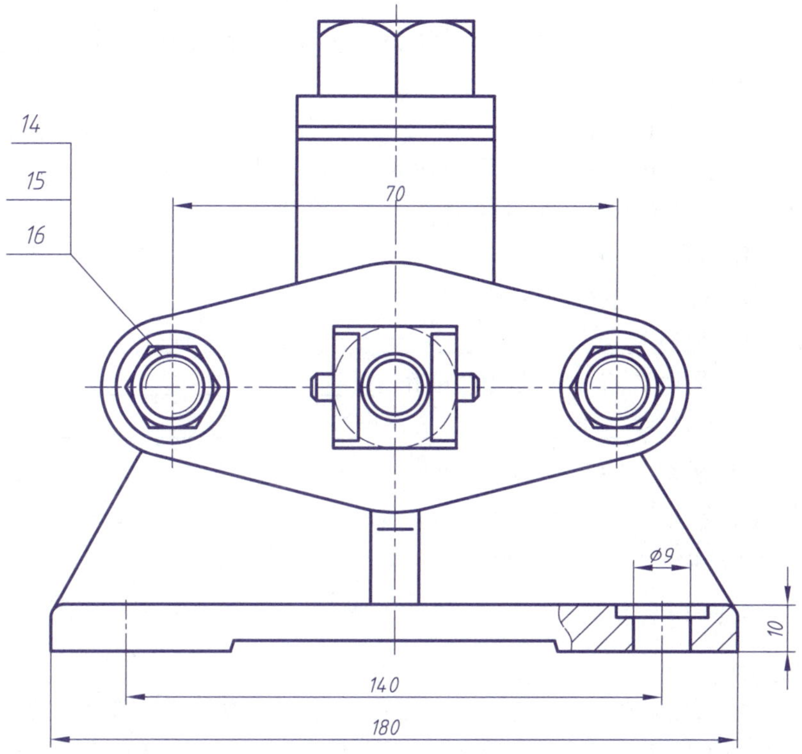

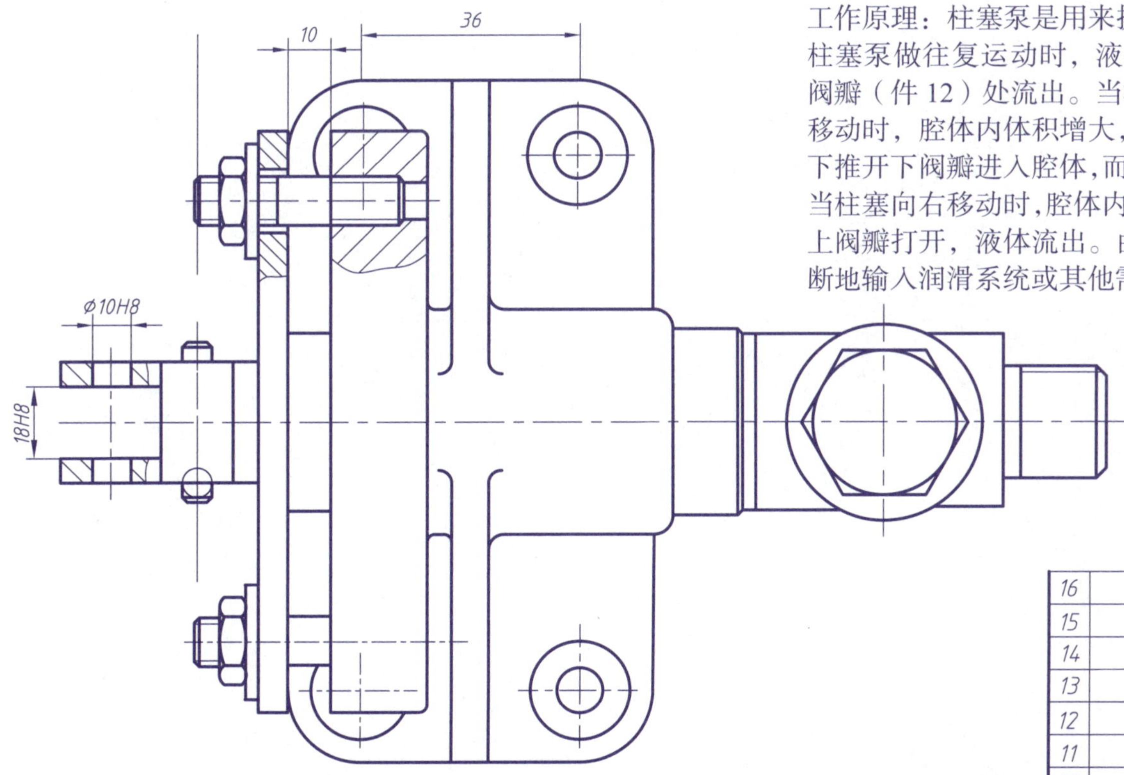

工作原理：柱塞泵是用来提高输送液体压力的供油部件。当柱塞泵做往复运动时，液体由下阀瓣（件 13）处流入、上阀瓣（件 12）处流出。当柱塞（件 7）在外力的推动下向左移动时，腔体内体积增大，形成负压，液体在大气压的作用下推开下阀瓣进入腔体，而上阀瓣在负压的作用下紧紧关闭。当柱塞向右移动时，腔体内体积减小，压力增大，下阀瓣关闭，上阀瓣打开，液体流出。由于柱塞的往复运动，液体能够不断地输入润滑系统或其他需要的地方。

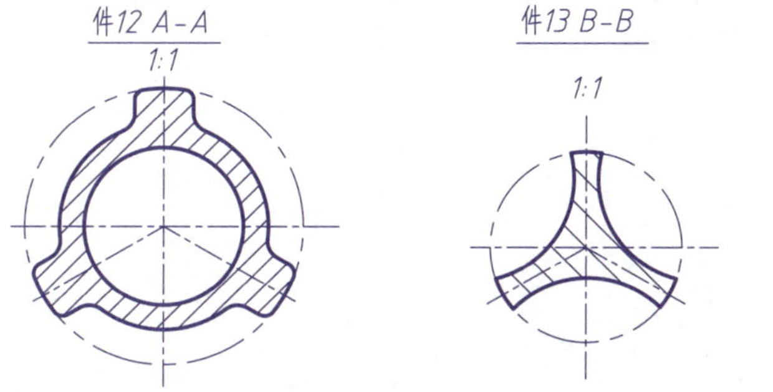

序号	名称	数量	材料	备注
16	垫圈 10-140HV	2		GB/T 848—2002
15	螺母 M10	2		GB/T 41—2016
14	螺柱 M10×30	2		GB 897—88
13	下阀瓣	1	ZCuZn38Mn2Pb2	
12	上阀瓣	1	ZCuZn38Mn2Pb2	
11	垫圈	1	纸	
10	螺塞	1	Q235-A	
9	管接头	1	HT200	
8	垫圈	1	纸	
7	柱塞	1	45	
6	衬套	1	ZCuZn38Mn2Pb2	
5	泵体	1	HT200	
4	填料		油麻绳	
3	压盖	1	HT150	
2	销 A5×30	1	35	GB/T 117—2000
1	连套	1		

柱塞泵		比例	1:2	6A10-00
		件数		
制图	日期	重量		共 张 第 张
描图	日期	华东理工大学		
审核	日期			

9-4续 柱塞泵读图作业要求

一、作业目的

练习看装配图，提高读图能力。学习由装配图拆画零件图的方法和步骤，进一步提高画零件图的能力。

二、作业内容

读装配图并分析柱塞泵的表达方法；根据工作原理，弄清楚柱塞泵的用途、各零件之间的装配关系以及零件的主要结构和形状。

1. 回答下列问题

(1) 柱塞泵主视图的表达方案是______________________________；表达重点是______________________________。

(2) 柱塞泵俯视图的表达方案是______________________________；表达重点是______________________________。

(3) 衬套（件 6）的拆卸顺序是______________________________；下阀瓣（件 13）的拆卸顺序是______________________________。

(4) 主视图中尺寸 166 属于__________尺寸。

(5) $\phi 36\frac{H7}{js6}$ 属于______尺寸，属于______制的______配合；H 表示__________，7 表示______________，js 表示______________。

2. 读柱塞泵的装配图，拆画泵体（件 5）、管接头（件 9）、螺塞（件 10）、上阀瓣（件 12）的零件图（要求用合适的表达方法表示形体，尺寸从装配图中量取，尺寸标注、表面粗糙度代号、尺寸公差等可以不标注）。

件10

件12

件5

件9

9−5 柱塞泵部件测绘，绘制装配图。

一、作业内容

由给出的装配体实物、装配示意图，拆装并测绘各零件，画出其徒手图并标注尺寸，再根据零件图画出装配图。

二、工作原理

泵是用来输送流体的设备。生产中经常需要将流体从一处输送至另一处，或者从低压力处输送到高压力处，这种用来输送流体并提高流体压力的设备称为泵。本部件分为两部分：一是工作部分——输送流体部分，主要由泵体、柱塞、曲轴组成；二是防漏装置——由于曲轴一端伸出泵体外，为了防止泵内流体沿轴、孔间隙泄漏，必须有防漏装置，在伸出端先用填料塞满曲轴周围的空隙，然后用填料压盖和压盖螺母压紧填料。

柱塞泵的工作原理：当曲轴上的偏心销位于最高位置时，柱塞的位置也最高，进、出油口都被封住；当曲轴上的偏心销按顺时针方向旋转时，柱塞向左倾斜并下降，圆盘的内腔空间逐渐增大而形成真空，圆盘向左摆动，进油口开放，油箱内的油在大气压的作用下被吸进内腔；当偏心销转到柱塞最低位置时，圆盘的内腔空间最大，此时的进、出油口都被圆盘封住，完成吸油过程；当偏心销转到左侧、柱塞向右倾斜并上升的位置时，对油进行挤压，圆盘向右摆动，出油口开放，压力油开始输出，从而完成输油过程。

三、作业目的与要求

掌握画装配图的方法；巩固零件图的表达与画法。

1. 清楚了解柱塞泵的功能、工作原理以及每个零件的结构、形状、用途及其之间的装配关系。
2. 选择适宜的表达方法绘制柱塞泵装配图。根据视图数量、比例大小选用 A2 图纸幅面。
3. 画装配图中的标准件时，根据给出的标准件的标准号、规格用比例画法画出，无比例画法的，查表画出。
4. 标注零件尺寸时，有配合要求的地方，注意与其他零件上有关的配合尺寸及相关尺寸一致。
5. 画装配图时，按零件之间的装配关系确定配合代号并标注在装配图上，然后把零件图上所有应标注的极限偏差数值或基本偏差代号填入。

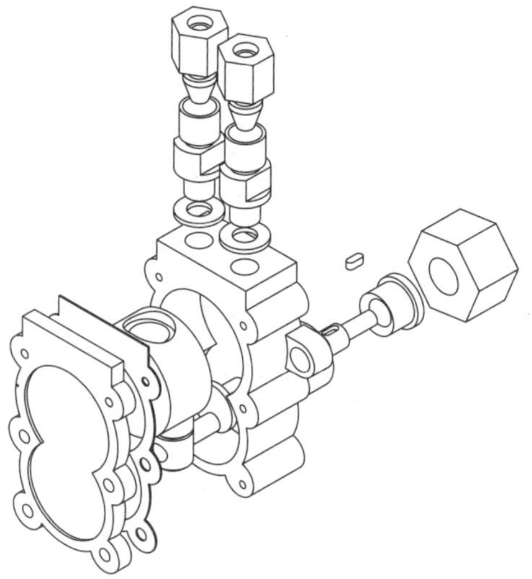

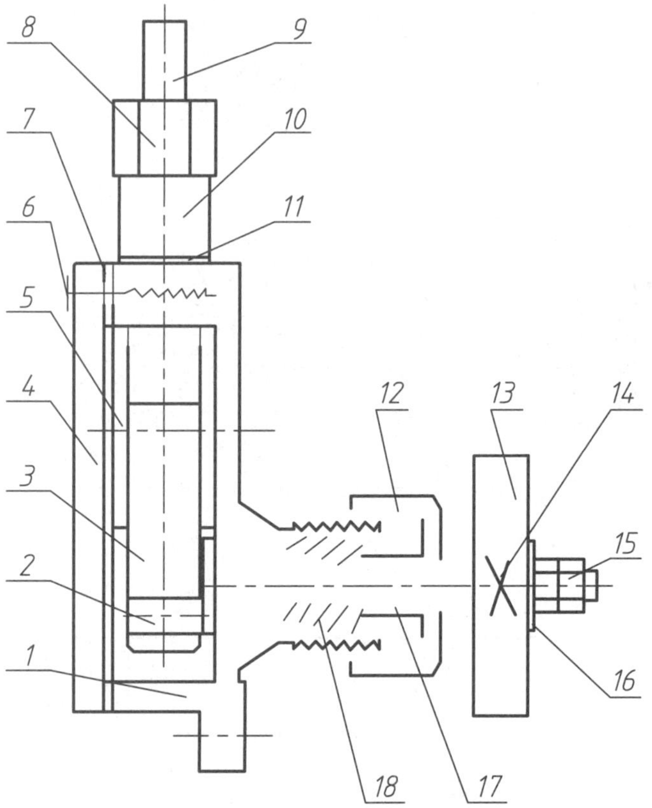

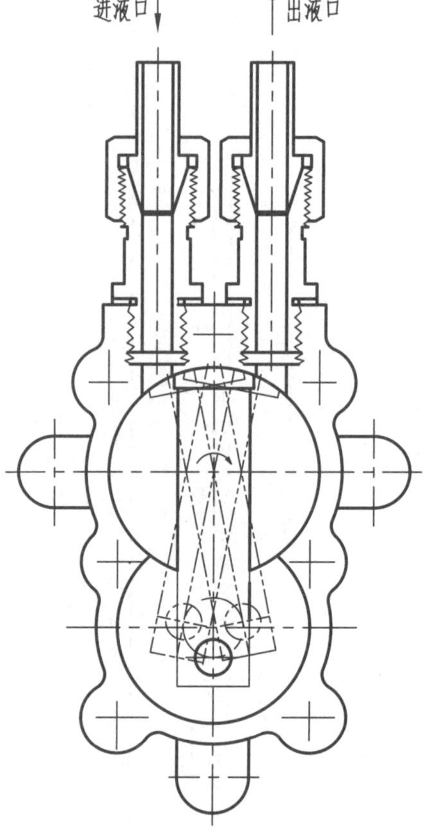

18	填料			
17	填料压盖	1	Q235	
16	垫圈 10	1	Q235	GB/T 97.1—2002
15	螺母 M10	2	Q235	GB/T 6170—2015
14	键 5×5×12	1	Q235	GB/T 1096—2003
13	齿轮	1	Q235	m=3 z=27
12	压盖螺母	1	Q235	
11	垫片	2	工业用纸	
10	管接头	2	Q235	
9	导管	2	Q235	
8	螺母	2	Q235	
7	垫片	1	工业用纸	
6	螺栓 M8×35	7	Q235	GB/T 5782—2016
5	圆盘	1	HT150	
4	泵盖	1	HT150	
3	柱塞	1	45	
2	曲轴	1	45	
1	泵体	1	HT150	
序号	名称	数量	材料	备注

柱 塞 泵		比例	1:1	
		数量		
制图		重量	共 张	第 张
描图		华东理工大学		
审核				

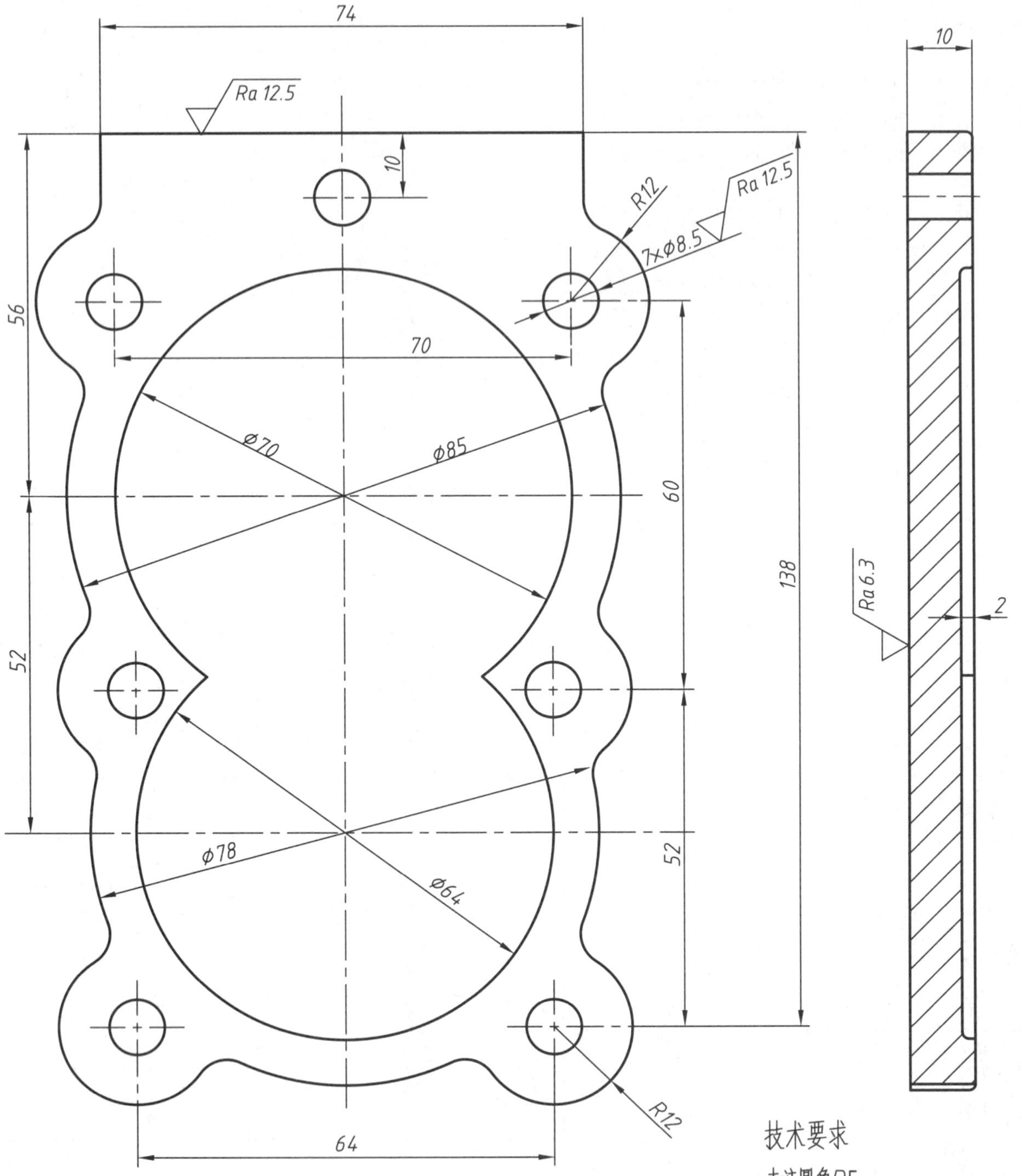

技术要求

未注圆角R5。

4 泵盖	比 例	1:1
	材 料	HT150

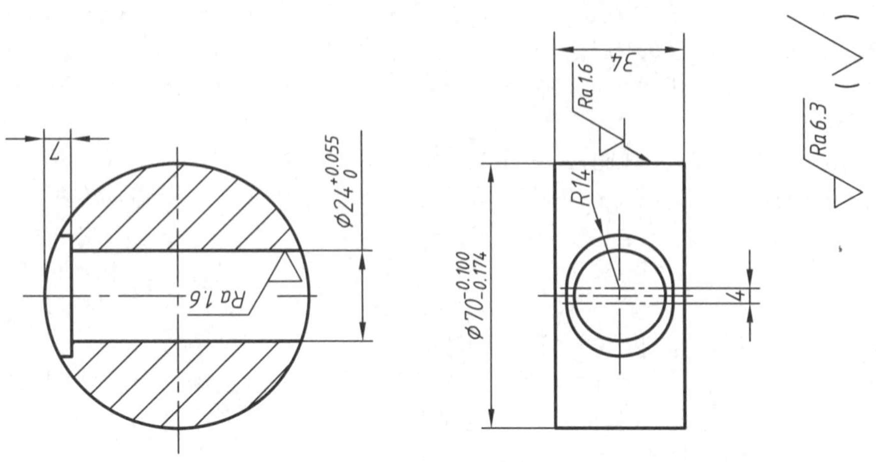

5 圆盘	比 例	1:2
	材 料	HT150

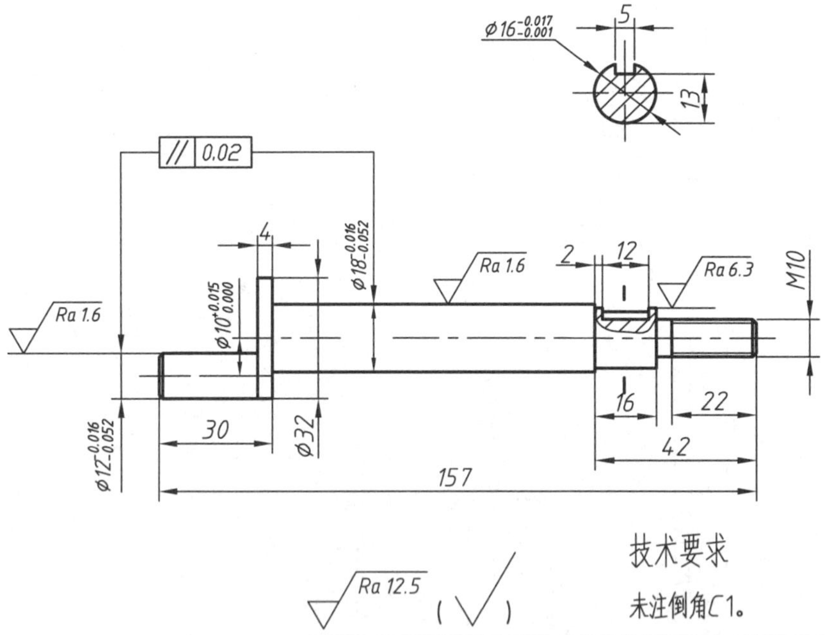

技术要求

未注倒角C1。

2 曲轴	比 例	1:2
	材 料	45

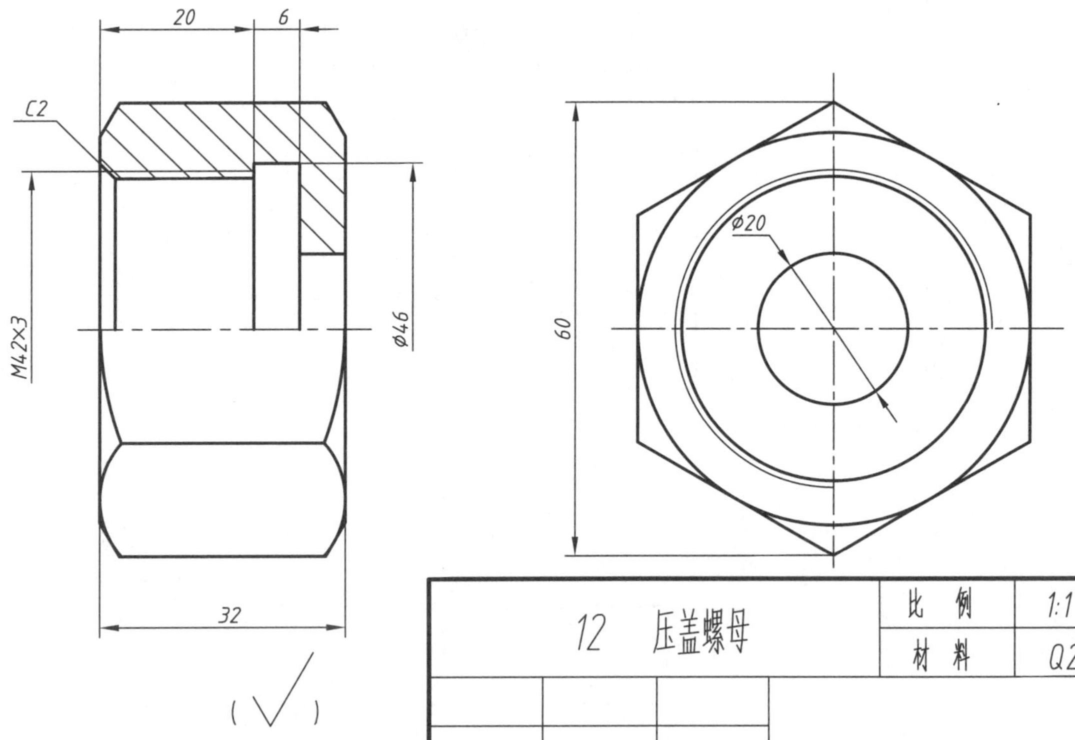

12　压盖螺母			比　例	1:1
			材　料	Q235

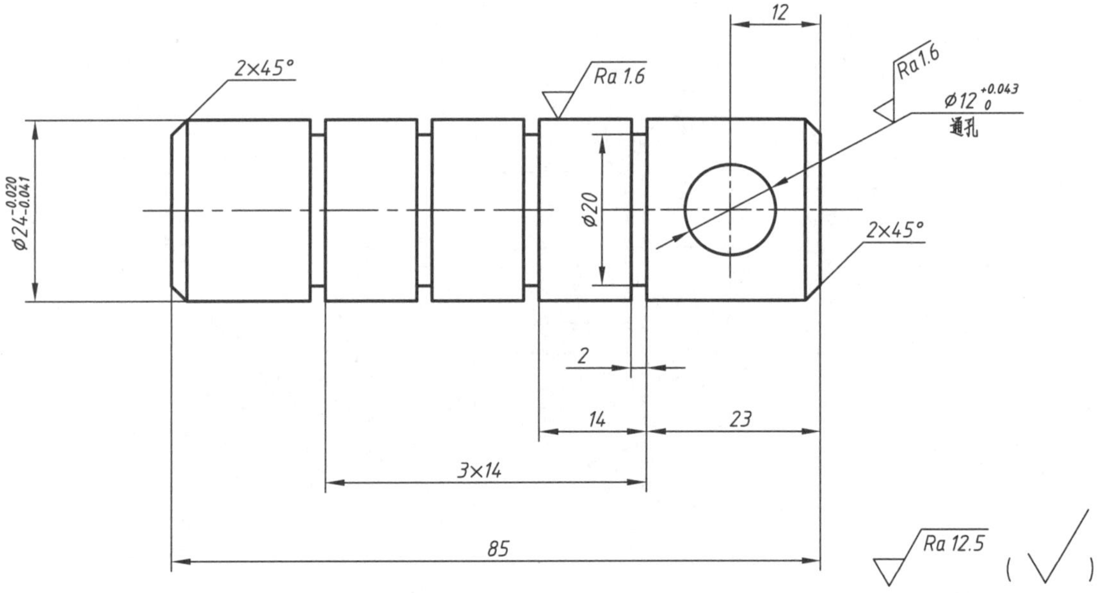

3　柱塞			比　例	1:1
			材　料	45

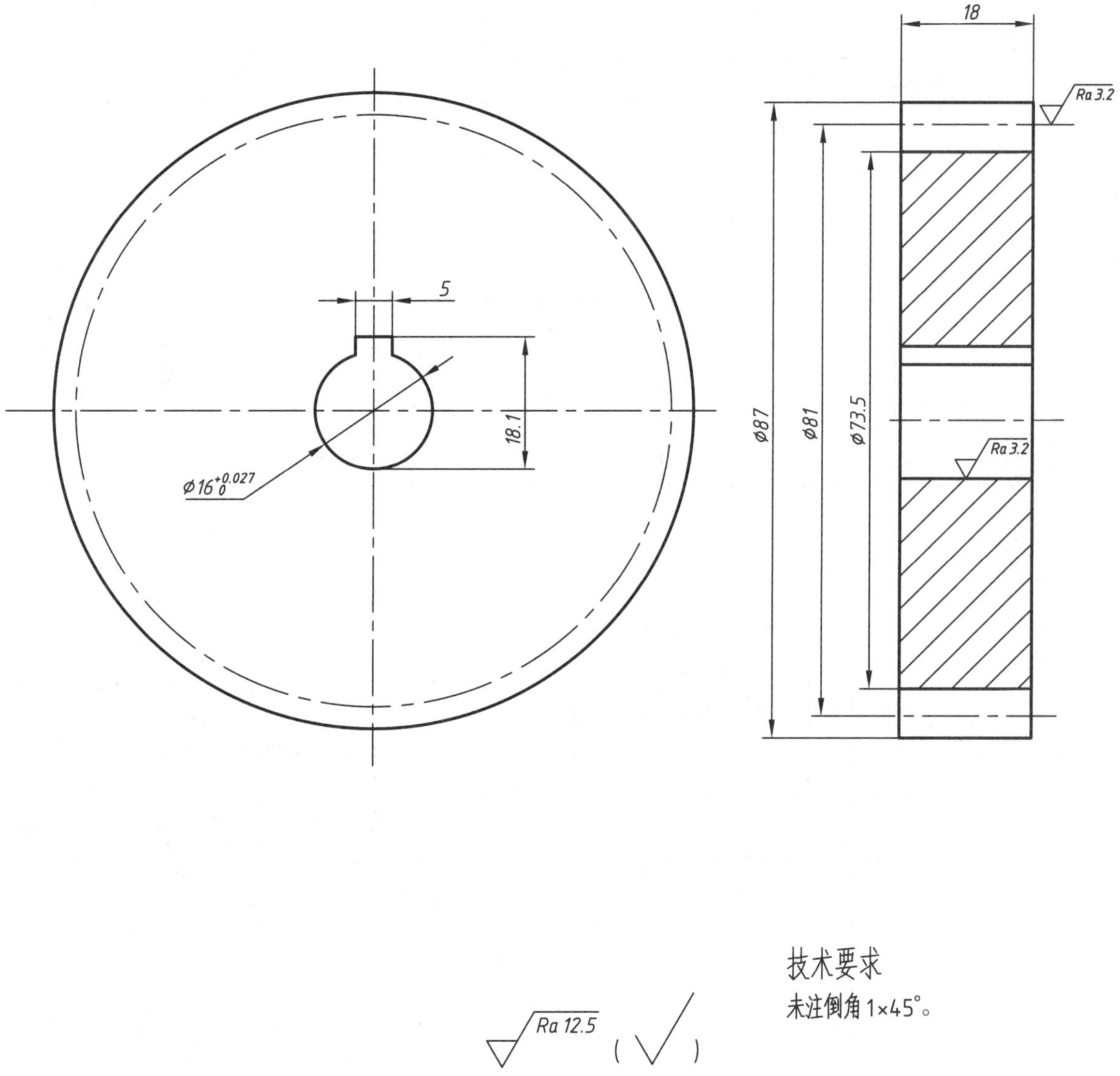

技术要求

未注倒角1×45°。

13　齿轮			比　例	1:1
			材　料	Q235

9−5续 柱塞泵零件图三

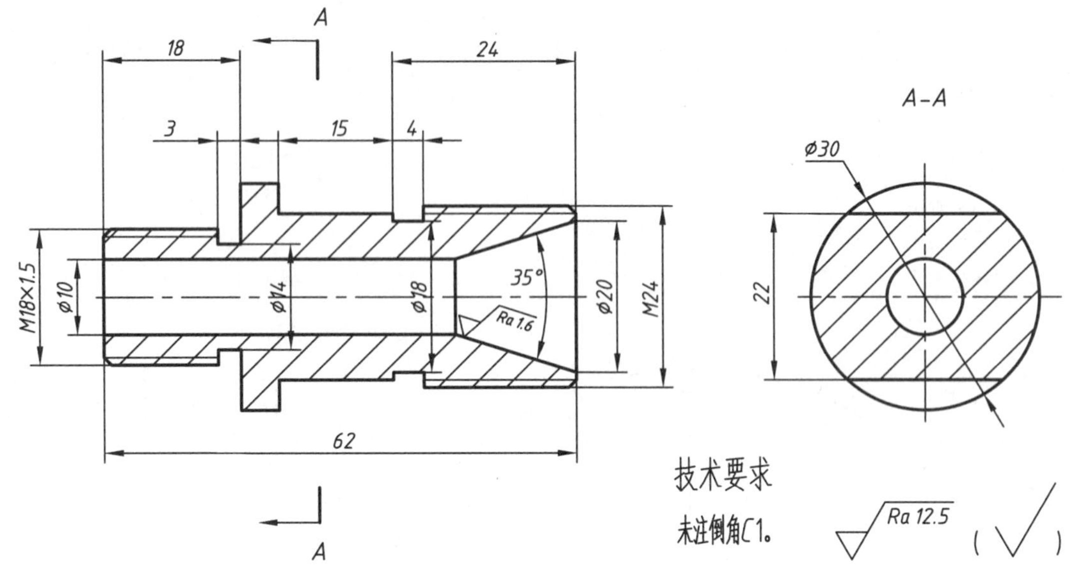

10 管接头		比 例	1:1
		材 料	Q235

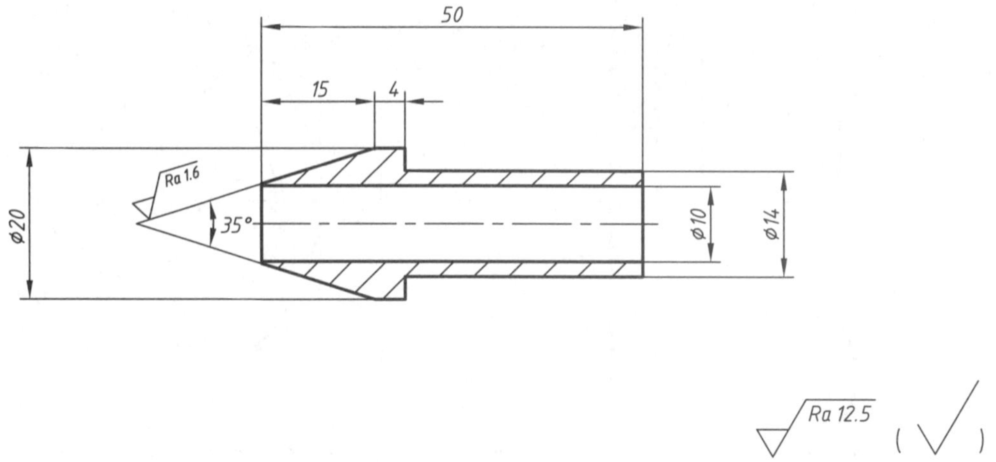

9 导管		比 例	1:1
		材 料	Q235

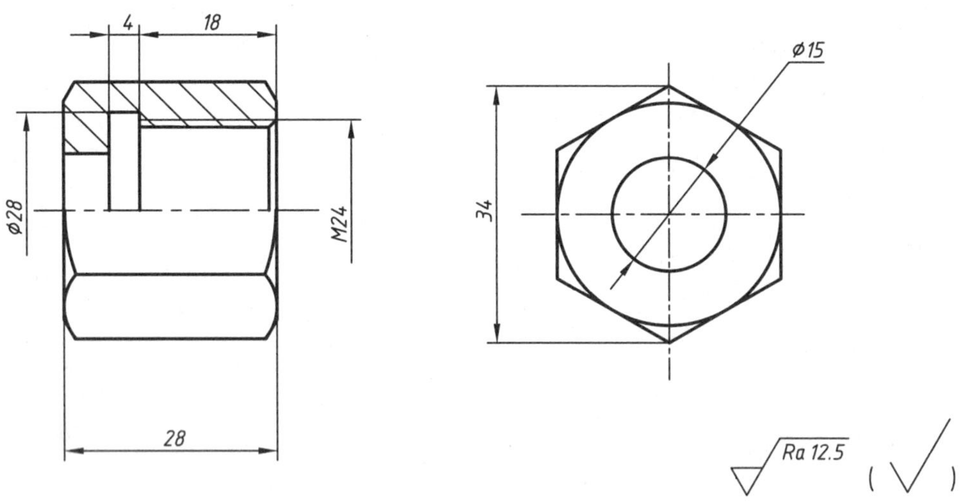

8 螺母		比 例	1:1
		材 料	Q235

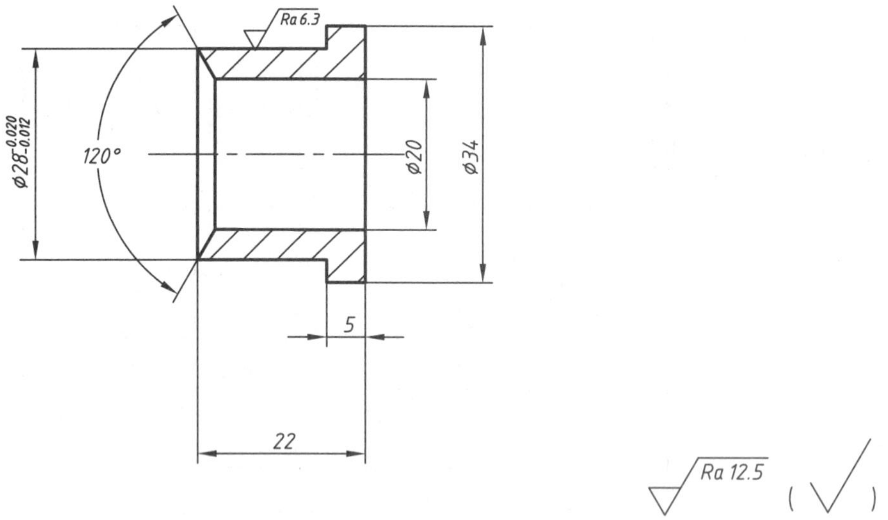

17 填料压盖		比 例	1:1
		材 料	Q235

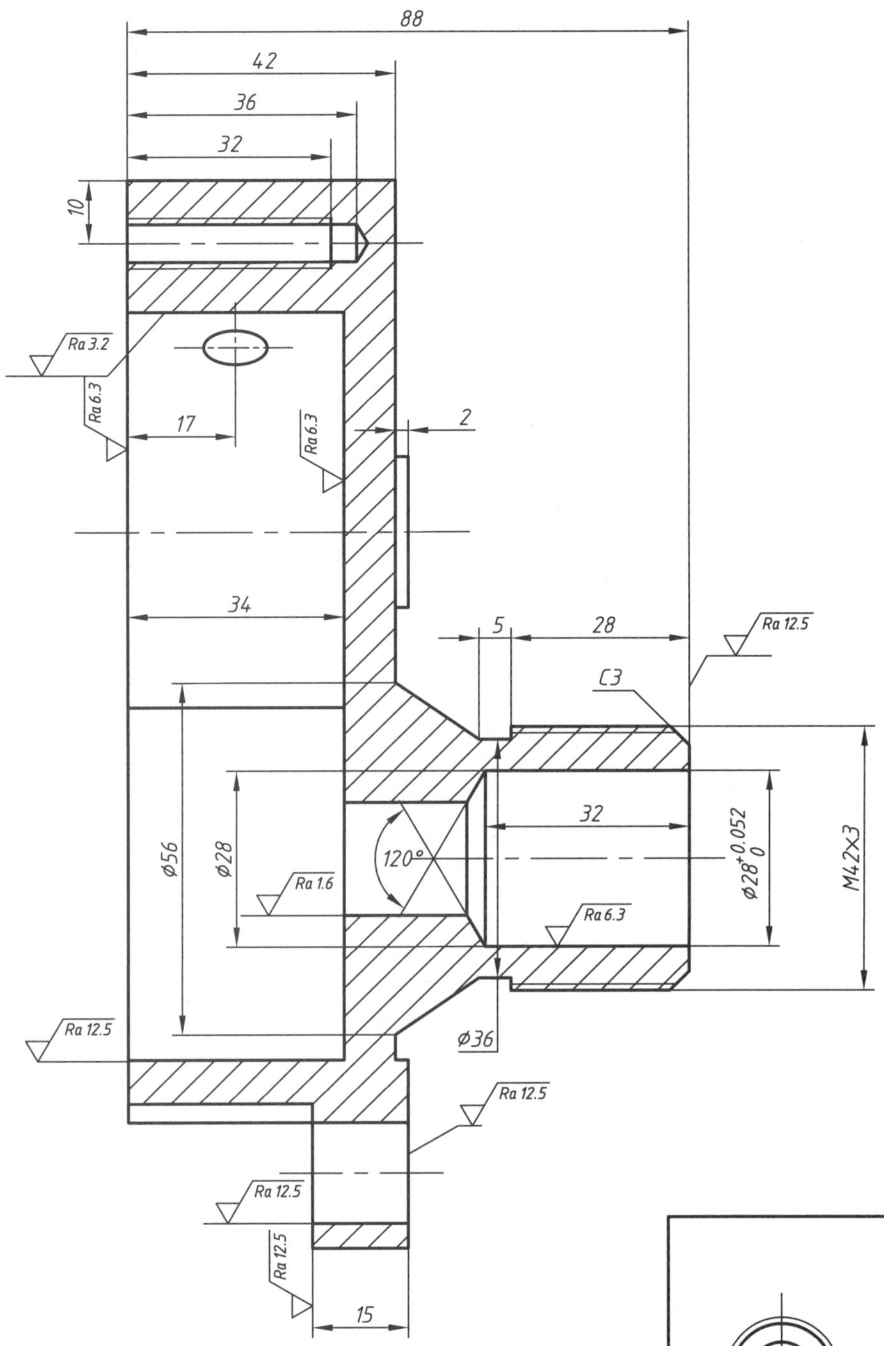

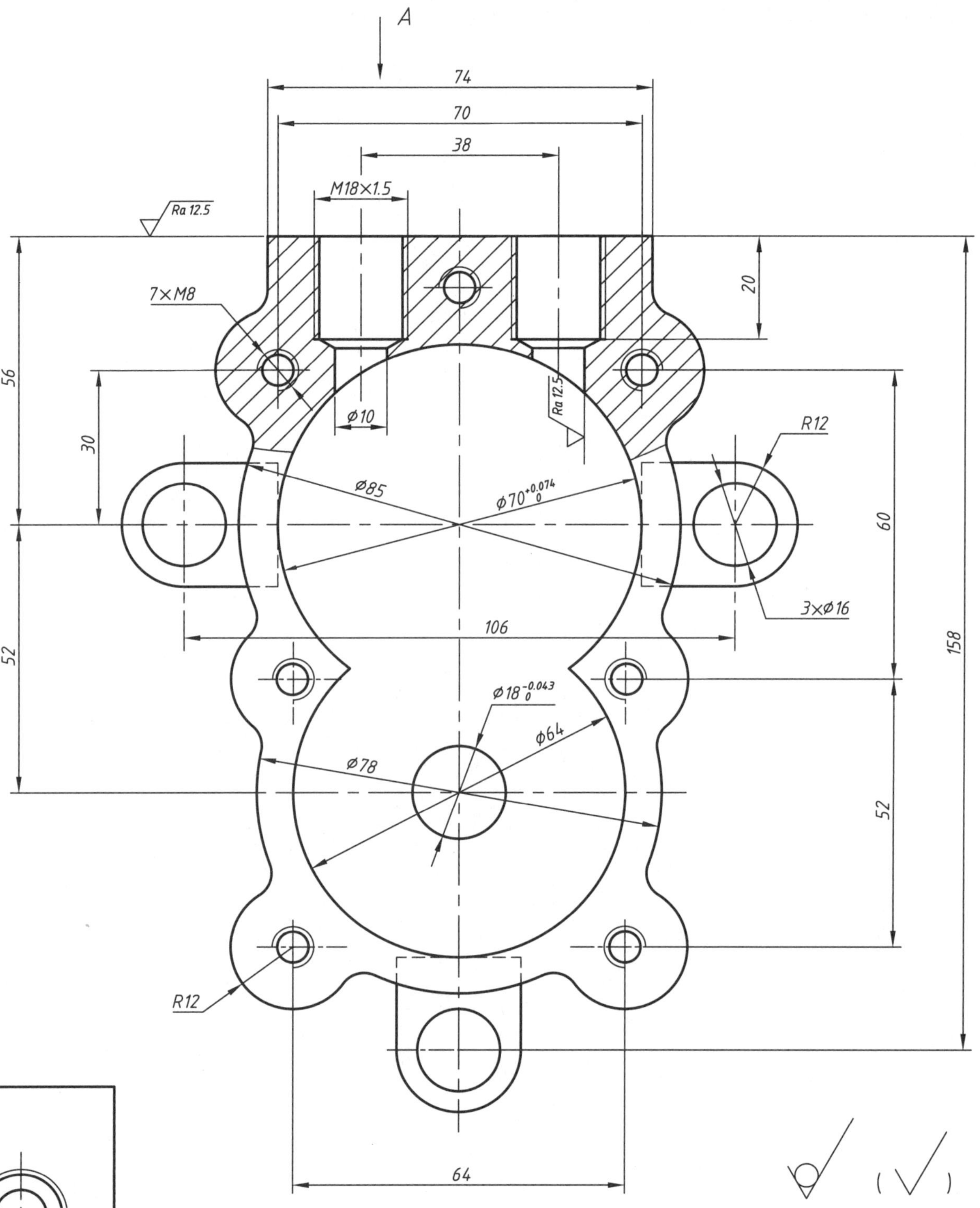

A

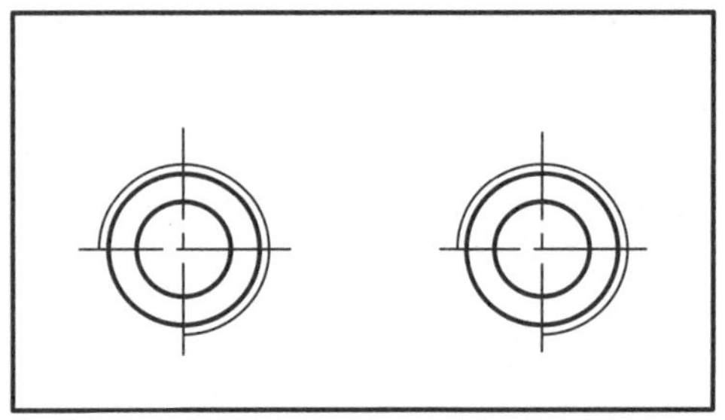

技术要求

未注圆角$R5$。

1 泵体			比例	1:1
			材料	HT150

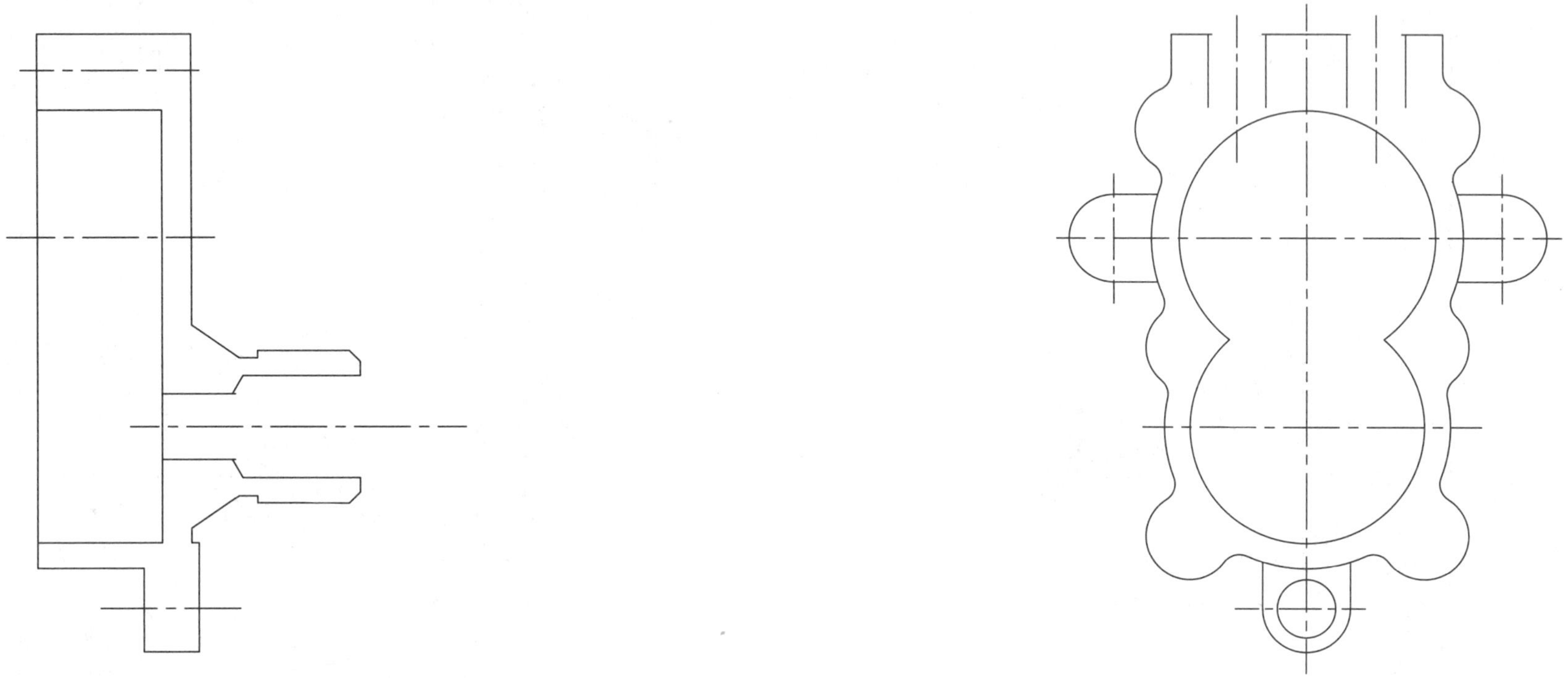

9-6 偏心柱塞泵部件测绘，绘制装配图。

一、作业内容

由给出的装配体实物、装配示意图，拆装并测绘各零件，画出其徒手图并标注尺寸，再根据零件图画出装配图。

二、工作原理

偏心柱塞泵常用于液压传动和润滑系统中，起到对油进行加压和输出的作用。

1. 当曲轴上的偏心销位于最高位置时，柱塞的位置也最高，进、出油口都被封住。

2. 当曲轴上的偏心销按顺时针方向旋转时，柱塞向左倾斜并下降，圆盘的内腔空间逐渐增大而形成真空，圆盘向左摆动，进油口开放，油箱内的油在大气压的作用下被吸进内腔。

3. 当偏心销转到柱塞最低位置时，圆盘的内腔空间最大，此时的进、出油口都被圆盘封住，完成吸油过程。

4. 当偏心销转到左侧、柱塞向右倾斜并上升的位置时，对油进行挤压，圆盘向右摆动，出油口开放，压力油开始输出，从而完成输油过程。

三、作业目的与要求

掌握画装配图的方法；巩固零件图的表达与画法。

1. 清楚了解偏心柱塞泵的功能、工作原理以及每个零件的结构、形状、用途及其之间的装配关系。

2. 选择适宜表达方法绘制偏心柱塞泵装配图。根据视图数量、比例大小选用 A2 图纸幅面。

3. 画装配图中的标准件时，根据给出的标准件的标准号、规格用比例画法画出，无比例画法的，查表画出。

4. 标注零件尺寸时，有配合要求的地方，注意与其他零件上有关的配合尺寸及相关尺寸一致。

5. 画装配图时，按零件之间的装配关系确定配合代号并标注在装配图上，然后把零件图上所有应标注的极限偏差数值或基本偏差代号填出。

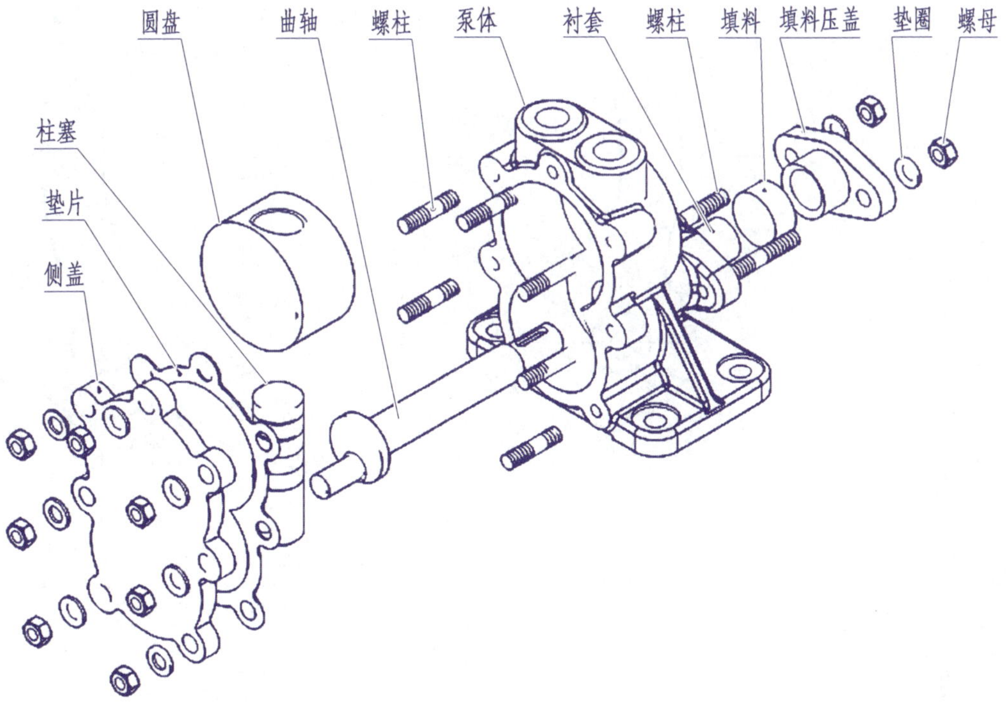

序号	名称	数量	材料	备注
18	齿轮	1		
17	垫圈	1		
16	螺母 M8	7		GB/T 6170—2015
15	键 5×5×10	1		GB/T 1096—2003
14	螺母 M6	2		GB/T 6170—2015
13	螺柱 M6×30	2		GB 898—88
12	螺栓 M6×25	7		GB/T 5782—2016
11	侧盖	1	HT150	
10	垫片	1	工业用纸	
9	管接头（测绘画出零件图）	2	35	
8	挡环	2	65Mn	
7	柱塞	1	45	
6	圆盘	1	HT200	
5	衬套	1	65Mn	
4	填料	1	石棉网	
3	填料压盖	1	HT200	
2	曲轴	1	45	
1	泵体	1	HT150	

偏心柱塞泵		比例	1:1		
		数量			
制图		重量		共 张	第 张
描图		华东理工大学			
审核					

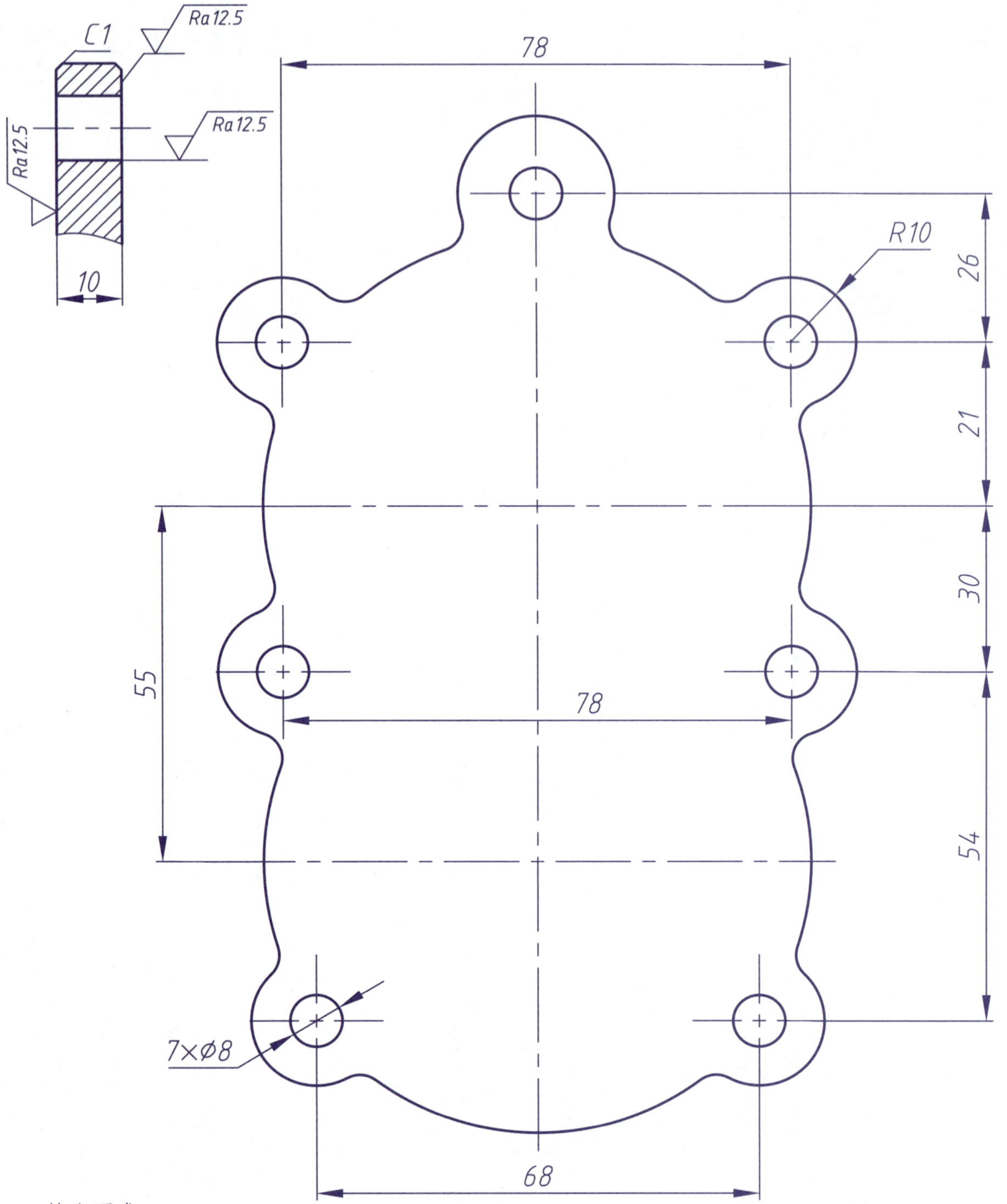

技术要求
未注圆角R4。

Ra25 (√)

11 侧盖	比例	1:1
	材料	HT150

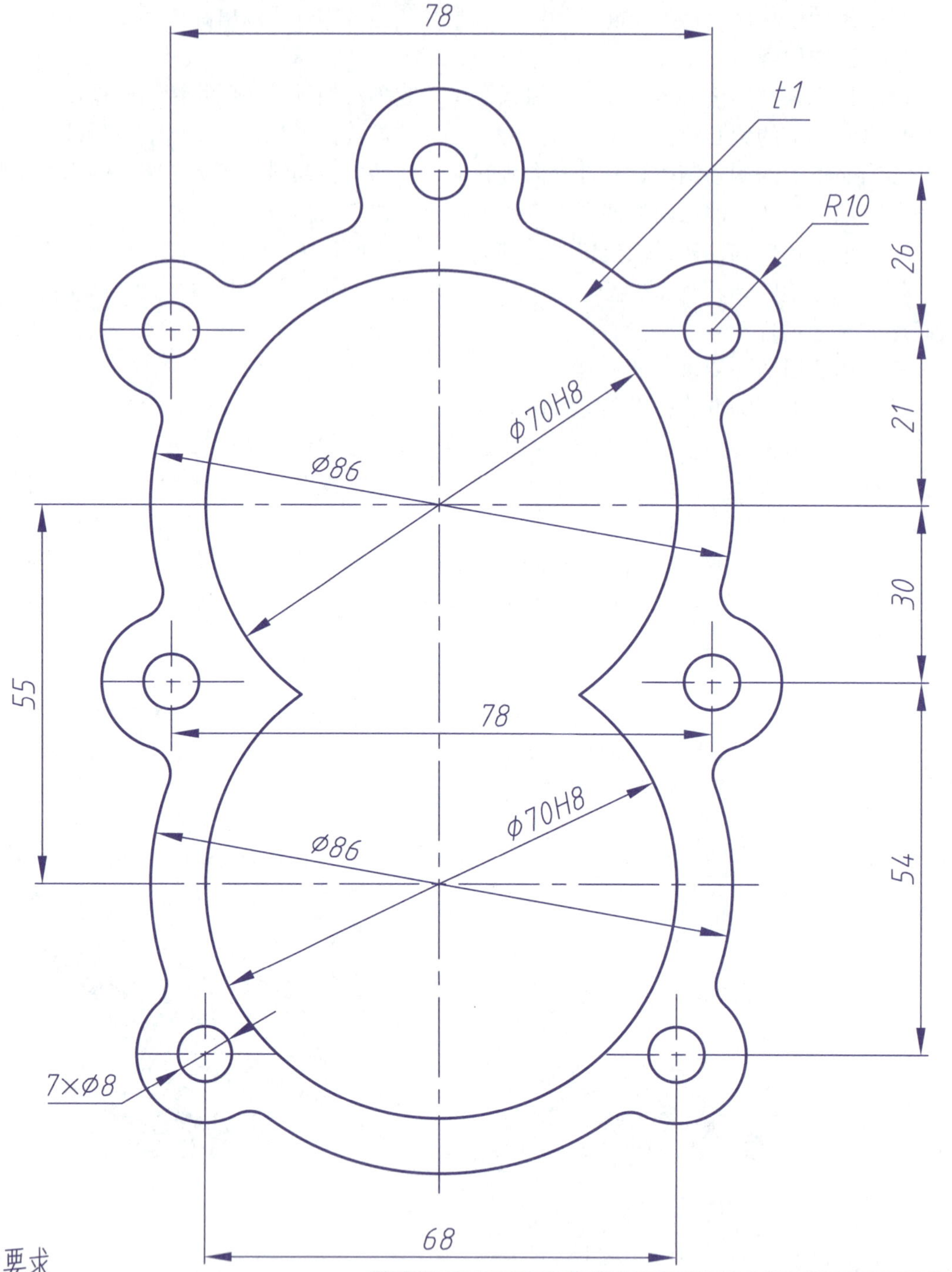

技术要求
未注圆角R4。

10 垫片	比例	1:1
	材料	工业用纸

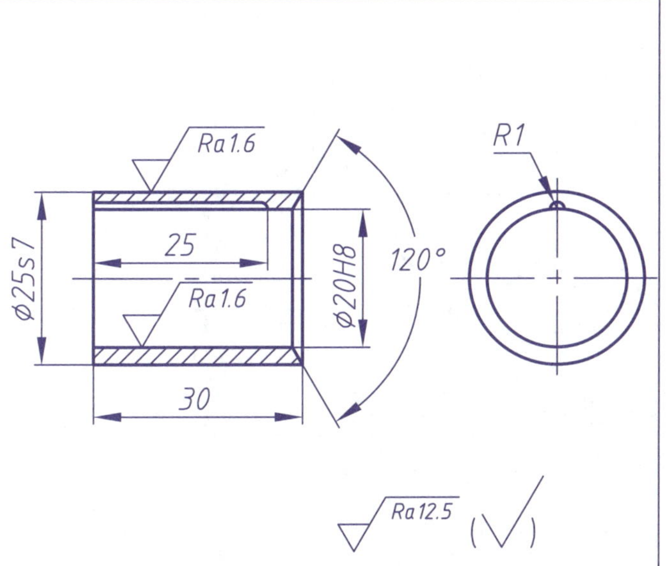

5 衬套	比例	1:1
	材料	65Mn

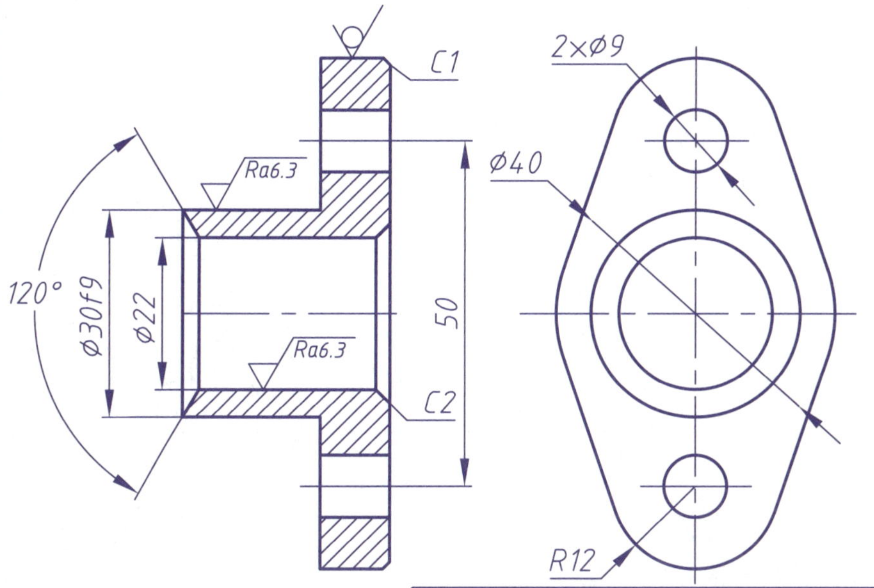

Ra12.5 (√)

3 填料压盖	比例	1:1
	材料	HT200

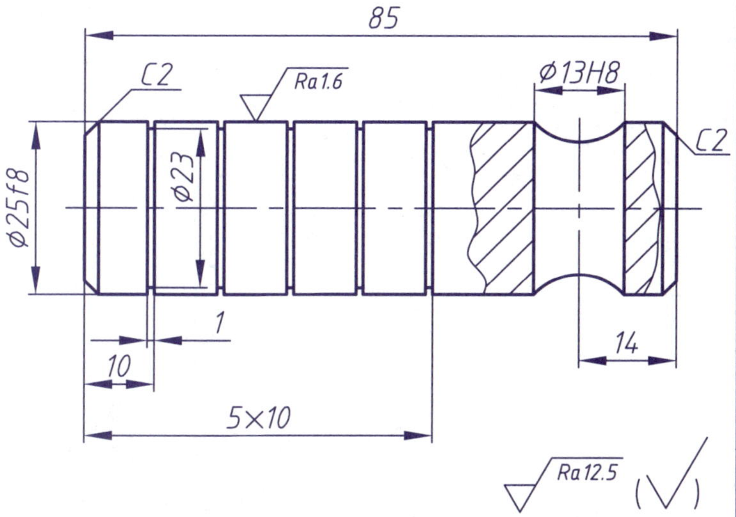

7 柱塞	比例	1:1
	材料	45

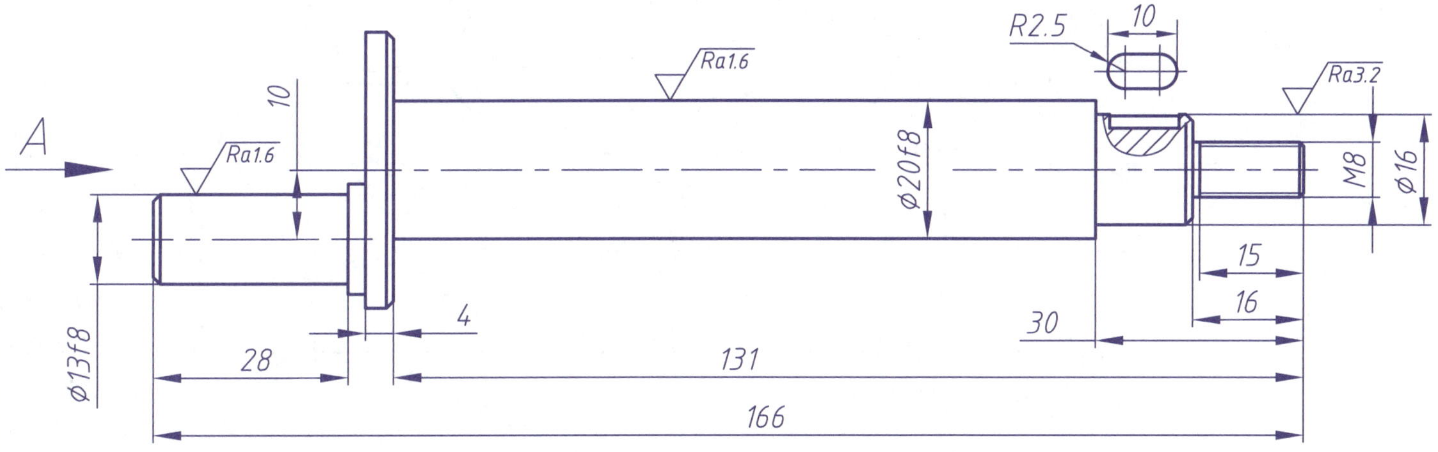

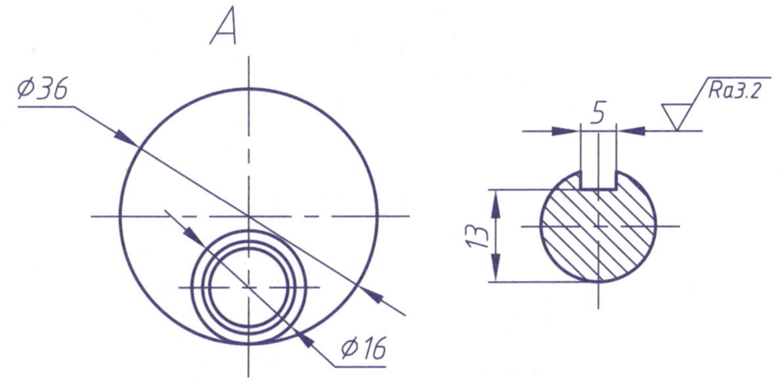

技术要求

未注倒角C1。

Ra12.5 (√)

2 曲轴	比例	1:1
	材料	45

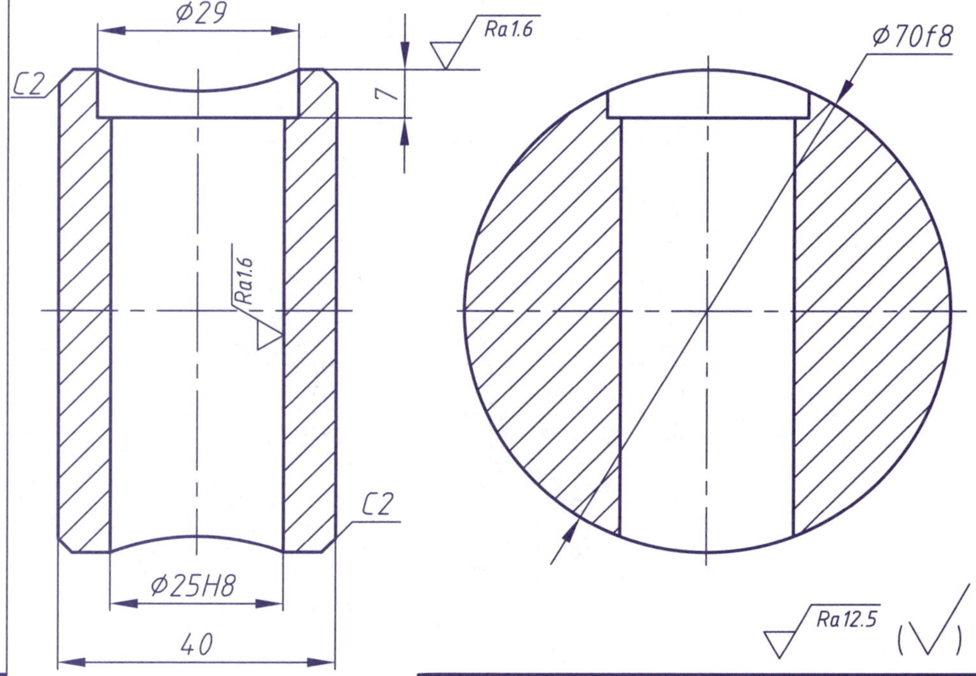

6 圆盘	比例	1:1
	材料	HT200

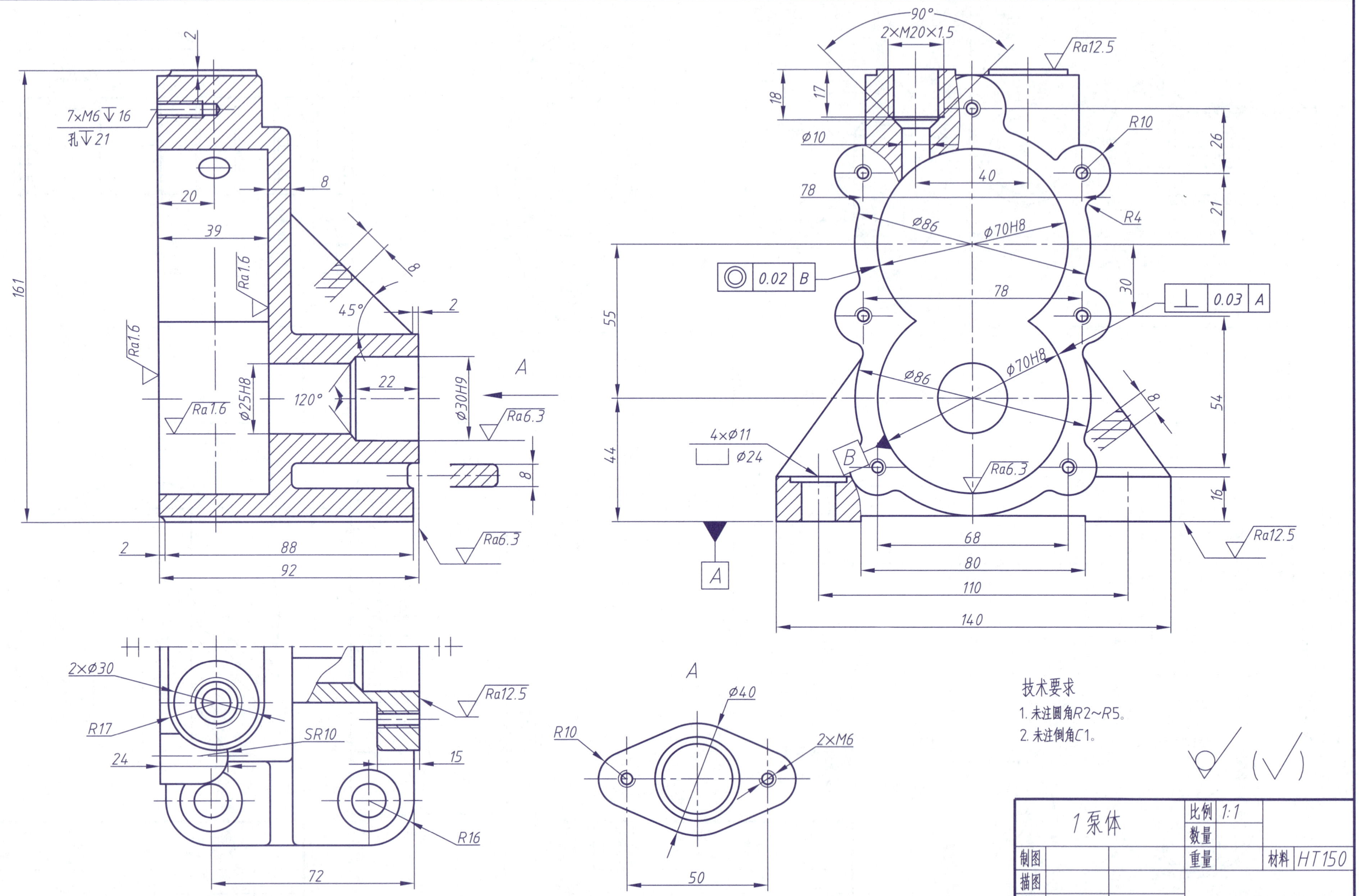

技术要求
1. 未注圆角R2~R5。
2. 未注倒角C1。

1泵体		比例	1:1		
		数量			
制图		重量		材料	HT150
描图					
核审					

9-7 拼画装配图：根据回油阀轴测图、示意图和零件图拼画装配图。

一、作业目的和要求

(1) 仔细阅读每张零件图（附后），根据给出的回油阀零件图，想象每个零件的形状，并根据示意图和工作原理，按尺寸找出零件之间的相互关系，弄清回油阀的原理和功用。

(2) 在 A2 图纸上画出回油阀的装配图。认真选定表达方案，确定比例，合理布置图面，留出标注尺寸和零件序号的空间。

二、工作原理

回油阀是一种安装在供油管路中的安全装置。油从阀体右端孔流入，经下端孔流出。在正常工作时，阀门靠弹簧的压力处于关闭位置。当油压超过允许压力时，阀门被顶开，过量油从阀体和阀门开启后的缝隙经阀体左端孔管道流回油箱，使管路中的油压保持在允许的范围内，从而起到安全保护作用。可通过调节阀杆来调节弹簧压力。为防止阀杆松动，其上端用螺母锁紧。

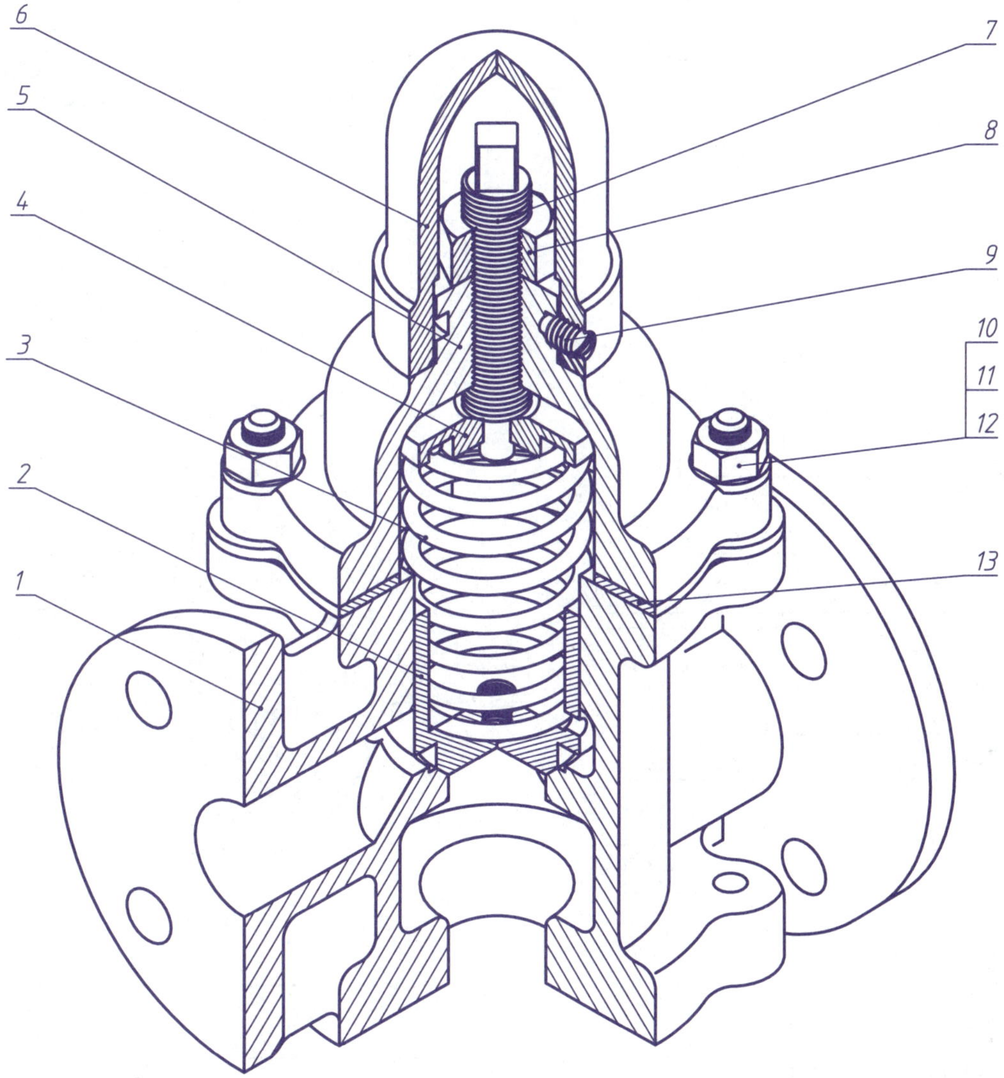

回油阀装配示意图

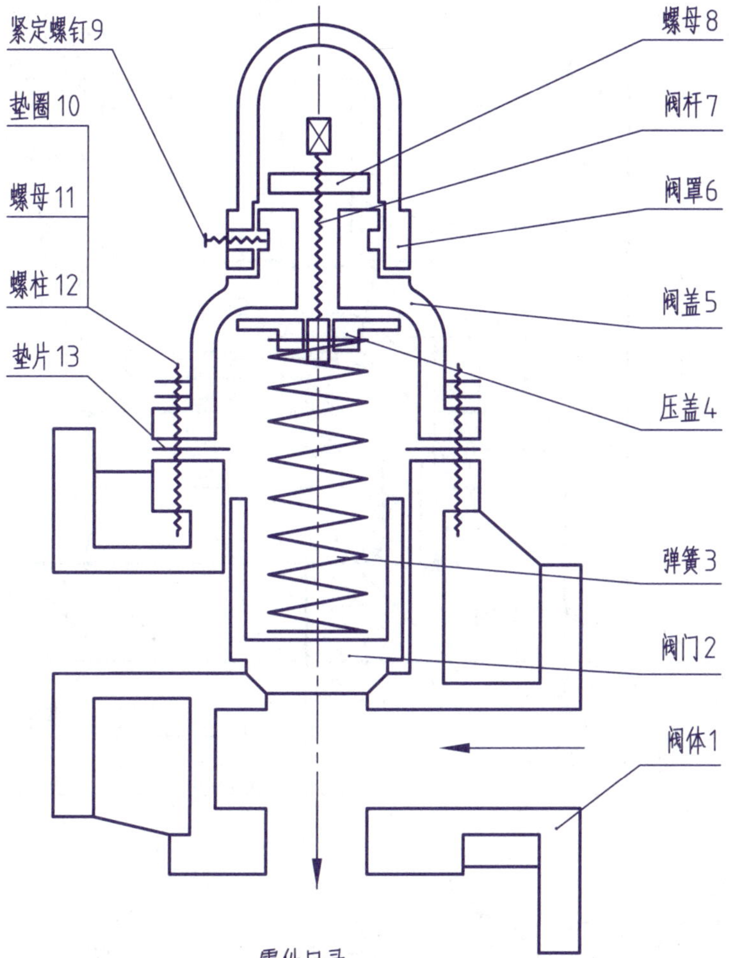

零件目录

序号	零件名称	数量	材料	附注或标准
1	阀体	1	ZL2	
2	阀门	1	QSn6-6-3	
3	弹簧	1	65Mn	
4	压盖	1	QSn6-6-3	
5	阀盖	1	ZL4	
6	阀罩	1	ZL4	
7	阀杆	1	Q235	
8	螺母 M10	1	Q235	GB/T 6170—2015
9	紧定螺钉 M5×8	1	Q235	GB/T 75—2018
10	垫圈 6	4	Q235	GB/T 97.1—2002
11	螺母 M6	4	Q235	GB/T 6170—2015
12	螺柱 M6×16	4	Q235	GB 899—98
13	垫片	1	石棉胶布	

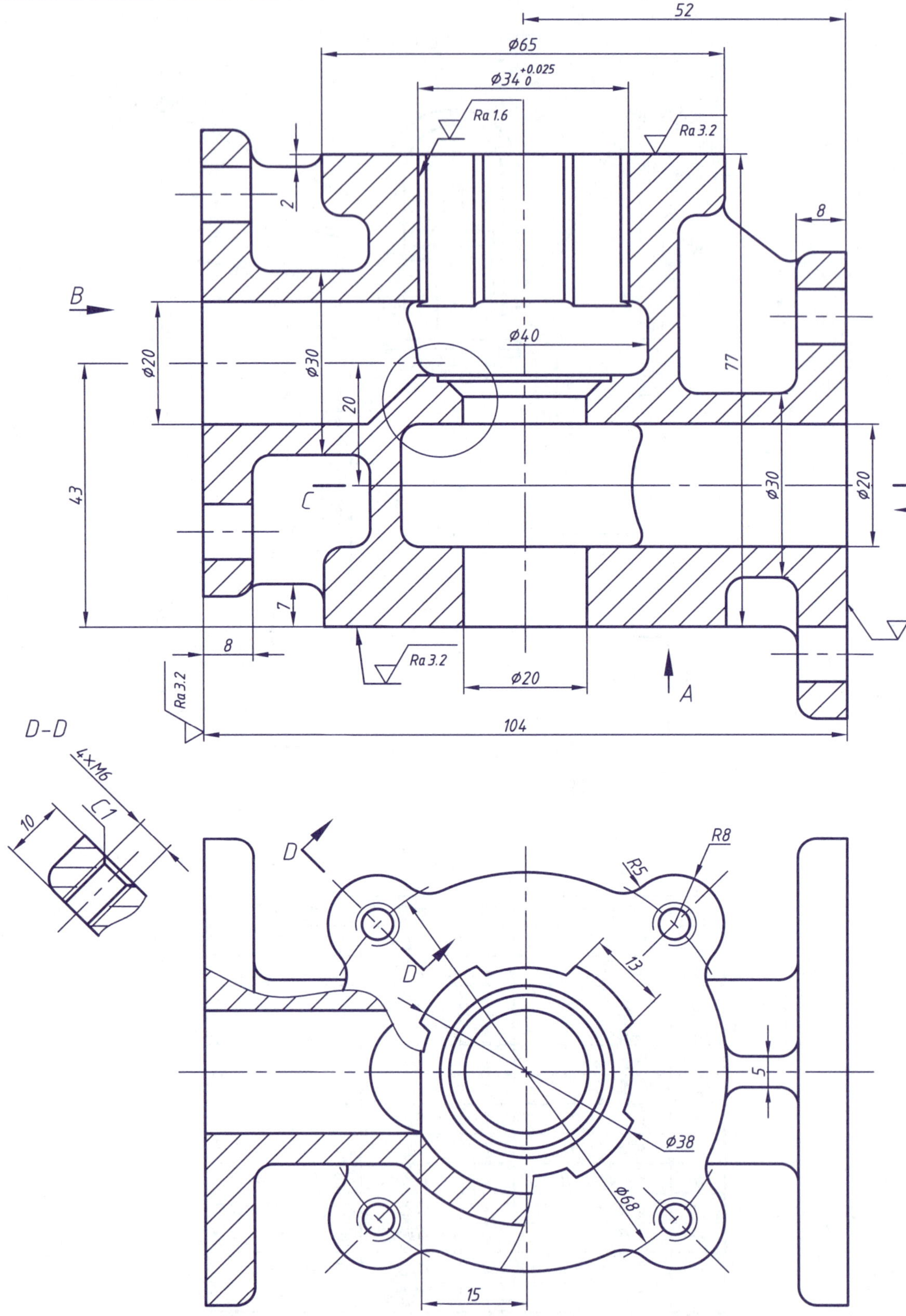

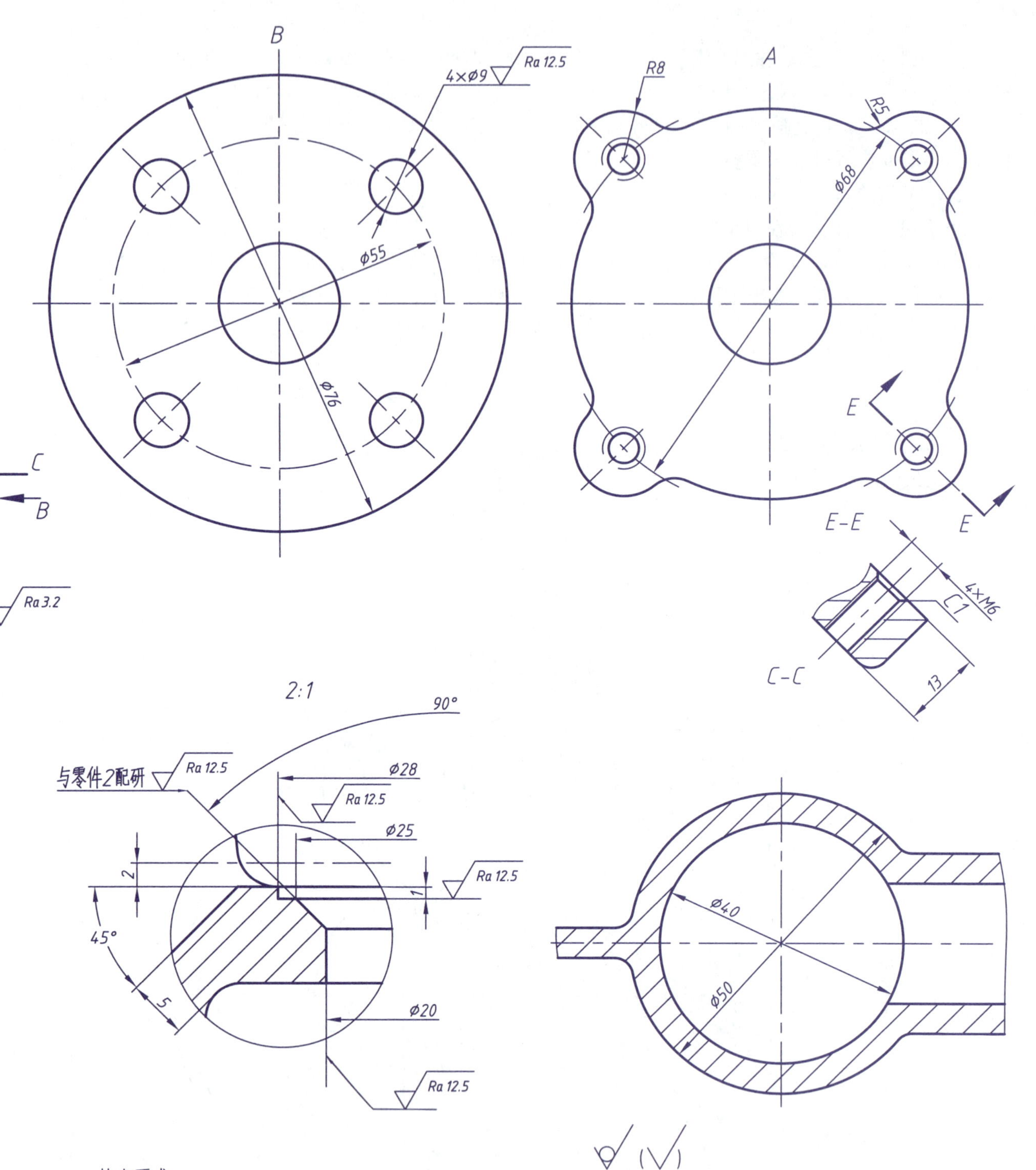

技术要求

1.未注铸造圆角R3。

2.非机械加工表面涂深红色底漆。

1 阀体			比例	1:1
			材料	ZL2

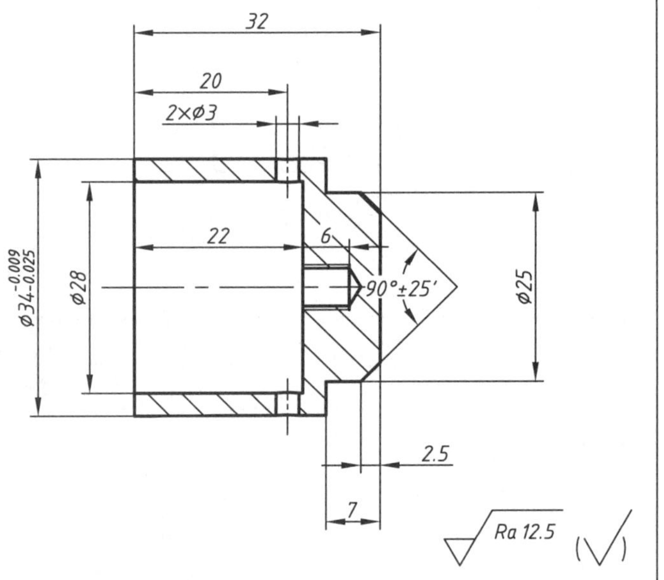

2 阀门			比例	1:1
			材料	QSn6-6-3

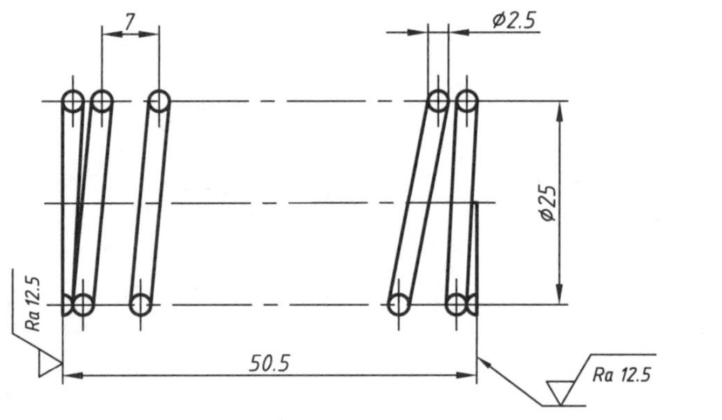

旋向：右旋
有效圈数：6.5
总圈数：9

3 弹簧			比例	1:1
			材料	65Mn

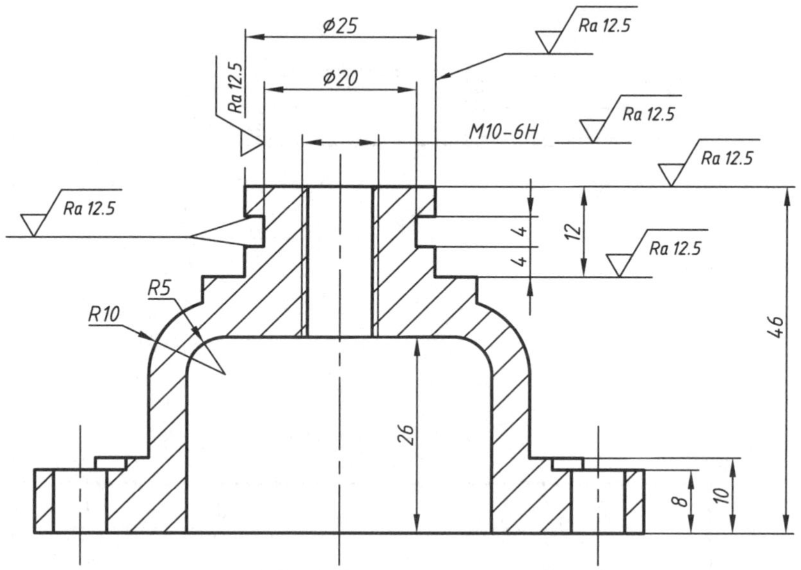

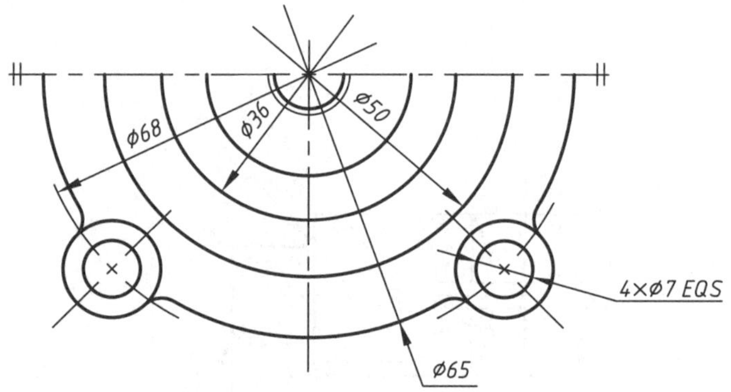

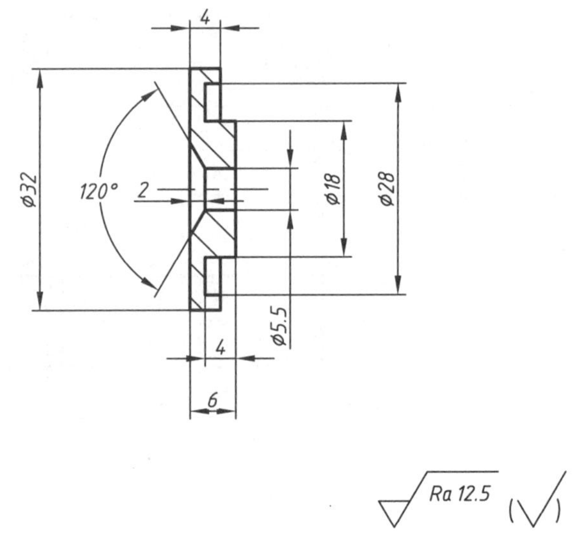

4 压盖			比例	1:1
			材料	QSn6-6-3

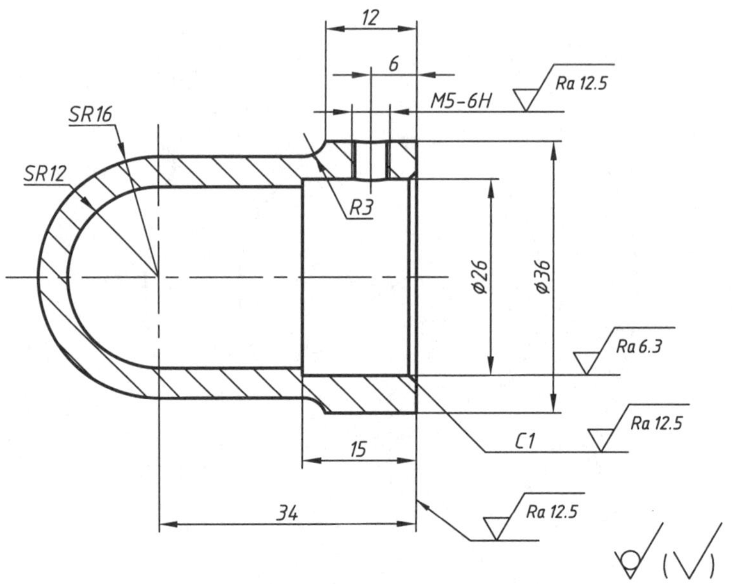

6 阀罩			比例	1:1
			材料	ZL4

技术要求
1. 未注铸造圆角R3。
2. 非机械加工表面涂深红色底漆。

(√)

5 阀盖			比例	1:1
			材料	ZL4

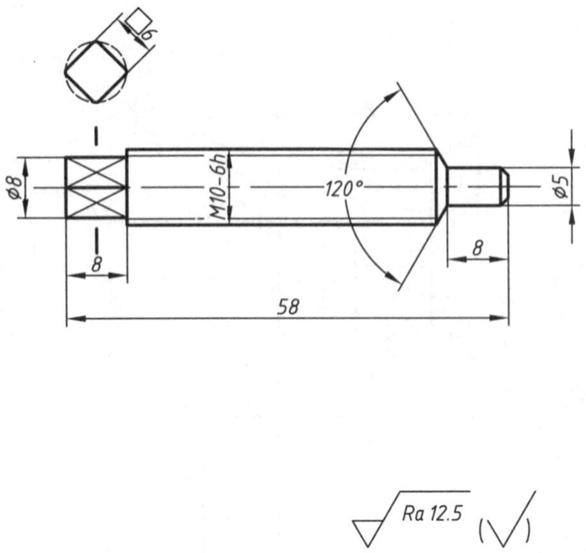

7 阀杆	比例	1:1
	材料	Q235

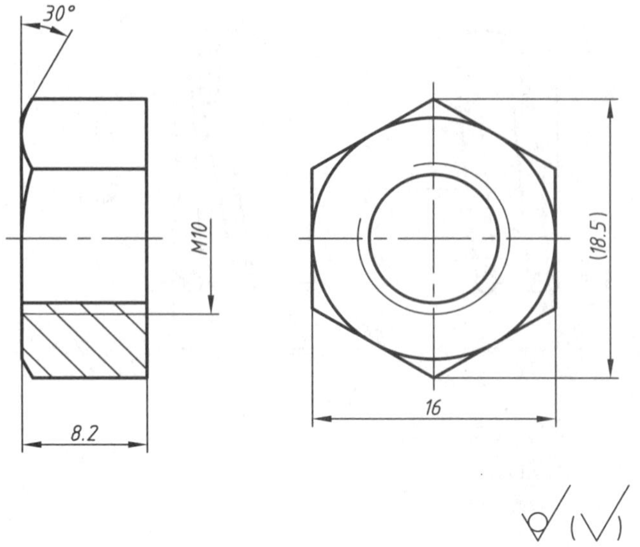

8 螺母M10	比例	2:1
	材料	Q235

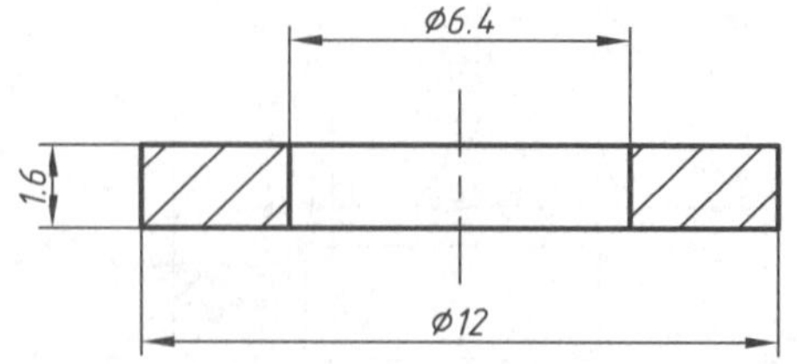

10 垫圈6	比例	4:1
	材料	Q235

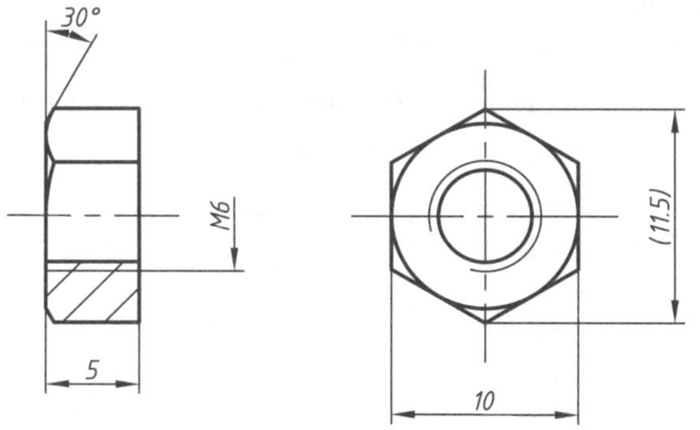

11 螺母M6	比例	2:1
	材料	Q235

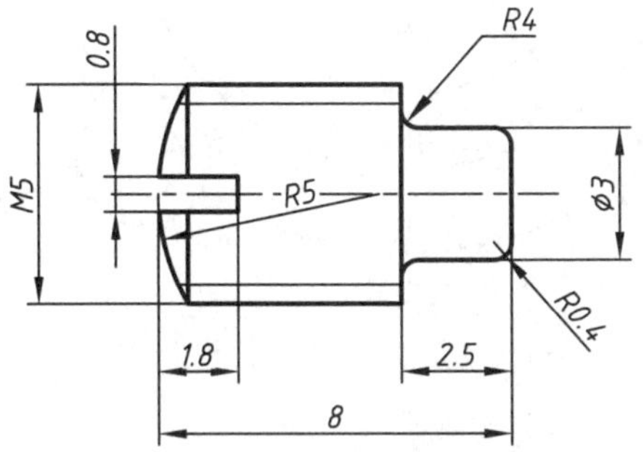

9 紧定螺钉M5×8	比例	4:1
	材料	Q235

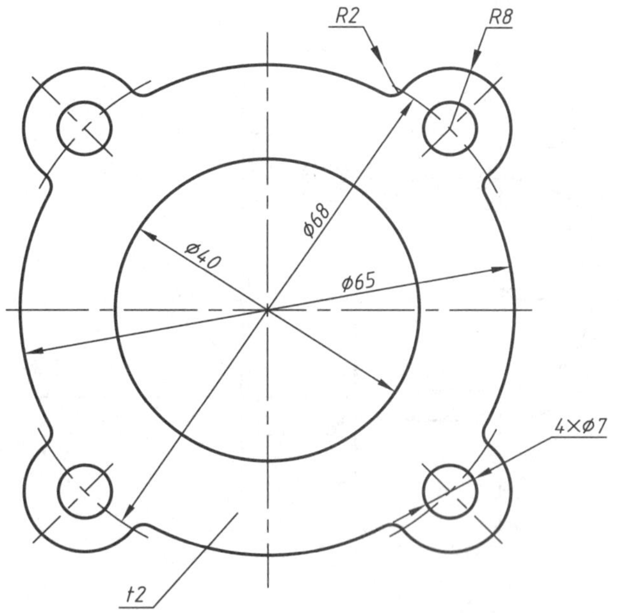

13 垫片	比例	1:1
	材料	石棉胶布

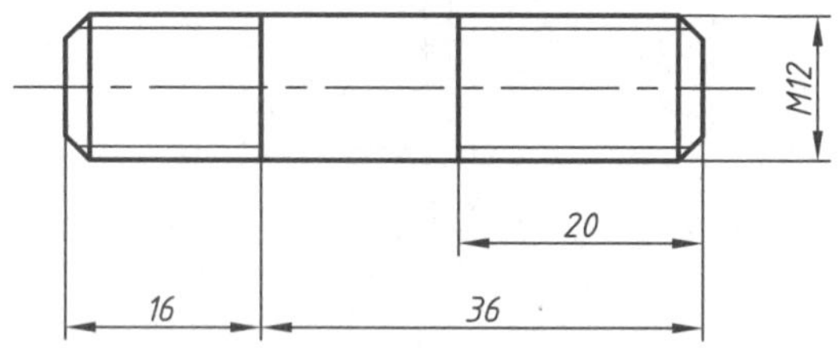

12 螺柱M6×16	比例	2:1
	材料	Q235

10−1 绘制下列平面图形。

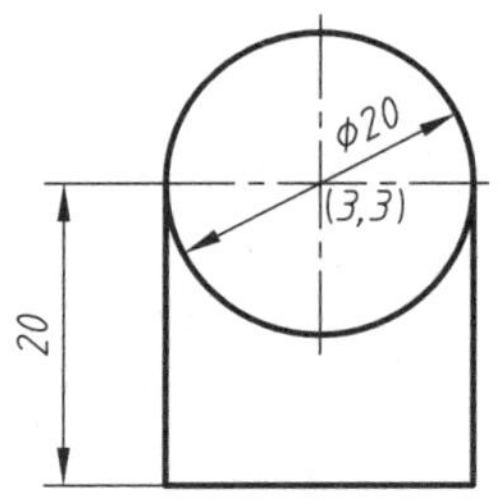

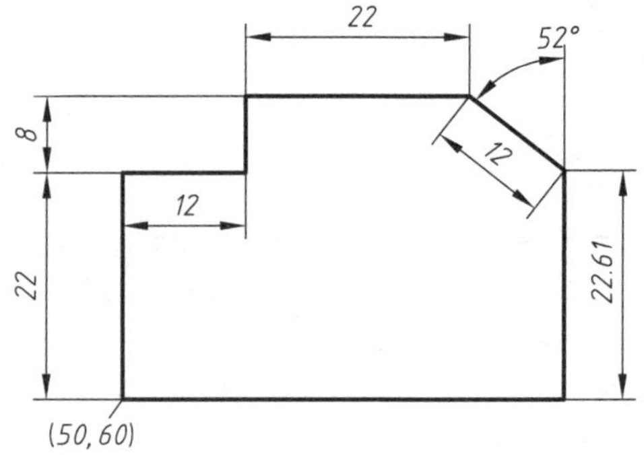

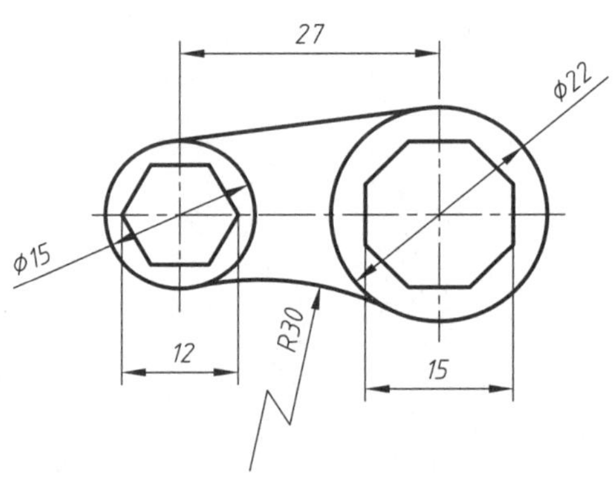

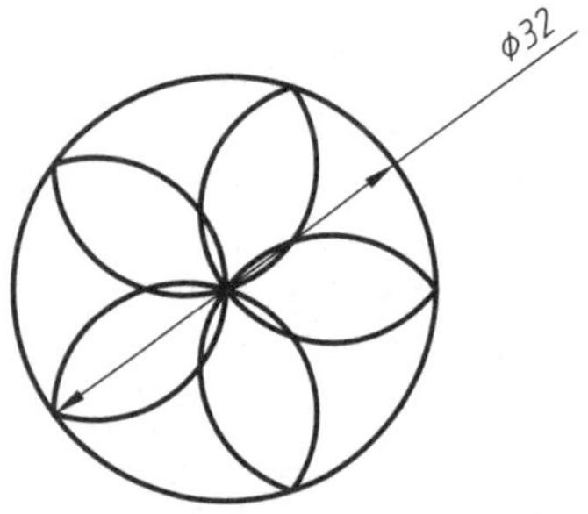

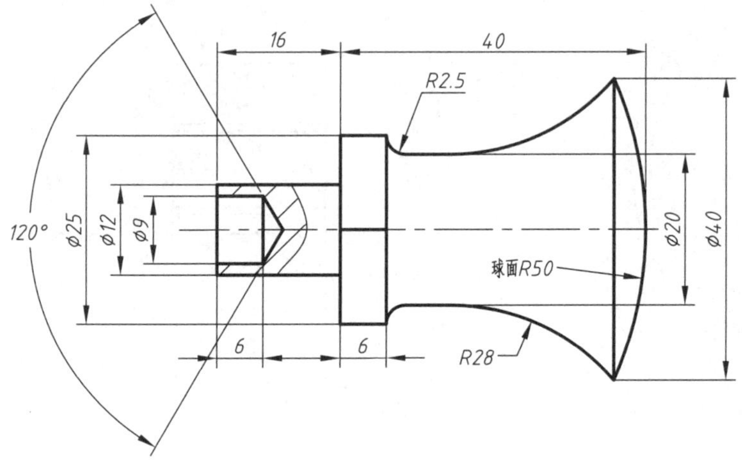

10−2 绘制下列平面图形。

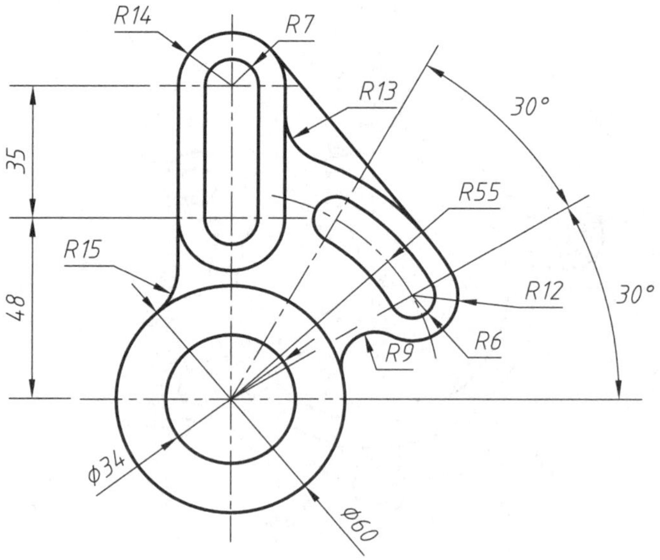

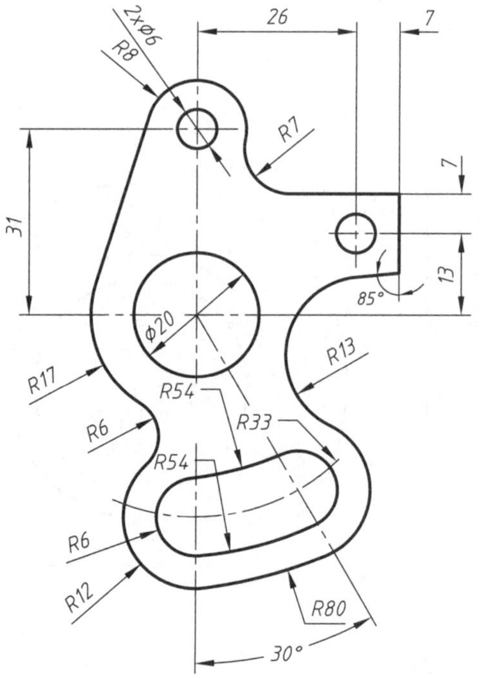

10−3 绘制下列平面图形并标注尺寸。

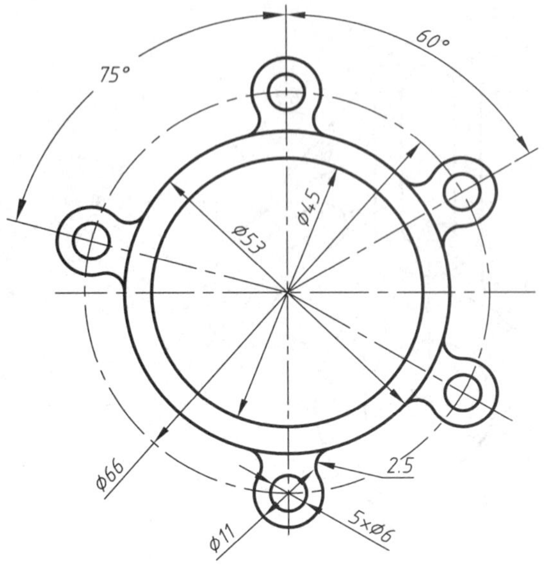

10−5 绘制下列图形，求图形的周长或者阴影部分的面积。

（1）求图形的周长。

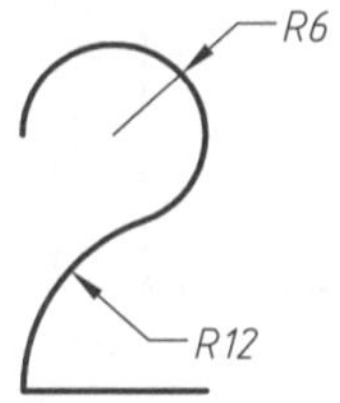

（2）求图形的周长。

（3）内部小心形与外部大心形的面积之比为0.425，求阴影部分的面积。

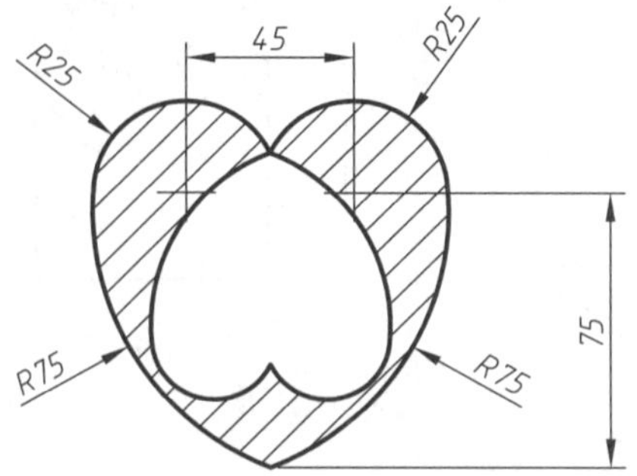

10−4 绘制下列图形，填充剖面线并标注尺寸。

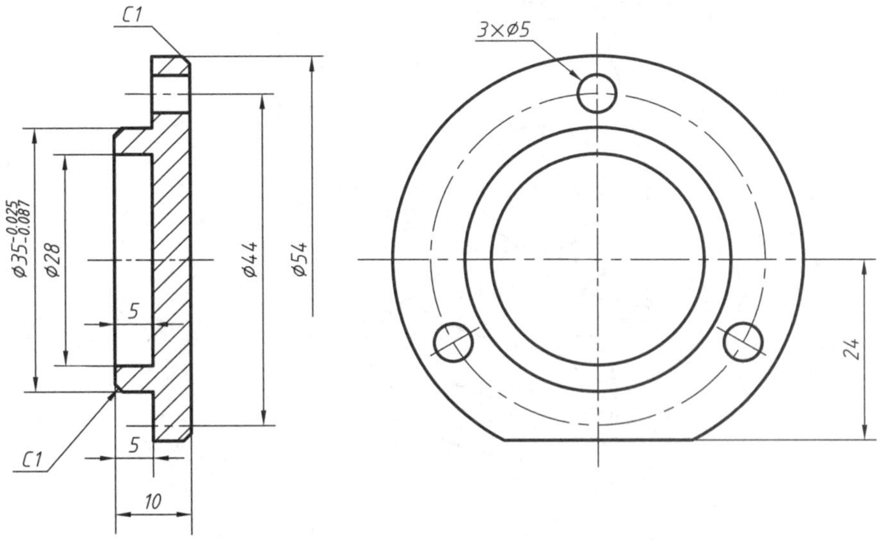

10−6 绘制下列图形，填充剖面线并标注尺寸。

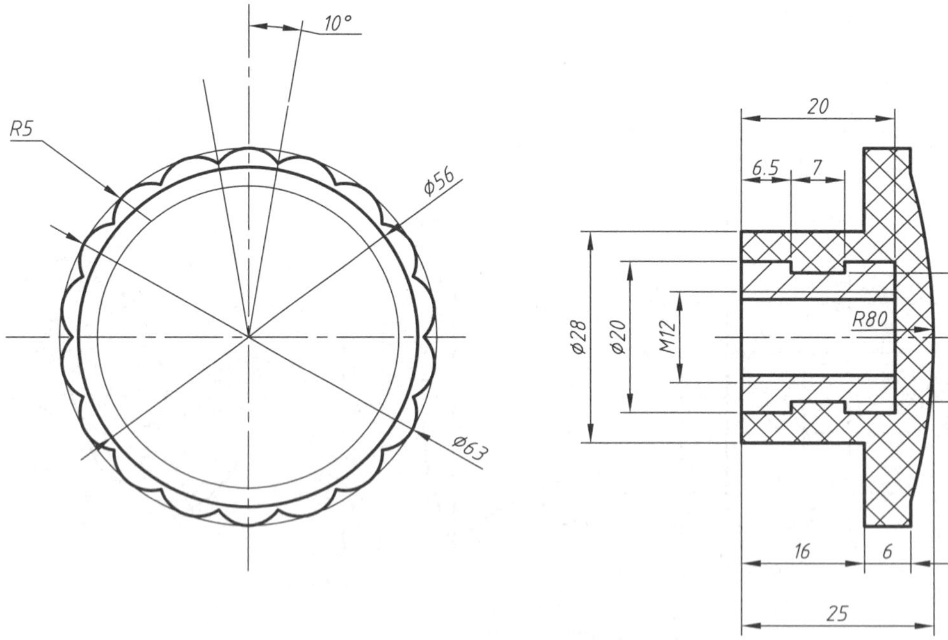

10-7 绘制下列平面图形并标注尺寸。

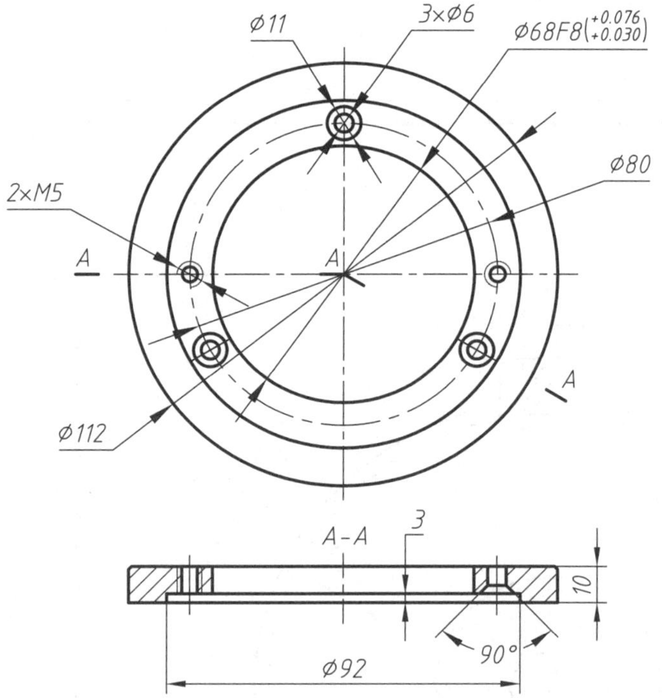

10-8 绘制下列平面图形并标注尺寸。

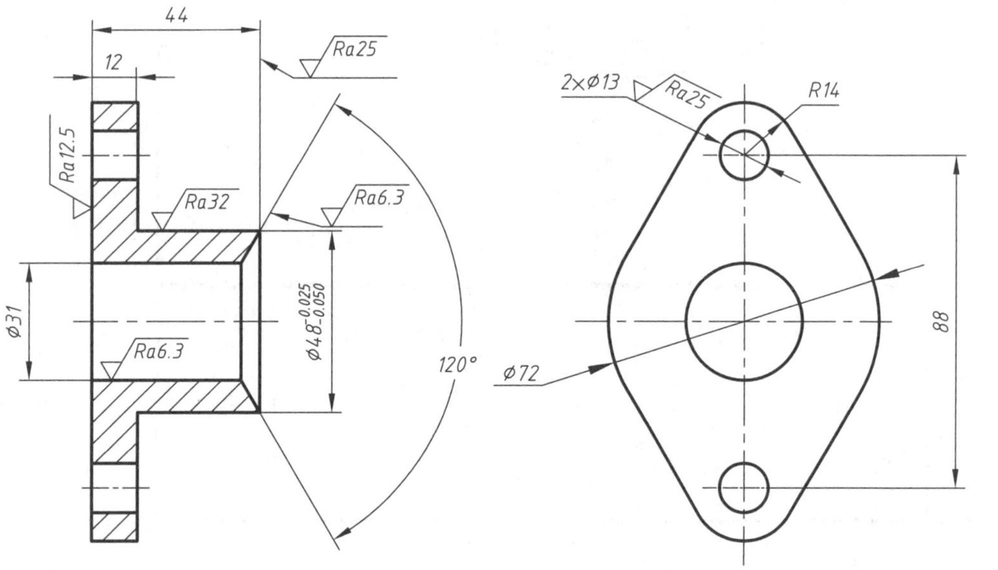

10-9 按1:1的比例绘制下列平面图形，并标注尺寸。

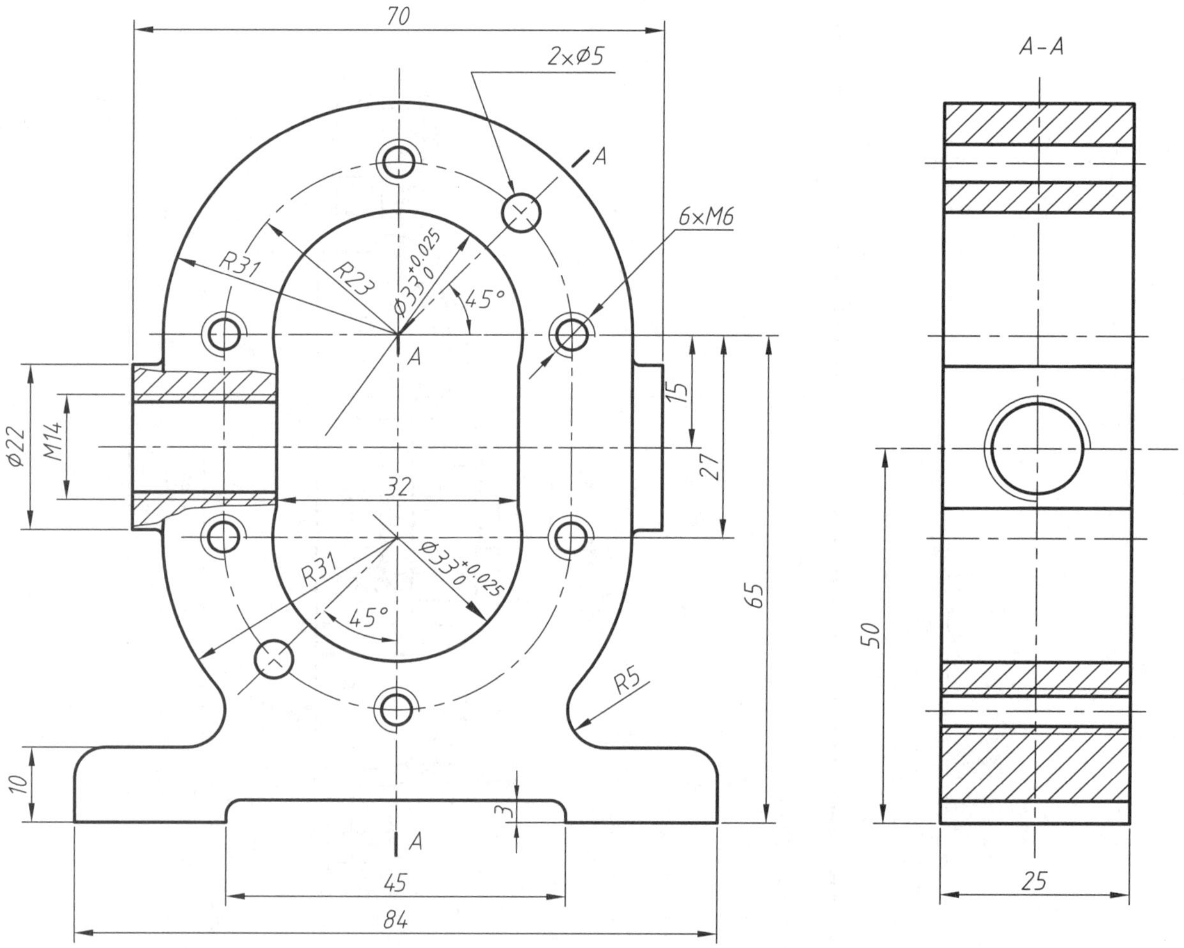

10－10　用AutoCAD软件绘制下列零件图。

作图范围为A3图纸，按1：1的比例绘制下面所示的缸盖零件图。合理设置图层，并按照符合国家标准要求的文字样式和尺寸样式绘制图框和标题栏。

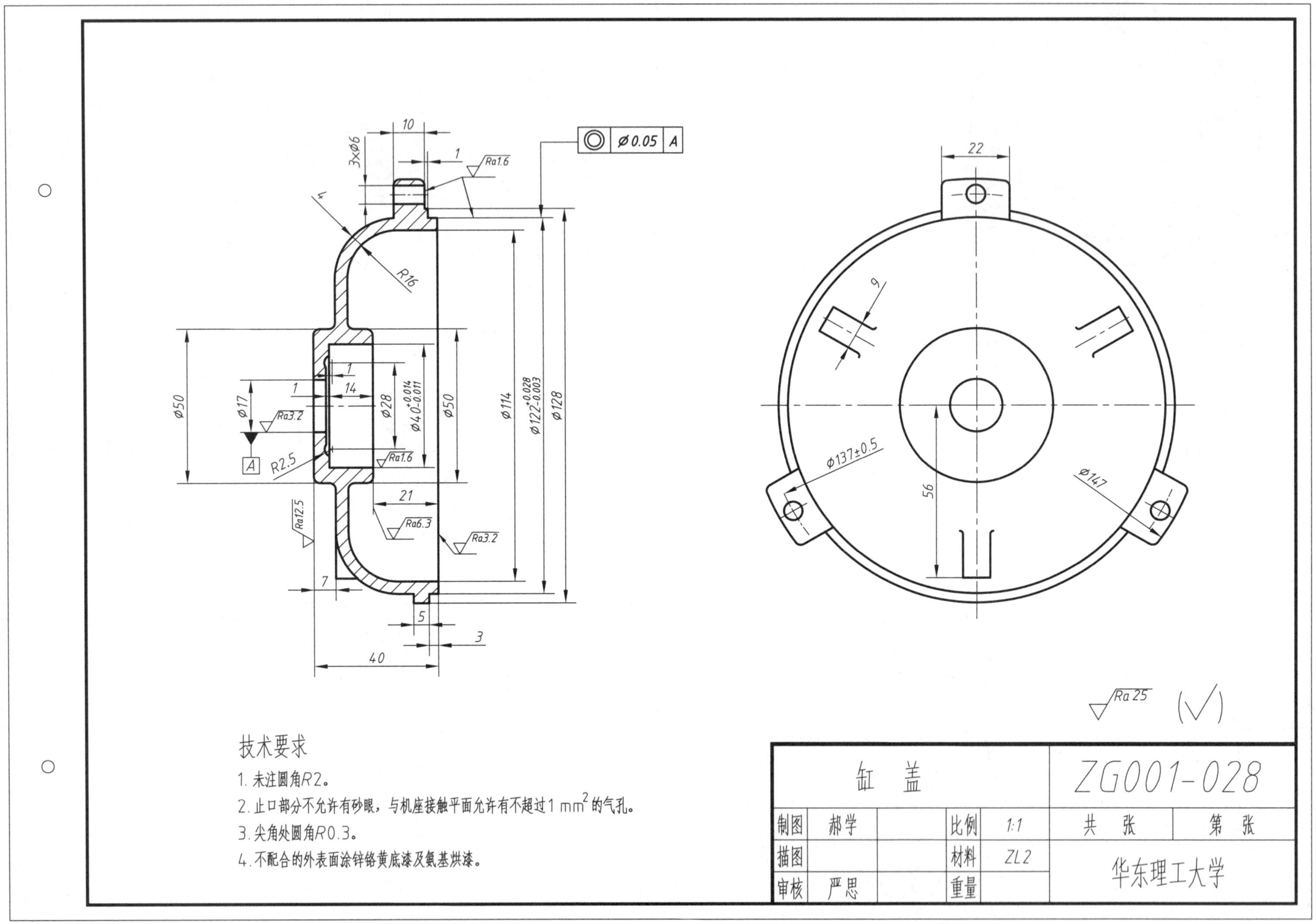

10−11 用AutoCAD软件绘制下列零件图。

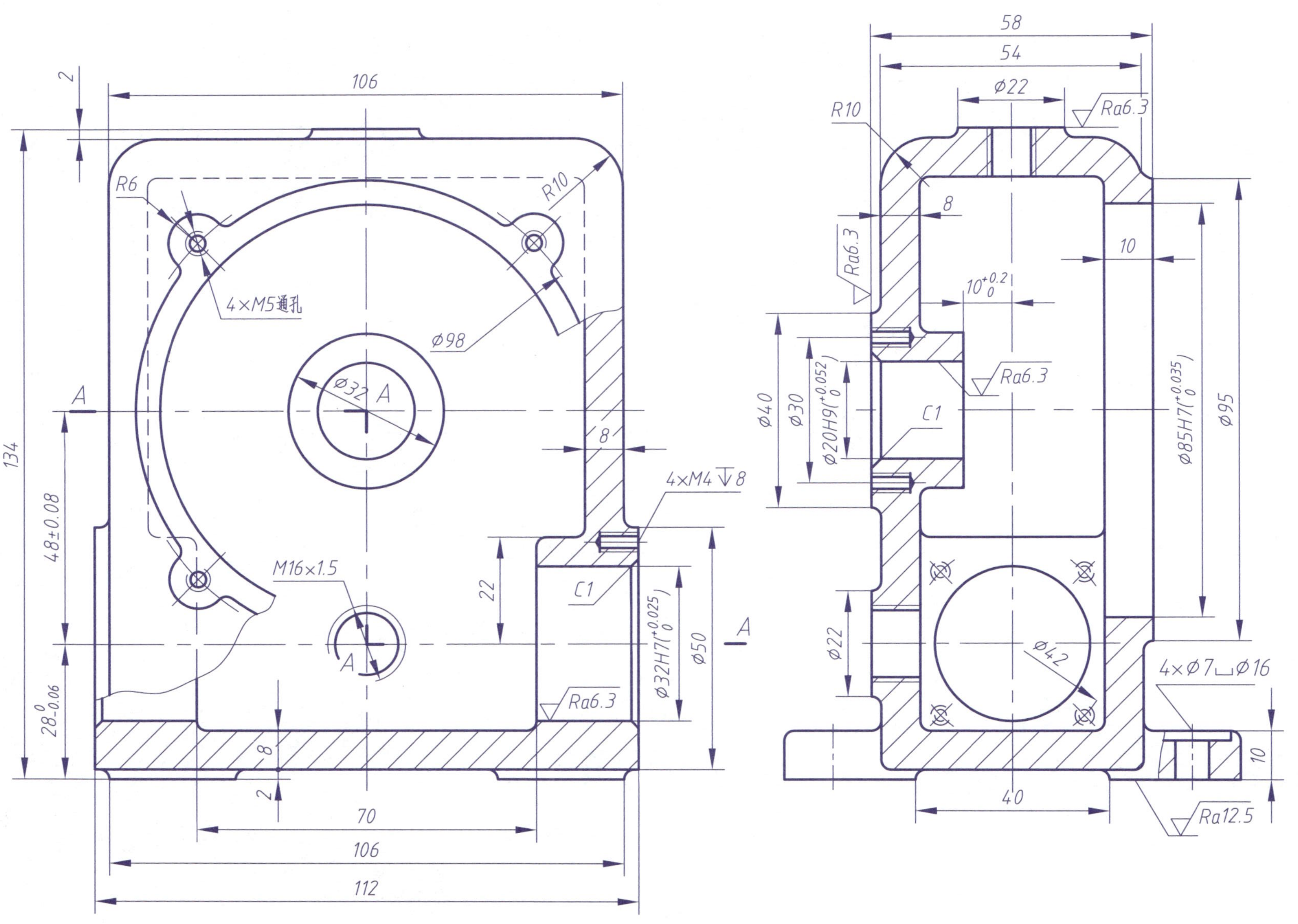

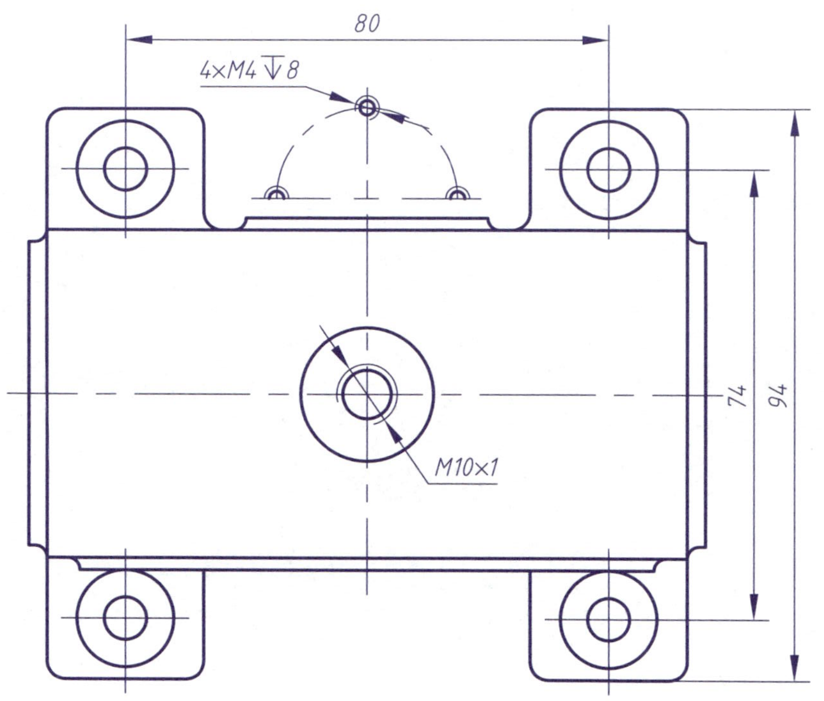

技术要求

1. 铸件应进行时效处理以消除内应力。

2. 未注圆角R3~R5。

$\sqrt{}$ (√)

箱 体		比例	1:1	XT215	
		数量	1		
制图		重量		材料	HT150
描图		华东理工大学			
审核					